新编大学物理（下）

主　编　王秀敏

U0282811

北京邮电大学出版社
www.buptpress.com

内 容 简 介

本书是面向应用型本科非物理专业学生编写的教学用书。本书编写的指导思想是：多形象分析，少抽象推演；多用通俗易懂的语言描述，少用深奥晦涩的术语论证。全套书分上、下两册，建议总学时为128。本书整体架构清晰，内容设置具有层次性（加"*"号及热学部分内容教师可根据实际需要进行取舍），因而也可作为其他本、专科院校进行大学物理教学或教学参考用书。

图书在版编目(CIP)数据

新编大学物理．下册/王秀敏主编．--北京：北京邮电大学出版社，2012.9(2015.6 重印)
ISBN 978-7-5635-1958-3

Ⅰ．①新…　Ⅱ．①王…　Ⅲ．①物理学—高等学校—教材　Ⅳ．①O4

中国版本图书馆 CIP 数据核字(2012)第 104765 号

书　　名：新编大学物理（下）
主　　编：王秀敏
责任编辑：王丹丹
出版发行：北京邮电大学出版社
社　　址：北京市海淀区西土城路 10 号(邮编：100876)
发 行 部：电话：010-62282185　传真：010-62283578
E-mail：publish@bupt. edu. cn
经　　销：各地新华书店
印　　刷：北京鑫丰华彩印有限公司
开　　本：787 mm×1 092 mm　1/16
印　　张：12.25
字　　数：244 千字
印　　数：3001—5000 册
版　　次：2012 年 9 月第 1 版　2015 年 6 月第 2 次印刷

ISBN 978-7-5635-1958-3　　　　定　价：30.00 元

QIANYAN 前 言

本书是在《大学物理》(2008 年,北京邮电大学出版社出版)基础之上,吸纳几年来使用本教材的各院校建议,进行修改而成。本书依据 2004 年教育部“非物理类专业基础物理课程教学指导委员会”颁布的“大学物理课程教学基本要求”选择教学内容,针对应用型本科学生的特点,面向非物理类应用型本科学生编写的物理课程教材。本书主要特点是:

1. 注重科学思维,整体架构清晰

物理学科在理工科院校是基础课程,它要完成的一个主要任务就是通过此课程的学习培养学生的科学思维品质,培养学生理性的、逻辑的思维。因此本书在结构和内容的安排上力求具有较强的逻辑性,从而给学生一个完整知识体系框架和一个清晰的脉络层次。本书共分上、下两册,上册包括力学、振动和波、热学三部分,下册包括波动光学、电磁学、近代物理三部分。

2. 注重精讲多练,重点内容突出

“精讲”体现在两个方面:一是根据教学需要精选重点内容;二是在博采众家所长基础上,针对应用型本科学生的基础和学习特点,采用最优化方案精讲重点内容。“多练”也体现在两个方面:一是多介绍知识在生产生活中的应用;二是对于重点内容和典型问题设有例题、练习、习题三个环节进行强化和巩固,这三个环节相辅相成,共同实现对内容掌握的牢固性和应用的灵活性。

3. 注重细节设计,适应不同学生

一是考虑不同需求,内容划分层次。标有“*”号的章节内容为自选内

容,教师可以根据教学需求进行取舍,无论取与舍,都不影响内容的完整性和逻辑性。习题按难度分为 A、B 两类,学生可以根据自身情况选做对应难度的题目。

二是注意过渡与衔接,方便学生的预习和自学。每部分内容开始都有引言,结束都有小结,构造出清晰的物理知识体系和脉络。

三是注重学法指导,降低学习难度。对于中学相对陌生的内容,进行专门学习方法说明。如刚体一章开始即强调类比方法的运用,并编写了大量的类比表格。

四是精选物理学家的故事作为阅读材料,激发学习兴趣,培养奋斗精神。

在本教材编写的过程中大连理工大学城市学院的各级领导给予了大力的支持,北京邮电大学出版社给予了多方的帮助,兄弟院校的同仁们提出了中肯的建议,在此一并表示衷心的感谢。

本书习题的编写及答案的校对由大连理工大学城市学院的葛楠老师完成。

编写适合应用型本科学生的教材是一种尝试,尽管编者努力以求尽善尽美,但由于水平有限,加之时间仓促,难免存在缺憾和遗漏之处,恳请读者和同行批评指正。

编　者

Contents 目录

第四篇 波动光学

光学是研究光的本性、光的传播以及光与物质相互作用等规律的学科。内容通常分为几何光学、波动光学和量子光学三部分。几何光学是以光的直线传播为基础，研究光在透明介质中传播的规律；波动光学是以光的波动性质为基础，研究光的传播及规律；量子光学是以光的粒子性为基础，研究光与物质相互作用规律。

对于光的本性，人们经历了长期的探索认识过程。17 世纪，关于光的本性问题，有两派不同的学说。一派是牛顿所主张的光微粒说，他认为光是从发光体发出的以一定的速度向空间传播的一种微粒；另一派是惠更斯所主张的光波动说，他认为光是在介质中传播的一种波动。这两种学说争执不休长达两个世纪。直到 19 世纪，托马斯·杨和菲涅耳等物理学家发展了光的波动理论，并证明出光是一种横波，使光的波动说获得了普遍承认。19 世纪后半期，麦克斯韦提出了光的电磁理论，证明光不是机械波，而是某一波段的电磁波，形成了以电磁波理论为基础的波动光学。19 世纪末 20 世纪初，人们又从热辐射、光电效应等一系列光与物质相互作用的新的实验事实中认识到光具有量子性——粒子性。认为光是由大量以光速 c 运动的微粒所组成的粒子流，这些微粒被称作“光子”。近代科学实践证明，光是一种十分复杂的客体，关于光的本性问题，只能用它所表现的性质和规律来回答：光在某些方面的行为像“波动”，在另外一些方面的行为却像“粒子”，即它具有波动和粒子的双重性质，这就是所谓光的波粒二象性。

本篇主要研究波动光学，内容共包括 3 章：第 9 章 光的干涉；第 10 章 光的衍射；第 11 章 光的偏振。光的干涉和衍射现象表明光具有波动性，是一定波段的电磁波。光的偏振现象说明光是横波。

第 9 章 光的干涉

光的干涉现象说明光具有波动性。比较典型的光的干涉实验有杨氏双缝干涉、薄膜干涉和牛顿环干涉等。本章首先介绍光的相干性、相干光的获得方法和光的干涉加强、减弱的条件，然后从相干光的获得方法角度介绍两种方法对应的干涉实验：杨氏双缝干涉及薄膜干涉，最后简单介绍光干涉的应用。

9.1 光的相干性

9.1.1 普通光源的发光机制

光波是一种电磁波，具有波动的特性，第 6 章我们对波的现象作的一般讨论同样适用于光波，波动的干涉、衍射等特性也同样会在光波中体现。但是，我们也注意到这样一个问题：光在生活中无处不在，但光的干涉现象在生活中并不常见。例如，两盏电灯的灯光叠加在一起，我们只感觉到亮度增加，并不会看到光强始终加强或始终减弱的地方。这是为什么呢？

这要由普通光源的发光微观机制谈起。光源是指能够发射光波的物体。光源有普通光源与激光光源两类。激光光源是由特定的发光物质及特殊的结构部件组成，日常生活中难得一见。相比较而言，普通光源随处可见，如各种各样的灯、太阳、月亮等。在波动光学中，我们的讨论仅限于普通光源所发出的光。

不同光源有不同的发光方式，如蜡烛发光是化学变化；白炽灯发光是因为温度高热致发光。但无论哪种发光方式，光源发光的微观机制却是相同的。光源发射光波的过程实际上是组成光源的原子或分子的能级跃迁辐射的过程。原子或分子的能量只能是一些分立的值，我们把它称为能级。能量最低的状态称为基态，其他能量较高的状态叫激发态。原子或分子受外界刺激获得能量后可以从基态跃迁到某一激发态，但激发态不稳定，因而原子或分子又会自发地回到能级较低的激发态或基态，这一过程称为原子或分子的跃迁。当原子或分子从高激发态向低激发态或基态跃迁时，两能级间的能量差额就以光波列的形式向外释放，形成了光波。一个原子或分子的一次跃迁只能发出一列长度有限、频率和振动方向一定的光波，这一列光波也称为光波列。同一原子或分子在不同时刻所发出光波的频率、振动方向和初相位都可以不同，另外，由于原子或分子的发光是自发的，因而不同原子或分子在同一时刻发出光波的频率、振动方向和初相位也不同，这些光波不具有相干性。因而，日常生活中的普通光源发出的光发生叠加时，我们看不到光的干涉现象。

9.1.2 相干光

在第 6 章中，我们讨论机械波干涉问题时得出，机械波要发生相干叠加必须满足频率相同、振动方向相同和相位差恒定这三个条件。满足这三个条件的波源，我们称为相干波源，这两列波称为相干波。同样的，要想产生光的干涉现象，两束光也要满足以上三个条件，即两束光频率相同、振动方向相同和相位差恒定。满足相干条件，能产生干涉现象的两束光称为相干光。不满足相干条件的光称为非相干光。满足相干条件的光源称为相干光源。相干光在空间相遇时所产生的明暗相间的光强分布现象称为光的干涉现象。

9.1.3 相干光的获得方法

由普通光源的发光机制可知，任何两个独立的普通光源都不能构成相干光源，不仅如此，即使同一光源上不同部分发出的光也不满足相干条件。只有来自同一波列的光才是相干光，这就是说：获得相干光的方法只能用人为的方法，把同一波列的光分成两列光波，让它们沿不同的路径传播，再在空间相遇叠加。由于这两列波来自于同一波列，具有相同的频率、相同的振动方向和恒定的相位差，满足相干光的条件，就会产生干涉现象。分割光波以获得相干光的常用方法有两种：分波阵面法和分振幅法。

1. 分波阵面法

如图 9-1(a)所示，在点(线)光源 S 发出的波面上取出 S_1、S_2 两部分作为新的光源。由于 S_1、S_2 在同一波面上，具有相同的频率、振动方向和初相位，满足相干条件。新的相干光源 S_1、S_2 取自同一波阵面，因而这种获得相干光的方法称为分波阵面法。通过这种方法获得相干光的典型实验有杨氏双缝实验和劳埃德镜实验等。

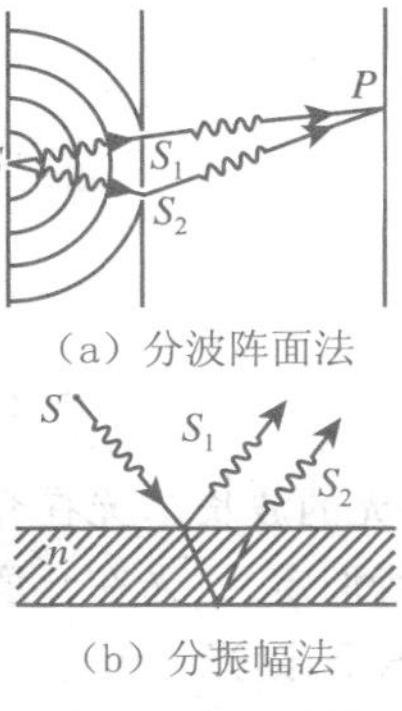

图 9-1 相干光的获得方法

2. 分振幅法

如图 9-2(b)所示，利用光的反射和折射，将同一列光波分成两列或多列，由于各子波列来自于同一波列，具有相同的频率、振动方向和恒定的相位差，满足相干条件。相干波 S_1、S_2 的强度都是原光源 S 强度的一部分，由于波的强度正比于振幅的平方，可以认为这种方法是把原来光波的振幅进行分割而产生新的相干波，所以这种获得相干光的方法称为分振幅法。通过这种方法获得相干光的典型实验是薄膜干涉实验。

9.2 光程　光程差

9.2.1 光程　光程差

在讨论机械波的相干叠加时,研究两波叠加区域中某一点振动是加强还是减弱的关键是计算两波传到该处引起振动的相位差。与此相同,两相干光波叠加区域中某点的光振动是加强还是减弱,仍由两波在该处引起振动的相位差决定。

根据第 6 章知识 $\Delta\varphi=\varphi_{20}-\varphi_{10}-2\pi\frac{r_2-r_1}{\lambda}$ 可知,相位差与两相干光源的初相位之差、光波的波长、光在介质中通过的几何路程之差有关。由光的相关知识可知,光在不同介质中传播时波长不同,为了计算两光的相位差方便,人们引入了光程的概念。

1. 光程

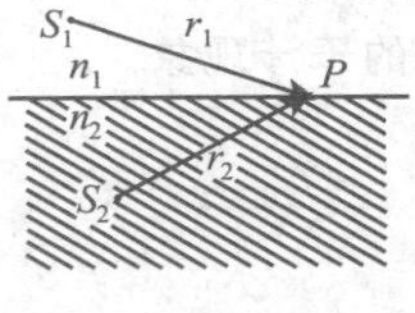

图 9-2　用光程差计算相位差

如图 9-2 所示,两列初相位相同($\varphi_{10}=\varphi_{20}$)的单色相干光波从 S_1 和 S_2 发出,分别在两种不同的介质中传播并汇聚于 P 点。在 P 点,两光波的相位差为

$$\Delta\varphi=2\pi\frac{r_2}{\lambda_2}-2\pi\frac{r_1}{\lambda_1} \tag{9-1}$$

式中 λ_1、λ_2 分别为光在两种介质中的波长。

波在不同介质中传播时频率 γ 不变,都为波源的频率。又由光速 $u=\frac{c}{n}$(n 为传播光的介质的折射率)可知,光在折射率为 n 的介质中传播时波长为

$$\lambda_n=\frac{u}{\gamma}=\frac{c/n}{\gamma}=\frac{1}{n}\frac{c}{\gamma}$$

式中,c/γ 为光在真空中传播时的波长 λ,把 λ 代入上式,可得光在介质中的波长与在真空中的波长之间的关系为

$$\lambda_n=\frac{\lambda}{n}$$

光在折射率分别为 n_1 和 n_2 的两种介质中的波长分别为

$$\lambda_1=\frac{\lambda}{n_1},\lambda_2=\frac{\lambda}{n_2}$$

代入式(9-1),得

$$\Delta\varphi=2\pi\frac{n_2r_2}{\lambda}-2\pi\frac{n_1r_1}{\lambda}=2\pi\frac{(n_2r_2-n_1r_1)}{\lambda} \tag{9-2}$$

由式(9-2)可知,当光源初相相同时,相位差 $\Delta\varphi$ 与真空中光的波长 λ、光在介质中经过的几何路程 r 与介质的折射率 n 的乘积 nr 有关。我们定义:光在介质中所走过的几何路程 r 与介质折射率 n 的乘积为光程,用 L 表示,则光程为

$$L=nr \tag{9-3}$$

引入光程概念之后,式(9-2)中的($n_2r_2-n_1r_1$)为两光束传播到 P 点的光

程之差，称为光程差，用 δ 表示，即

$$\delta=L_2-L_1=n_2r_2-n_1r_1 \tag{9-4}$$

代回式(9-2)，可得光程差与相位差之间的关系为

$$\Delta\varphi=2\pi\frac{\delta}{\lambda} \tag{9-5}$$

式中，λ 为光在真空中传播的波长。由此可见，引入光程的概念，光在不同介质中传播产生相位差的计算变得简明。

例题 9-1 实验装置如图 9-3 所示，S_1、S_2 为两个相干光源，与 O 点相距均为 r，在 S_1 处放置一厚度为 d、折射率为 n 的云母片。试求：(1)两相干光到达 O 点的光程差；(2)与放置云母片之前比较，现在光程差为零的点是向上移动了还是向下移动了？

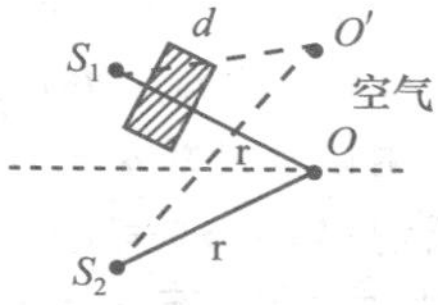

图 9-3 例题 9-1 用图

解 (1)S_1 发出的光到达 O 点的光程为

$$L_1=n_{空气}(r-d)+nd$$

S_2 发出的光到达 O 点的光程为

$$L_2=n_{空气}r$$

S_1、S_2 发出的光到达 O 点的光程差为

$$\delta=L_1-L_2=n_{空气}(r-d)+nd-n_{空气}r=(n-1)d$$

(2)在 S_1 处未放置云母片时，两相干光到达 O 点的光程差为零，当放置了云母片后，$L_1>L_2$，要想光程差为零，则 S_2 发出的光到达光程差零点的几何路程要大些，所以光程差为零的点应向上移动，在 O 点的上方 O' 处，如图 9-3 所示。

9.2.2 透镜的等光程性

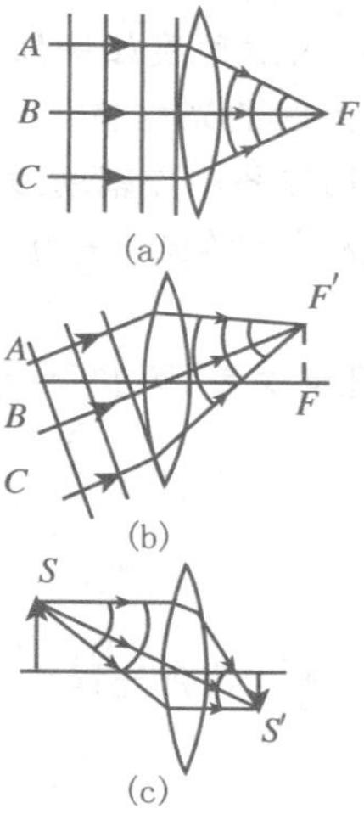

图 9-4 薄透镜的等光程性

由前面分析可知，两相干光在传播过程中相遇时，干涉情况是加强还是减弱与光程差有关。在光的干涉和衍射实验装置中，经常要用到透镜，透镜的存在，是否会对光路中的光程差产生影响呢？理论计算和实验事实表明，这样的影响并不存在。如图 9-4(a)、(b)、(c)所示，平行光通过透镜后，各条光线都要汇聚到焦平面(通过焦点与透镜主轴垂直的平面)上的一点，并且汇聚点总是亮点，即各条平行光线在汇聚点是干涉加强情况(相位差为零)，对应光程差应为 $\delta=0$，即到汇聚点的每一条光线光程都相同，透镜只改变各条光线的传播方向，并不产生附加的光程差。对于非平行光束，我们也可以证明(证明从略)，薄透镜同样不产生附加光程差，这一特性称为薄透镜的等光程性。

薄透镜的等光程性还可作如下的定性解释：如图 9-4(c)所示，从物点 S(平行光束的物点在无限远处)到像点 S' 的各条光线，具有不同的几何路程，它们在透镜玻璃中传播的路程也不同，光程为光线传播几何路程与介质折射率的乘积，由图 9-4(c)可以看出，几何路程较长的光线在玻璃中传播的路程较短，而玻璃的折射率都大于空气的折射率，折算成光程以后，各条光线将具有相同的光程。

9.2.3 反射光的相位突变和附加光程差

在研究机械波时我们曾经提到半波损失问题,光波也是一种波动,因而半波损失的情况在光反射时也同样存在,而且与机械波的半波损失条件基本相同。我们把折射率 n 比较大的介质称为光密介质,而把折射率 n 相对较小的介质称为光疏介质。当光从光疏介质传到光密介质的界面上反射时,反射光的相位发生 π 的突变,即反射光相当于有 $\lambda/2$ 的附加光程差,这一现象称为光的半波损失。

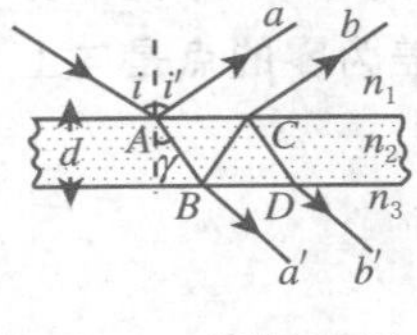

图 9-5 薄膜界面反射光的附加光程差

光的干涉结果取决于光程差,在实际应用中,一定要仔细分析两束光是否有半波损失,以确定是否需要考虑附加光程差的问题。在讨论半波损失引起的附加光程差问题时,要注意:折射率 n 的大小是相比较而言的。如图 9-5 所示,设折射率为 n_2 的薄膜上、下两侧的介质折射率分别为 n_1、n_3。当 $n_1<n_2<n_3$ 时,光线 a、b 之间没有附加光程差。因为光线 a 在 A 点反射以及光线 b 在 B 点反射时均有半波损失,两光线的附加光程差正好相互抵消;如果 $n_1=n_3<n_2$,则光线 a、b 之间有附加光程差。因为光线 a 在 A 点有半波损失,而光线 b 在 B 点反射时,由于是光从光密介质到光疏介质交界面上,没有半波损失,因而,讨论两光干涉结果时要考虑半波损失产生的附加光程差。通过这两种情况分析可总结如下:当两束相干光共发生偶数次半波损失时,最终无附加光程差;当两束相干光共发生奇数次半波损失时,则有附加光程差,其值为$\frac{\lambda}{2}$。

半波损失只发生在反射光中,折射光在任何情况下都不会有半波损失,因而在讨论光程差时,仅考虑反射光是否有半波损失,不必考虑折射光的半波损失。

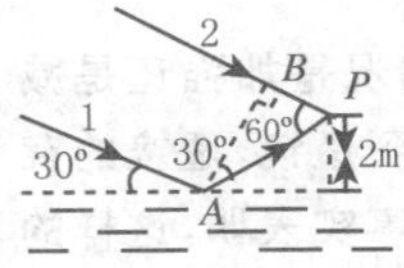

图 9-6 例题 9-2 用图

例题 9-2 一束波长为 λ 平行光在空气中传播,如图 9-6 所示。其中光束 1 入射到水面上经反射后到达水面上方 2 m 处的 P 点(入射角度如图所示),光束 2 直接到达 P 点。试求:光束 1 和光束 2 到达 P 点时的光程差。

解 平行光的波阵面应为与光传播方向垂直的平面,因而在图中作辅助线 $AB\perp BP$,A、B 两点处光的相位相同,光程差为零。光束 1、2 到达 P 点的光程差为

$$\delta=\overline{AP}-\overline{BP}+\delta'$$

式中,δ' 为因半波损失而产生的附加光程差。由图中几何关系,可知

$$\overline{AP}=\frac{2}{\sin 30^\circ}=4$$

$$\overline{BP}=\overline{AP}\cdot\cos 60^\circ=\frac{2}{\sin 30^\circ}\cos 60^\circ=2$$

光束 1 由空气入射到水面在 A 处反射时有半波损失现象,产生附加光程差

$$\delta'=\frac{\lambda}{2}$$

代入上式,光程差为

$$\delta=4-2+\frac{\lambda}{2}=2+\frac{\lambda}{2}\text{m}$$

9.2.4 干涉加强和减弱的条件

由波的干涉知识可知，干涉的结果是加强还是减弱由相干波的相位差决定。

$$\Delta\varphi=\begin{cases}\pm 2k\pi & \text{（加强）}\\ \pm(2k+1)\pi & \text{（减弱）}\end{cases} \tag{9-6}$$

当满足相干条件的两束光初相位相同时，两光的相位差为

$$\Delta\varphi=2\pi\frac{n_2r_2-n_1r_1}{\lambda}=\frac{2\pi}{\lambda}\delta$$

把此式与式(9-6)结合，可得用光程差表示的光的干涉加强与减弱条件

$$\delta=\begin{cases}2k\dfrac{\lambda}{2} & \text{（加强）}\\ (2k+1)\dfrac{\lambda}{2} & \text{（减弱）}\end{cases} \tag{9-7}$$

式中，λ 为光在真空中的波长。$k=0,\pm1,\pm2,\cdots$，常称为干涉条纹的级次。其中，$k=0$时对应的干涉明纹称为零级明纹，有时也称为中央明纹；$k=\pm1$对应的明纹称为一级明纹，对应的暗纹称为一级暗纹……。除中央明纹外，其他各级明纹和暗纹都各有两条。

式(9-7)是处理光干涉问题的基本公式。分析光的干涉问题就是要探讨干涉条纹（明纹及暗纹）的静态分布（形状、位置、间距等）、条纹的动态变化（位置的移动）等，而干涉条纹的静态分布和动态变化都与相干光束的光程差息息相关，因此，由光程差出发分析干涉条纹的分布及变化规律是研究光干涉问题的关键之处。

例题 9-3 已知如例题 9-1，若已知云母片的折射率为 $n=1.58$，入射光波长为 $\lambda=550\text{nm}$。试求：预使 O 点干涉加强，则云母片的最小厚度为多少？

解 由例题 9-1 可知，此时 S_1、S_2 发出的光到达 O 点的光程差为

$$\delta=(n-1)d$$

O 点干涉加强，则应有 $\delta=k\lambda(k=0,\pm1,\pm2,\cdots)$，结合上式，有

$$(1.58-1)d=k\times550\times10^{-9}$$

解得

$$d=\frac{5.5\times10^{-7}k}{0.58}$$

当 $k=1$ 时，厚度最小，即

$$d_{\min}=9.5\times10^{-7}\text{m}$$

$d=0$ 时，同样满足 O 点干涉加强的条件，但此时意味着没有云母片，显然与题意不符，故不予考虑。

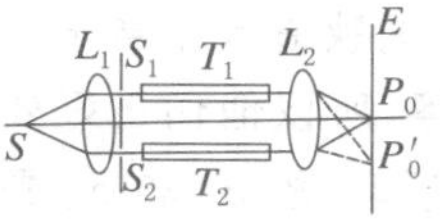

图 9-7 例题 9-4 用图

例题 9-4 图 9-7 所示为一种利用干涉方法测量气体折射率的装置。图中 T_1、T_2 为一对完全相同的玻璃管，长为 $l=20\text{cm}$。实验开始时，两管中为真空，此时在 P_0 处出现干涉零级明纹。然后在 T_2 管中慢慢注入待测气体，

在这过程中,屏幕 E 上干涉条纹发生移动。通过测定干涉条纹的移动数可以推知气体的折射率。设某次测量时,入射光波长 $\lambda=589.3\text{nm}$,注入待测气体后,屏幕上条纹移过 200 条。试求该气体的折射率。

解 当两管同为真空时,从 S_1 和 S_2 射出的光到 P_0 处光程差为零,该处出现零级明纹。T_2 管中注入待测气体后,从 S_2 射出的光到达屏处的光程增加,零级明纹将要向下移动,出现在 P'_0 处。如干涉图样移动 N 条明纹,P_0 处将出现第 N 级明纹,两光在该处光程差为 $N\lambda$,即

$$\delta=n_2 l-n_1 l=N\lambda$$

式中,n_1 和 n_2 分别为真空和待测气体的折射率。解方程得待测气体折射率为

$$n_2=\frac{N\lambda}{l}+n_1=\frac{200\times589.3\times10^{-9}}{0.2}+1=1.000\ 589$$

练习题

1. 已知实验装置如图(例题 9-1 用图)所示,S_1、S_2 为两个相干光源,由 S_1、S_2 发出的光到达屏幕上 O 点时光程差为零。在 S_2 处放置一厚度为 d、折射率为 n 的云母片。试求:(1)两相干光到达 O 点的光程差;(2)相比较放云母片之前,光程差为零的点向上移动还是向下移动。

2. 已知如例题 9-2,若此时平行光在介质中传播,介质折射率为 $n_1=1.5$,水的折射率为 $n_2=1.33$。试求:在 P 点光束 1 和光束 2 的光程差。

3. 已知如例题 9-1,若此时 O 点是干涉减弱情况。试求:云母片的最小厚度。

9.3 杨氏双缝干涉

英国医生(生理光学专业医学博士)兼物理学家托马斯·杨于 1801 年首次采用分波阵面的方法获得相干光,实现了光的干涉,在历史上第一次测定了光的波长,并用干涉原理成功地解释了白光照射下薄膜彩色的形成,为光波动说的建立奠定了坚实的实验基础。托马斯·杨所设计的实验即称为杨氏双缝干涉。本节主要介绍这个实验的实验装置以及干涉条纹的分布特点。

9.3.1 杨氏双缝干涉实验

1. 实验装置

杨氏双缝干涉实验的装置如图 9-8 所示。其中 S_0 为单色光源,它所发出的光经过透镜 L 后变为单色平行光束,平行光束照射下的狭缝 S 相当于一个线光源。双缝 S_1 和 S_2 与狭缝 S 平行,且与 S 距离相等,所以他们正好处于由 S 发出的同一波面上,具有相同的相位、振动方向和频率,故 S_1 和 S_2 是一对相干光源(最初托马斯·杨的实验装置中 S、S_1 和 S_2 都为针孔,后人为使干涉图样清晰而改作成了狭缝)。由 S_1 和 S_2 发出的光在双缝后相遇时,

即形成相干区域，如果在此区域中放一观察屏，屏上会出现干涉条纹。

2. 干涉图样

(1)装置的几何关系及明、暗纹条件

明纹和暗纹分别对应干涉加强和减弱情况，而干涉加强和减弱由光程差决定，因此要想定量分析杨氏双缝干涉实验在观察屏上的干涉结果如何，首先要计算相干光源 S_1 和 S_2 发出的光到达观察屏上任意点 P 的光程差 δ。

如图 9-9 所示，设双缝的中垂线与观察屏相交于 O 点，S_1 和 S_2 之间的距离称为双缝间距，用 d 表示，双缝与观察屏之间的距离用 D 表示。d 通常大小在 0.1～1 mm，而 D 则在1～10m，所以 $d \ll D$。设 S_1 和 S_2 发出的相干光在观察屏上交汇于 P 点，P 点与 O 点之间的距离为 x，P 点到双缝的距离分别为 r_1 和 r_2。在 PS_2 上截取 $PN=PS_1$，则有 $\delta=r_2-r_1=\overline{S_2N}$，由于 $d \ll D$，及 P 点到 O 点的距离满足 $x \ll D$ 的条件，由图中的几何关系可知，$\triangle S_1PN$ 可以认为是一个顶角很小的等腰三角形。此三角形的底角可近似认为是直角，即 $S_1N \perp S_2P$，于是有

$$\delta=\overline{S_2N}=d\sin\angle S_2S_1N$$

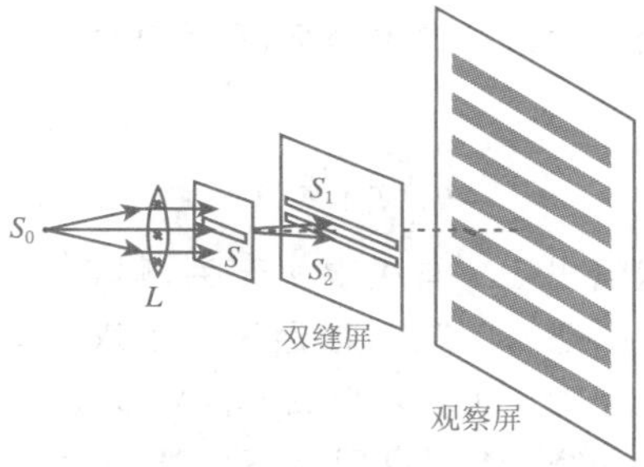

图 9-8　杨氏双缝干涉实验装置

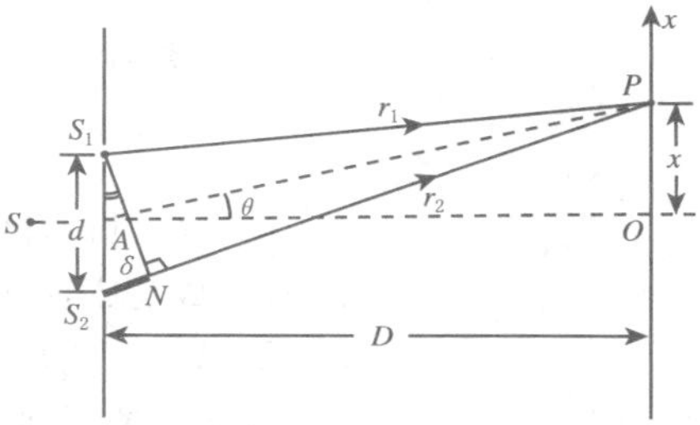

图 9-9　杨氏双缝干涉光程差的计算

由于 $\angle S_2S_1N$ 和 $\angle PAO$ 的两边相互垂直，所以 $\angle S_2S_1N=\angle PAO=\theta$，因而光程差写为

$$\delta=r_2-r_1=d\sin\theta$$

由于 $x \ll D$，θ 角很小，所以有 $\sin\theta \approx \tan\theta$，代入上式有

$$\delta=d\tan\theta=d\,\frac{x}{D} \tag{9-8}$$

此式即为此装置的几何关系式。

由几何关系及干涉加强、减弱条件可得杨氏双缝干涉的明、暗纹条件为

$$\delta=\frac{d}{D}x=\begin{cases}2k\,\dfrac{\lambda}{2} & \text{明纹条件(加强)}\\[2ex](2k+1)\,\dfrac{\lambda}{2} & \text{暗纹条件(减弱)}\end{cases}\qquad k=0,\pm1,\pm2,\cdots \tag{9-9}$$

由双缝发出的相干光，到达观察屏上任一点的光程差是空间坐标 x 的函数，x 值相同的点，光程差相同，则干涉结果相同。而 x 值相同点对应的是与缝平行的直线，所以在观察屏上看到的图样将是与缝平行的关于 S 对称的条纹。凡是

位置坐标 x 满足明纹条件的点，相干叠加后的合光强将为最大，在观察屏上形成明纹；凡是位置坐标 x 满足暗纹条件的点，相干叠加后的合光强将为最小，在观察屏上形成暗纹。x 是连续变化的，在其变化的过程中，一会儿对应于明纹条件，一会儿对应于暗纹条件，然后再对应于下级明纹条件，……，由此可知，杨氏双缝干涉图样为一组与双缝平行的明暗相间的直条纹。

(2)明、暗纹位置

由式(9-9)即可求得明纹(或暗纹)对应的 x 值为

$$x=\begin{cases} k\dfrac{D}{d}\lambda & \text{明纹} \\ (2k+1)\dfrac{D\lambda}{2d} & \text{暗纹} \end{cases} \tag{9-10}$$

式中，$k=0,\pm1,\pm2,\cdots$，称为条纹的级次。$k=0$ 时，相应的明纹称为零级明纹，此时 $x=0$，对应于屏的中央位置，所以也称为中央明纹；$k=\pm1$ 时，对应的条纹为中央明纹两侧对称位置上的正、负一级明纹；其余依此类推。对于暗纹来说，没有中央暗纹，$k=0$ 时对应的暗纹为正负一级暗纹，其余暗纹依此类推。

(3)相邻明纹(暗纹)间距

由式(9-10)所给出的条纹位置坐标，可得观察屏上任意两相邻明(暗)纹之间的距离为

$$\Delta x=x_{k+1}-x_k=\frac{D}{d}\lambda \tag{9-11}$$

由式(9-11)可以看出：Δx 与级次 k 无关，则条纹在屏上呈等间距分布；Δx 与 d 成反比，d 减小则 Δx 增大，即通过缩小双缝间的距离可以增大条纹间的距离；Δx 与 D 成正比，D 增大则 Δx 增大，即通过增大屏到缝之间的距离可以增大条纹间的距离；当 d、D 固定不变时，$\Delta x\propto\lambda$，λ 减小则 Δx 减小，条纹变得密集，反之 λ 增加则 Δx 增加，条纹变得稀疏，即不同的光照射同一双缝，条纹间距不同，如果用白光照射双缝，则屏上将出现彩色的条纹，其中紫色条纹因其波长最小而离 O 点最近，红光则最远。

另外，由式(9-11)可知，若 d 和 D 已知，则只要测出 Δx，即可得到待测光波的波长，式(9-11)为我们提供了一种测定光波波长的方法。

总结以上，杨氏双缝干涉条纹是明暗相间、对称分布、等间距的平行直条纹。

例题 9-5 在杨氏双缝实验中，屏与双缝间的距离 $D=1\text{m}$，用钠光灯作单色光源($\lambda=589.3\text{nm}$)。试求：(1)$d=2\text{mm}$ 和 $d=10\text{mm}$ 两种情况下，相邻明纹间距各为多大？(2)若肉眼能分辨两条纹的间距最小值为 0.15mm，则此装置中双缝的最大间距为多少？

解 (1)根据两相邻明条纹间的距离 $\Delta x=\dfrac{D}{d}\lambda$，可知

当 $d=2\text{mm}$ 时，$\Delta x_1=\dfrac{1\times589.3\times10^{-9}}{2\times10^{-3}}=2.95\times10^{-4}\text{m}$

当 $d=10\text{mm}$ 时，$\Delta x_2=\dfrac{1\times589.3\times10^{-9}}{10\times10^{-3}}=5.89\times10^{-5}\text{m}$

结果再次表明，相邻明纹间的距离随双缝间距离的增加而减小。

(2)根据 $\Delta x=\frac{D}{d}\lambda$，及 $\Delta x=0.15\text{mm}$，则有

$$d=\frac{D\lambda}{\Delta x}=\frac{1\times589.3\times10^{-9}}{0.15\times10^{-3}}=3.93\times10^{-3}\text{m}$$

即双缝间距必须小于 3.93mm，肉眼才能分清干涉条纹。

例题 9-6 用单色光照射相距 0.4mm 的双缝，缝屏间距为 1m。试求：(1)若从第 1 级明纹到同侧第 5 级明纹的距离为 6mm，单色光的波长为多大？(2)若入射的单色光波长为 4000Å(Å$=10^{-10}$m)的紫光，相邻两明纹间的距离为多大？(3)上述两种波长的光同时照射，两种波长的明条纹第一次重合在屏幕上的什么位置？

解 (1)由双缝干涉明纹条件 $x=k\frac{D}{d}\lambda$，可得

$$x_5-x_1=(k_5-k_1)\frac{D}{d}\lambda=(5-1)\frac{D}{d}\lambda=4\frac{D}{d}\lambda$$

得

$$\lambda=\frac{d}{D}\frac{x_5-x_1}{4}=\frac{4\times10^{-4}\times6\times10^{-3}}{1\times4}=6.0\times10^{-7}\text{m}$$

(2)当 $\lambda=4\ 000$Å 时，两相邻明纹间距为

$$\Delta x=\frac{D}{d}\lambda=\frac{1\times4\times10^{-7}}{4\times10^{-4}}=1.0\times10^{-3}\text{m}$$

(3)设两种波长光的干涉图样中，明纹重合处离中央明纹的距离为 x，则有

$$x=k_1\frac{D}{d}\lambda_1=k_2\frac{D}{d}\lambda_2$$

设 k_1、k_2 分别为 6 000Å 和 4 000Å 两光对应的明纹级次，解方程可得

$$\frac{k_1}{k_2}=\frac{\lambda_2}{\lambda_1}=\frac{4\ 000}{6\ 000}=\frac{2}{3}$$

即波长为 4 000Å 的紫光的第 3 级明条纹与波长为 6 000Å 的第 2 级明条纹的重合是第一次重合。重合的位置为

$$x=k_1\frac{D}{d}\lambda_1=2\times\frac{1}{4\times10^{-4}}\times6\times10^{-7}=3\times10^{-3}\text{m}$$

9.3.2 洛埃德镜干涉实验

洛埃德镜干涉的实验装置如图 9-10 所示，S_1 为狭缝光源，MN 为平面反射镜，E 为观察屏。由狭缝光源 S_1 发出的光波，一部分直接照射到屏幕 E 上，另一部分以接近90°的入射角(S_1 与平面镜 MN 的垂直距离很小)射向平面镜，经反射后再照射到屏幕 E 上。由于反射光和直射光是从同一波源的波阵面上分割出来的，所以它们是相干光，故屏幕 E 上将会出现干涉条纹。如果把反射光看成是由虚光源 S_2 所发出的，此时 S_1 与 S_2 就相当于杨氏双缝干涉实验的双缝一样，所以处理杨氏双缝干涉问题的方法同样也

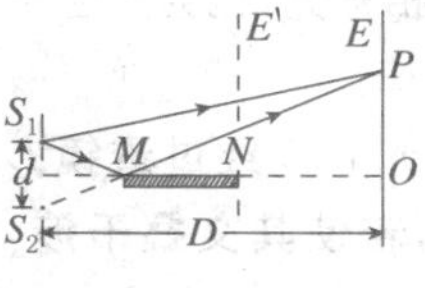

图 9-10 洛埃德镜实验

适用于洛埃德镜干涉，所得的结论也应适用于此实验。

但实验结果并非完全如此。干涉图样虽然是平行的、等间距的、明暗相间的条纹，但用杨氏双缝实验结果分析的明纹处却对应着暗纹，分析的暗纹处却对应着明纹。例如，如果把屏幕 E 移到 E' 的位置，此时 O 与 N 重合，S_1 和 S_2 两光源到 $O(N)$ 的几何路程相等，由式(9-9)可知，O 点处应该为明纹，但实际看到的却是暗纹。这是为什么呢？

仔细分析我们发现：光是一种波，相干的两束光中有一束是由镜面的反射光形成的。该光由空气入射到镜面反射，属于光疏介质到光密介质的情况，符合半波损失条件，由于存在半波损失，使得两相干光的光程差中有附加光程差 $\frac{\lambda}{2}$ 项，使得几何路程差为零的 O 点有了 $\frac{\lambda}{2}$ 的光程差，从而在该处产生了暗纹。洛埃德镜干涉实验是半波损失现象存在的非常典型的实验验证。

练习题

1. 在双缝干涉实验中，两缝的间距为 0.6mm，双缝到屏幕的距离为 2.5m。测得屏上相邻两明条纹中心的距离为 2.27mm。试求：入射光的波长。

2. 用白光垂直入射到间距为 $d=0.25$mm 的双缝上，距离缝 1.0m 处放置屏幕。试求：干涉图样第二级明纹中紫光和红光的间距。($\lambda_{紫}=400$nm，$\lambda_{红}=760$nm)

9.4 薄膜干涉

获得相干光的另一种方法是分振幅法，其中典型的干涉实验就是薄膜干涉。薄膜是指由透明介质形成的一层很薄的介质膜，如肥皂膜、水膜、油膜等。本节将从讨论薄膜中光程差入手，分析薄膜干涉图样中条纹分布特点及应用等问题。

9.4.1 薄膜干涉中光程差

如图 9-11 所示，折射率为 n_2、厚度为 e 的平行薄膜夹在折射率为 n_1 和 n_3 的两种介质之间。入射光经薄膜上、下表面反射后的光记为 a 和 b，由于 a、b 来自于同一入射光，它们具有相同的初相位、相同的振动方向、稳定的相位差，两光满足干涉条件，相遇后将产生干涉现象。同理，透射光 a' 和 b' 也是相干光，也会产生干涉现象。下面我们以两反射光为例讨论薄膜干涉的特点和规律。

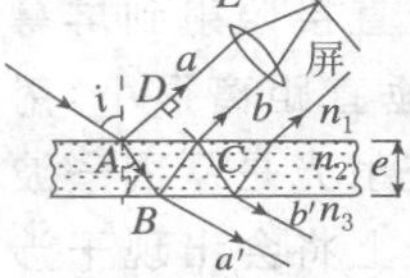

图 9-11 薄膜干涉

光束以入射角 i 入射到薄膜上表面，折射角为 γ，反射光 a、b 经过透镜 L 汇聚于屏幕上 P 点并产生干涉现象(a、b 两光束为平行光，若使其交叠干涉，则需要借助透镜)。透镜具有等光程性，它只改变光的传播方向，不改变两光的光程差。过 C 作 CD 线垂直 a 光，则 CD 之后 a、b 两光的光程相同，故这

两束光的光程差就是从 A 点开始到 CD 面之前产生的，即

$$\delta = n_2(\overline{AB}+\overline{BC}) - n_1\overline{AD} + \delta' \tag{9-12}$$

式中，δ' 为附加光程差项，$\delta'=\dfrac{\lambda}{2}$ 或 0，根据是否存在半波损失情况而定：当 $n_1>n_2>n_3$ 时，光在薄膜的上下表面反射时均无半波损失，$\delta'=0$；当 $n_1<n_2<n_3$ 时，光在薄膜上下表面反射时，都有半波损失（a 光束在 A 点，b 光束在 B 点），计算光程差时两者互相抵消，不必考虑附加光程差，$\delta'=0$；当 $n_1<n_2>n_3$ 时，光在薄膜上表面反射时有半波损失，下表面无半波损失，则 $\delta'=\dfrac{\lambda}{2}$；当 $n_1>n_2<n_3$ 时，光在薄膜的上表面无半波损失，下表面反射时有半波播损失，故 $\delta'=\dfrac{\lambda}{2}$。

根据折射定律和三角函数的关系式推导可得（推导过程从略），光程差 δ 为

$$\delta = 2e\sqrt{n_2^2 - n_1^2\sin^2 i} + \delta' \tag{9-13}$$

结合干涉的明、暗纹条件可得，薄膜反射光干涉产生明、暗条纹的条件是

$$\delta = 2e\sqrt{n_2^2 - n_1^2\sin^2 i} + \delta' = \begin{cases} k\lambda\,(k=1,2,\cdots) & \text{明纹中心} \\ (2k+1)\dfrac{\lambda}{2}\,(k=0,1,2,\cdots) & \text{暗纹中心} \end{cases} \tag{9-14}$$

采用同样的方法可以证明，透射光束 a' 和 b' 之间的光程差 δ_2 与反射光束 b 和 a 之间的光程差只相差半个波长 $\dfrac{\lambda}{2}$，这说明反射光干涉是明纹中心处对应于透射光干涉的暗纹中心，反之亦然。这个结论也可以从另一个方面给予分析：反射光能量、透射光能量都是入射光能量的一部分，根据能量守恒定律，反射增强的地方，透射自然就减弱了。光的强度与光振动的振幅相关，反射光和入射光强度分别是入射光的一部分，因而可以说反射光和入射光各分得入射光振幅的一部分，所以薄膜干涉是分振幅法获得相干光的例证。

式(9-14)表明，在薄膜性质确定的条件下，薄膜反射光干涉产生明暗条纹的光程差 δ 由薄膜厚度 e 和入射角度 i 决定。由此我们可以把薄膜干涉再分为两种：一种是厚度 e 给定，此时两光束光程差随入射角 i 变化，i 相同处光程差相同，干涉结果相同，这类干涉称为等倾干涉；另一种是入射角 i 给定，两光束光程差随厚度 e 变化，e 相同处光程差相同，干涉结果相同，这类干涉称为等厚干涉。

9.4.2 等倾干涉

等倾干涉装置图如图 9-12(a)所示。用单色点光源照射薄膜时，入射光波长 λ、薄膜厚度 e 及折射率 n 都是固定不变的，只有入射角 i 可以有各种不同的取值。由前面分析可知，入射角 i 相同处入射光经薄膜上、下表面反射所形成的各对反射光都具有相同的光程差，对应同样干涉结果，即对应同一条干涉条纹。

图 9-12(a)中 M 是与薄膜表面成45°角放置的半反射镜，由点光源 S 发出

的光经 M 反射后入射到薄膜上。由薄膜上、下表面反射所形成的两反射光经透镜汇聚,在其焦平面处的屏幕上形成干涉条纹。由图中装置的几何特点可知,入射角相同的两反射光的汇聚点在以 O(透镜的像方焦点)为中心的同一圆周上。所以此装置的干涉图样是以 O 为中心的圆形条纹,如图 9-12(b)所示。

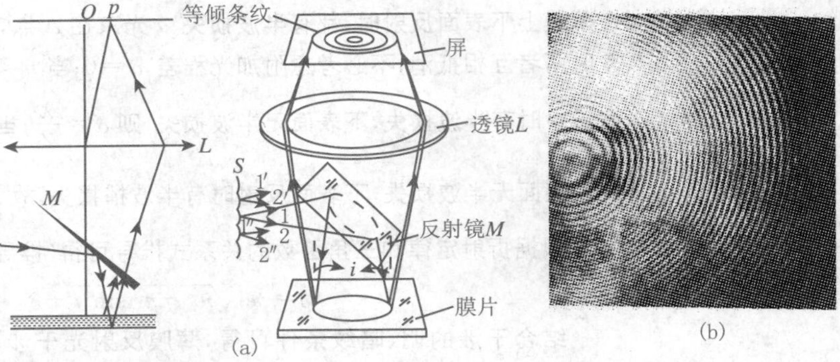

图 9-12　等倾干涉实验装置及干涉图样

由式(9-14)可以看出入射角 i 越小,两光束的光程差越大,对应的条纹级次越高,而入射角 i 越小,则条纹的位置越接近圆心,所以此干涉装置中,离圆心越近干涉级次 k 越高,离圆心越远,干涉级次 k 越低。

在等倾干涉中,如果不仅膜的厚度处处相同,光的入射角也也处处相同,则膜上、下表面反射光干涉的结果也处处相同,即若膜上表面一处是干涉加强,其他位置也是干涉加强;若膜的一处是干涉减弱,其他位置也是干涉减弱。同样,我们若在膜下观察透射光干涉,情况也如此,即若加强都加强,若减弱都减弱。根据这种干涉情况,我们可以制成高反射膜和增透膜。

9.4.3　高反射膜和增透膜

1. 高反射膜

在一些光学系统中,往往要求某些光学元件表面具有很高的反射率,几乎没有透射损耗。例如,激光器谐振腔中的全反射镜,对特定波长的反射率可以高达 99%以上;宇航员头盔和面甲上都镀有对红外线具有高反射率的多层膜,以屏蔽宇宙空间中极强的红外线照射。反射率很高,透射率很低的薄膜称为高反射膜。高反射膜的制作原理很简单,根据薄膜干涉原理,在光学元件表面镀上一层或多层均匀薄膜,适当选择薄膜的材料及厚度,使薄膜上、下表面的反射光干涉加强,而透射光干涉相消,即可制作出高反射膜。

图 9-13　例题 9-7 用图

例题 9-7　如图 9-13 所示,在折射率为 $n_2=1.5$ 的玻璃基片上,蒸镀一层折射率为 $n=1.38$ 的透明氟化镁(MgF_2)薄膜。若要使此膜对于垂直入射到薄膜表面上的黄绿光($\lambda=550\text{nm}$)成为高反射膜,试求此膜的最小厚度。

解　光线以接近垂直入射的方向入射到薄膜上,即入射角 $i=0$。设薄膜

厚度为 e,则入射光在薄膜上、下表面两反射光的光程差为

$$\delta=2ne+\delta'$$

δ' 为由于半波损失而产生的附加光程差,由于薄膜上面的介质为空气,即 $n_1<n<n_2$,所以 $\delta'=0$。

结合反射光干涉加强条件,有

$$\delta=2ne=k\lambda(k=1,2,\cdots)$$

解方程得

$$e=\frac{k\lambda}{2n}$$

当 $k=1$ 时,薄膜厚度最小,其值为

$$e_{\min}=\frac{\lambda}{2n}=\frac{550}{2\times1.38}\approx200\text{nm}$$

2. 增透膜

在一些光学系统中,有时要求某些光学元件表面具有很低的反射率,几乎所有的光都透射过去。例如,任何成像系统中总有一些不同介质的分界面,由于光在分界面上的反射使得入射光能量损失而造成像面光强度减弱,而且这些界面上的反射光不遵从设计好的光路而到达像面,从而构成杂散的背景光,使像面变得模糊不清,为了提高成像质量,就要设法减少多片式镜头上的反射光。增强光透射的常用办法也是镀膜,只要薄膜厚度及折射率适当,就可使反射光干涉相消,而透射光干涉加强。这种使透射光干涉加强的薄膜叫做增透膜。

例题 9-8 已知如例题 9-7。若使此膜对于垂直入射到膜表面的黄绿光($\lambda=550$nm)成为增透膜,试求膜的最小厚度。

解 光线垂直入射则入射角 $i=0$。设薄膜厚度为 e,则入射光在薄膜上、下表面两反射光的光程差为

$$\delta=2ne+\delta'$$

由于 $n_1<n<n_2$ 的情况,所以 $\delta'=0$。

若使透射光干涉加强,则应使反射光干涉减弱,即应有

$$\delta=2ne=(2k+1)\frac{\lambda}{2}(k=0,1,2,\cdots)$$

解方程得

$$e=(2k+1)\frac{\lambda}{4n}$$

当 $k=0$ 时,薄膜厚度最小,其值为

$$e_{\min}=\frac{\lambda}{4n}=\frac{550}{4\times1.38}\approx100\text{nm}$$

根据薄膜干涉原理,利用多层镀膜的方法,还可以制成干涉滤光片。它的基本原理是:想从白光中挑选哪种颜色的光,就做出一种薄膜对该种颜色光形成增透膜,这种薄膜即是干涉滤光片。利用干涉滤光片可以从白光中获得特定波长范围的光。

练习题

1. 空气中的平面单色光，垂直入射在玻璃板上一层很薄的油膜上，油的折射率为1.3，玻璃折射率为1.5，若单色光的波长可由光源连续可调，试求：若观察到波长为500nm的单色光在反射光中消失，则油膜层最小厚度为多少？

2. 已知如练习1。试求：若观察到波长为500nm的单色光在折射光中消失，则油膜层最小厚度为多少？

9.5 薄膜的等厚干涉

在薄膜干涉中，如果光的入射角处处相同，相干光的光程差随薄膜的厚度变化。厚度相同的地方光程差相同，干涉情况相同，对应同一级干涉条纹，这种薄膜干涉称为等厚干涉，其相应的条纹称为等厚条纹。等厚干涉中典型的干涉实验为劈尖膜干涉和牛顿环干涉。

9.5.1 劈尖膜干涉

1. 劈尖膜干涉的光程差

如图9-14所示，两块平面玻璃板的一端相叠，另一端夹一根细丝。在两块平面玻璃之间就构成一个空气劈尖，此时的空气薄膜就是劈尖膜，光通过劈尖形透明薄膜所产生的干涉，称为劈尖膜干涉。两玻璃板的交线(相叠处)称为棱边。

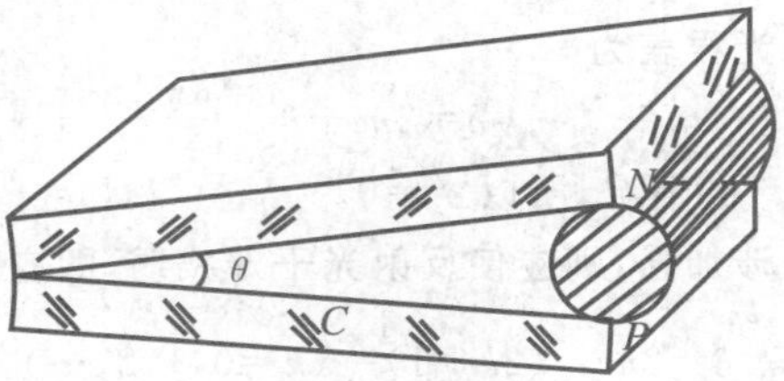

图9-14 劈尖膜干涉

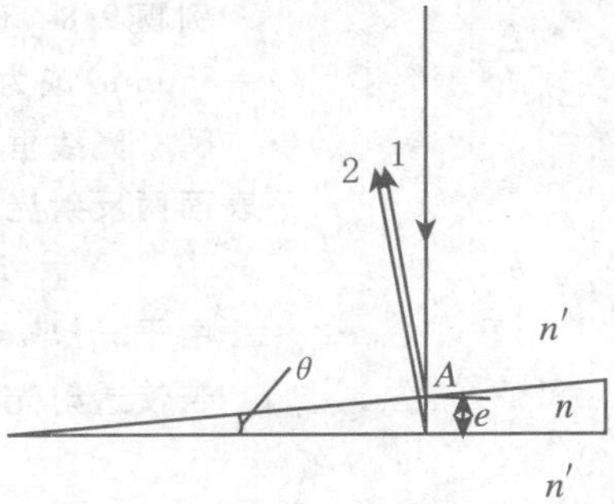

图9-15 劈尖薄膜剖面图

劈尖薄膜的剖面如图9-15所示，设劈尖的折射率为n(对于空气劈尖$n=1$)，劈尖的夹角为θ，置于折射率为n'的介质中，且$n<n'$。以波长为λ的单色平行光垂直入射($i=0$)到劈尖膜上、下两表面，一部分光经上表面反射形成反射光束1，另一部分光透射垂直进入劈尖膜，此部分光经劈尖膜下表面反射，形成反射光束2，光束1、光束2便构成了一对相干光。这两束反射光在薄膜上表面的A点处相遇(由于θ角极小，薄膜上下表面近似平行，故入射光、透射光和反射光重叠在一起，为了看清楚光路的来龙去脉，才故意夸大将它们分开来画)。反射光束1是由光密介质入射到光疏介质，此光无半波

损失。反射光束 2 是由光疏介质入射到光密介质，有半波损失。设该处膜厚为 e，则两反射光束 1 和光束 2 的光程差为

$$\delta=2ne+\frac{\lambda}{2}$$

根据干涉加强、减弱条件可得劈尖膜干涉的明、暗条纹条件为

$$\delta=2ne+\frac{\lambda}{2}=\begin{cases} k\lambda(k=1,2,\cdots) & \text{明纹中心} \\ (2k+1)\frac{\lambda}{2}(k=0,1,2,\cdots) & \text{暗纹中心} \end{cases} \tag{9-15}$$

式中，k 为干涉条纹的级次。

2. 干涉图样

劈尖膜干涉的明暗纹条件定量的反映出凡是 e 相同的地方，光所产生的干涉强弱也都相同，也就是说，劈尖膜干涉条纹与薄膜的等厚线一致。劈尖膜的等厚线与棱边平行，因而劈尖膜干涉的干涉条纹应是与棱边平行的，如图 9-16 所示。同一级干涉条纹下的薄膜具有相同的厚度。

根据式(9-15)，可得明、暗纹对应的薄膜厚度为

$$e=\begin{cases} \frac{1}{2n}(2k-1)\frac{\lambda}{2} & \text{明纹} \\ \frac{1}{2n}k\lambda & \text{暗纹} \end{cases}$$

任意相邻两明纹中心(或暗纹中心)之间的厚度差为

$$\Delta e=e_{k+1}-e_k=\frac{\lambda}{2n} \tag{9-16}$$

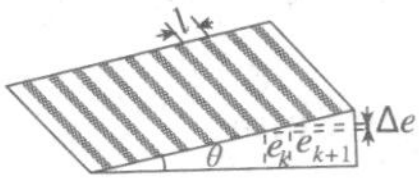

图 9-16 劈尖膜干涉条纹图样

如图 9-16 所示，两相邻明纹(或暗纹)中心的间距为

$$l=\frac{\Delta e}{\sin\theta}$$

将式(9-16)代入，则有

$$l=\frac{\lambda}{2n\sin\theta} \tag{9-17}$$

由式(9-17)可知，对应给定的装置，条纹间距离 l 是定值，即条纹等间距。

通常 θ 角很小，故 $\sin\theta\approx\theta$，所以式(9-17)也可以改写为

$$l=\frac{\lambda}{2n\theta}$$

此式表明，在入射光波长一定的条件下，条纹间距 l 与 θ 角成反比，θ 角增大时，l 减小，即干涉条纹变密。θ 角过大，则条纹密不可辨，所以劈尖干涉中，θ 角要有一定的限度。

另外，在装置中的棱边处，薄膜的厚度 $e=0$，由式(9-15)可知，$\delta=\frac{\lambda}{2}$，对应暗纹中心，所以劈尖膜干涉图样中，棱边处为暗纹。

利用劈尖干涉，在折射率 n、波长 λ 已知的条件下，只要测出条纹间距 l，

即可测得入射光波的波长。如果利用复色光照射劈尖薄膜,则不同波长的光波将在薄膜表面形成各自的一套干涉图样。由于条纹间距与波长有关,因而各色条纹彼此错开,在薄膜表面形成色彩斑斓的干涉图样。阳光照射下肥皂泡、水面上的油膜以及许多昆虫翅膀上,都可以看到这种多彩的干涉图样。

3. 劈尖膜干涉的应用

劈尖膜干涉装置比较简单,干涉条纹又可将数量级在光波波长范围的微小长度及其变化反映出来,所以等厚干涉原理在精密测量及检测方面有着广泛的应用。

(1)测量微小长度

利用等厚干涉原理可以测量细丝的直径、薄层的厚度以及微小角度等。

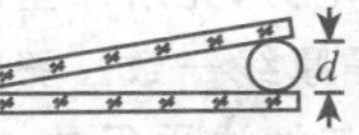

图 9-17　测量细丝直径

如图 9-17 所示,这是测量细丝直径的装置,把待测细丝夹在两块标准平板玻璃之间,在两玻璃板之间形成一个空气劈尖,当用平行光垂直入射时,则可以观测到劈尖的等厚干涉条纹。根据在劈尖棱边到细丝之间观察到的干涉条纹数目 N,就可以计算出细丝所在处的空气薄膜厚,即得出细丝直径。

例题 9-9　两块平面玻璃板的一端互相接触,另一端夹一金属丝,有一列波长为 $\lambda=680\text{nm}$ 的平行光垂直地照射到两玻璃上,如图 9-17 所示,由棱边到金属丝所在处共呈现出 141 条明纹。试求:金属丝的直径。

解　第 141 条明纹处薄膜的厚度即为金属丝的直径,则根据干涉明纹条件有

$$\delta=2nd+\frac{\lambda}{2}=k\lambda$$

式中,$\frac{\lambda}{2}$ 为半波损失引起的附加光程差。代入 $k=141$ 及 $n=1$,解方程可得

$$d=(k-\frac{1}{2})\lambda/2=(141-0.5)\times680\times10^{-9}/2\approx0.048\text{mm}$$

(2)检测精密零部件表面的平整度

由劈尖膜干涉的图样可知,等厚干涉条纹是与棱边平行的等间距的明暗相间的直条纹,它与薄膜等厚线的形状是相同的。而薄膜的厚度又与形成薄膜的有关平面的表面状况有关,所以我们可以用等厚干涉原理来检测精密零部件表面的平整度。

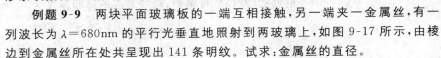

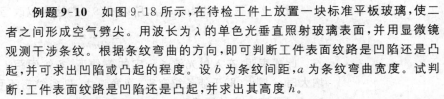

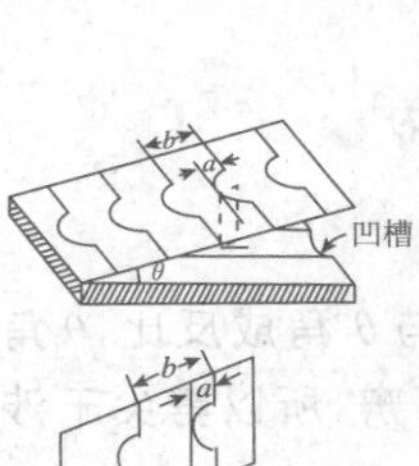

图 9-18　例题 9-10 题图

例题 9-10　如图 9-18 所示,在待检工件上放置一块标准平板玻璃,使二者之间形成空气劈尖。用波长为 λ 的单色光垂直照射玻璃表面,并用显微镜观测干涉条纹。根据条纹弯曲的方向,即可判断工件表面纹路是凹陷还是凸起,并可求出凹陷或凸起的程度。设 b 为条纹间距,a 为条纹弯曲宽度。试判断:工件表面纹路是凹陷还是凸起,并求出其高度 h。

解　根据等厚干涉原理,在同一条纹上,弯向劈尖棱边的部分和直线部分所对应的空气薄膜厚度应该相等。本来越靠近棱边的地方薄膜厚度应该越小,而现在同一条纹上靠近棱边和远离棱边处薄膜厚度相等,这说明工件表面该处是凹陷下去的。

根据劈尖干涉相邻条纹间距为

$$b=\frac{\lambda}{2n\sin\theta}$$

由于角度θ非常小，所以有

$$\sin\theta\approx\tan\theta=\frac{h}{a}$$

代入上式，并考虑空气折射率$n=1$，有

$$b=\frac{\lambda}{2h/a}=\frac{a\lambda}{2h}$$

即
$$h=\frac{a\lambda}{2b}$$

9.5.2 牛顿环干涉

如图9-21所示，在一块平板玻璃上放置一个曲率半径很大的平凸透镜，二者之间便形成一个厚度由零逐渐增大的类似劈形的空气薄膜。若光垂直照射，则反射光的光程差仅与膜厚有关，所以薄膜上下表面的反射光干涉形成的图样为等厚干涉条纹。由于薄膜的等厚线是以接触点O为中心的同心圆环，所以干涉条纹也就是以O为中心的同心环状条纹。这种干涉条纹是牛顿首先观察到的，故称之为牛顿环，相应的干涉装置叫做牛顿环仪。

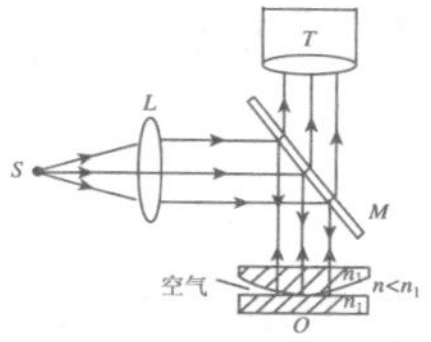

图9-19 牛顿环仪

由单色点光源S发出的光经过透镜L变成平行光束，再经过倾角为$\pi/4$的平面半反射镜M的反射，垂直入射到平凸透镜上，入射光在空气层的上、下表面反射后，所形成的两反射光束穿过平面镜M，进入显微镜T，在显微镜中即可观察到牛顿环干涉图样。由图9-19可知，入射光经薄膜上、下表面反射所形成的两反射光束之间的光程差为

$$\delta=2ne+\frac{\lambda}{2}$$

式中，e为薄膜厚度；n为薄膜折射率，在$n<n_1$的条件下，存在半波损失情况。牛顿环干涉的明、暗纹条件为

$$\delta=2ne+\frac{\lambda}{2}=\begin{cases}k\lambda(k=1,2,\cdots) & \text{明纹}\\(2k+1)\frac{\lambda}{2}(k=0,1,2,\cdots) & \text{暗纹}\end{cases}\tag{9-18}$$

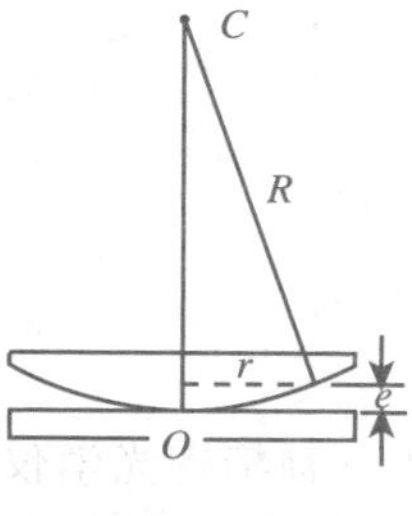

图9-20 牛顿环半径的计算

由图9-20中的几何关系可知，薄膜厚度e、牛顿环半径r、平凸透镜的曲率半径R之间的关系为

$$R^2=r^2+(R-e)^2$$

化简后得
$$r^2=2Re-e^2$$

由于$R\gg e$，故e^2项可以略去不计，则有

$$r^2=2Re$$

由此得

$$e=\frac{r^2}{2R}$$

将这一结果代入式(9-18),化简后即得牛顿环干涉明、暗环的半径为

$$明环\quad r=\sqrt{\frac{(2k-1)R\lambda}{2n}},k=1,2,3,\cdots \tag{9-19}$$

$$暗环\quad r=\sqrt{\frac{kR\lambda}{n}},k=0,1,2,3,\cdots \tag{9-20}$$

对于 $n=1$ 的空气膜,则有

$$明环\quad r=\sqrt{\frac{(2k-1)R\lambda}{2}}$$

$$暗环\quad r=\sqrt{kR\lambda}$$

若用测距显微镜测出牛顿环半径 r,则由上式即可求得透镜的曲率半径 R。

由式(9-19)可知,牛顿环的条纹间距随条纹级数 k 的增大而减小。因此,牛顿环的干涉图样中的圆环内疏外密,这与劈尖膜干涉条纹的等间距分布截然不同。

例题 9-11 在牛顿环干涉实验中,透镜的曲率半径为 5m,直径为 2.0cm。试求:当用波长为 $\lambda=500$nm 的单色光垂直照射时,可看到多少条干涉明纹?

解 根据牛顿环明环半径公式 $r=\sqrt{\frac{(2k-1)R\lambda}{2n}}$ 得

干涉明纹的级次为 $k=\frac{nr^2}{R\lambda}+\frac{1}{2}$

代入 $r=1.0\times10^{-2}$m、$R=5$m 及 $n=1$,解方程得

$$k=\frac{1\times(1\times10^{-2})^2}{5\times500\times10^{-9}}+\frac{1}{2}=40.5$$

故可看到 40 条明纹。

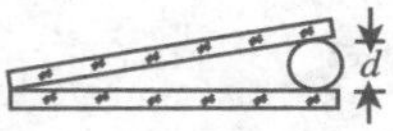

图 9-21 练习 1 用图

练习题

1. 如图 9-21 所示,波长为 680nm 的平行光垂直射到 $L=0.12$m 长的两块玻璃片上,两玻璃片一边相互接触,另一边被直径 $d=0.048$mm 的细钢丝隔开。试求:相邻两明纹对应空气膜的厚度差。

2. 已知如练习 1。试求:相邻两明条纹的间距。

3. 已知如练习 1。试求:玻璃片上共出现多少条明纹。

9.6 迈克尔孙干涉仪

迈克尔孙干涉仪是用分振幅的方法产生双光束干涉的一种精密光学仪器,它是由美籍德国物理学家迈克尔孙(Michelson,1852—1931)设计制成的。这种干涉仪在近代物理学发展史上曾为狭义相对论的建立提供了实验基础,在现代精密计量中也有着广泛的应用。本节我们简单介绍迈克尔孙干涉仪的基本结构、干涉图样特点及应用。

9.6.1 仪器的基本结构

迈克尔孙干涉仪的基本结构如图 9-22(a)所示。图中 M_1 和 M_2 是两块互相垂直放置的平面反射镜，其中 M_2 固定不动，M_1 可以前后微小移动。G_1 和 G_2 是两块与 M_1 和 M_2 均为 45°角、彼此平行放置的平面玻璃板，它们的厚度及折射率均相同，其中 G_1 的后表面镀有一层银质的半反射膜（光路图 9-22(b)中以黑粗线表示），称为分光板，G_2 称为补偿板。

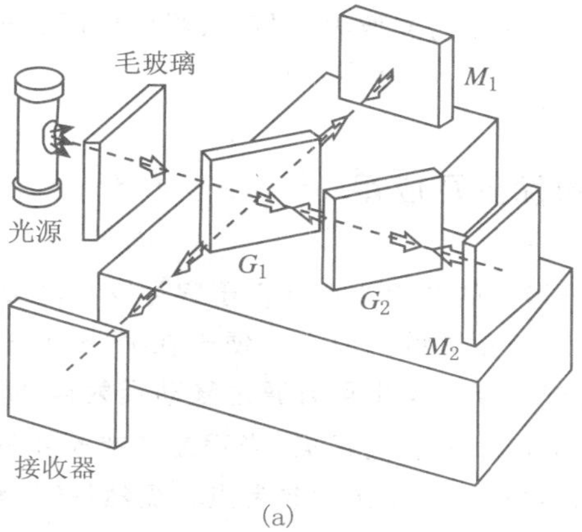

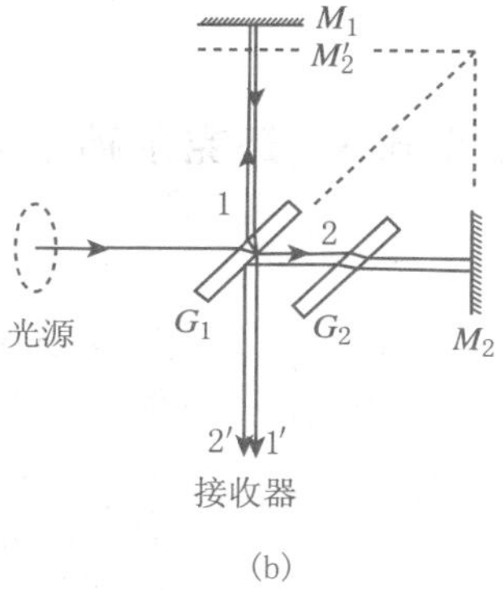

图 9-22 迈克尔孙干涉仪

迈克尔孙干涉仪的光路如图 9-22(b)所示，从光源发出的光经过毛玻璃，以扩大视场，使入射光线具有各种不同的倾角。图中所示的入射光线在分光板 G_1 上分成两条，其中反射光线 1 经平面镜 M_1 反射回来，再次透过 G_1 而到达接受器处成为相干光束中的一束 1′；透射光线 2 经补偿板 G_2 后，被平面镜 M_2 反射回来，再次穿过补偿板，在 G_1 上经银膜反射而到达接受器处，成为相干光束中的另一束 2′。光路 2 中 G_2 的作用，是使光线 2 像光线 1 一样，都是 3 次穿过相同的玻璃板，起到光程补偿作用，以避免光线 1 和 2 之间出现较大的光程差，保证到达接收器处的两条光线 1′和 2′为相干光。这样，在接收器处才能观察到干涉图样，这是 G_2——补偿板名字的来历。

9.6.2 干涉条纹

由分光板 G_1 所分成的两光束分别在平面镜 M_1 和 M_2 上反射后叠加而相干。设 M'_2 是由 G_1 上银膜所形成的 M_2 的虚像，由于实物 M_2 和虚像 M'_2 的位置关于银膜对称，所以从银膜到 M_2 的距离与到 M'_2 的距离相等。故来自 M_2 的反射光线可以看成是由 M'_2 反射的，于是 M_1 和 M'_2 就好像是一个薄膜的两个表面，由它们反射的两束光的干涉与薄膜干涉相类似。

1. 等倾干涉条纹

当 M_1 和 M_2 被调节得完全垂直时,则 M'_2 就与 M_1 完全平行,这相当于一个平行平面薄膜。为了能够观察到等倾干涉条纹,入射光就必须具有各种不同的倾角,如图 9-22 所示的照明系统,即可满足这一要求。由于反射光束 1′和 2′为平行光束,为看到汇聚形成的干涉图样,需要用透镜聚焦,在焦平面上观察等倾干涉条纹,或用眼睛直接观察,也可看到同心环状的等倾干涉条纹。

2. 等厚干涉条纹

当 M_1 和 M_2 不是严格垂直时,M'_2 就与 M_1 不平行,这种情况相当于一个劈尖形薄膜。若用平行光照射,则可以观察到明暗相间、等间距排列的等厚干涉直条纹。

9.6.3 迈克尔孙干涉仪的优点及应用

迈克尔孙干涉仪的主要优点就在于它可以将两相干光束在空间完全分开(两光分布在相互垂直的方向上),便于在光路中安插待测样品或其他器件。另外,干涉光的光程差也可以通过移动反射镜 M_1 的方法来改变,易于测量。M_1 每移动半个波长的距离,光程差 δ 就改变一个波长,干涉场中就有一条明(或暗)纹移过被认定的参考点。显然,条纹移动数目 N 与反射镜 M_1 移动的距离 Δd 之间的关系为

$$\Delta d = N\frac{\lambda}{2} \tag{9-20}$$

利用此式,在入射光波长已知的条件下,可以对长度及其微小改变进行精密测量。将待测件与反射镜 M_1 连接在一起,待测件移动时,M_1 随之一起移动,数出 M_1 移动过程中干涉条纹移动的条数 N,即可算出待测物体的长度或者长度的微小改变量。

利用式(9-20),在 M_1 移动距离 Δd 已知的条件下,可以测量光波的波长。迈克尔孙本人曾用自己的干涉仪测定了红镉线的波长,同时也用红镉线的波长作单位,表示出标准"米"尺的长度。现在,在国际单位制中已规定把 ^{86}Kr(即原子量为 86 的氪的同位素)的橘红色光在真空中的波长 λ_{Kr} 作为长度标准,规定

$$1m = 1650763.73\lambda_{Kr} \tag{9-21}$$

在迈克尔孙干涉仪上完成的最重要的工作便是将标准"米"的长度用光的波长表示出来。光的波长是物质的基本属性之一,它是永久不变的,长度基准采用这种自然基准是计量科学上的一大进步。此外,迈克尔孙还用他的干涉仪来研究光谱线的精细结构,大大推动了原子物理学的发展。利用这种干涉仪所做的"迈克尔孙—莫雷实验"为狭义相对论的建立奠定了实验基础 。

正是因为研制这种干涉仪所取得的成就,迈克尔孙于 1907 年获得诺贝尔物理学奖,成为美国历史上获得该奖的第一人。

小　结

本章首先介绍光的相干性、相干光的获得方法和光的干涉加强、减弱的条件，然后分别介绍了两种获得相干光方法——分波阵面法和分振幅法对应的典型干涉实验，并探讨了光干涉现象的应用。

一、相干光　光程差

1. 相干光

满足相干条件(频率相同、振动方向相同和相位差恒定)，能产生干涉现象的两束光称为相干光。

2. 光程差

光在介质中所走过的几何路程 r 与介质折射率 n 的乘积为光程。

$$L=nr$$

两光束传播到空间某点 P 的光程之差，称为光程差，用 δ 表示，即

$$\delta=L_2-L_1+\delta'$$

式中，δ' 为由于半波损失而产生的附加光程差。当光从光疏介质传到光密介质的界面上反射时，会发生半波损失。如果两相干光在反射时共发生奇数次半波损失，附加光程差为 $\lambda/2$；如果两相干光在反射时不发生或者共发生偶数次半波损失，则没有附加光程差。

3. 光的干涉加强、减弱的条件

用光程差表示的光的干涉加强与减弱条件

$$\delta=\begin{cases}2k\dfrac{\lambda}{2} & (\text{加强})\\[2ex](2k+1)\dfrac{\lambda}{2} & (\text{减弱})\end{cases}$$

二、分波阵面法获得相干光的典型干涉实验

1. 分波阵面法

两相干光源取自于同一光源的同一波阵面，这种获得相干光的方法称为分波阵面法。

2. 杨氏双缝干涉实验

(1)干涉图样特点：一组与双缝平行的明暗相间的等间距的直条纹，中央为明纹。

(2)相干光的光程差表达式：$\delta=d\tan\theta=d\dfrac{x}{D}$

(3)明纹、暗纹的位置：$x=\begin{cases}k\dfrac{D}{d}\lambda & \text{明纹}\\[2ex](2k+1)\dfrac{D\lambda}{2d} & \text{暗纹}\end{cases}$

(4)相邻明纹(暗纹)间距:$\Delta x=x_{k+1}-x_k=\frac{D}{d}\lambda$

3. 洛埃德镜干涉实验

干涉图样与杨氏双缝干涉实验图样相似,即干涉条纹也是平行的、等间距的、明暗相间的。两个干涉实验图样不同之处在于:用杨氏双缝实验结果分析的明纹处在洛埃德镜干涉实验中对应的暗纹位置,分析的暗纹处却对应着明纹。

三、分振幅法获得相干光的典型干涉实验

1. 分振幅法

两相干光由同一束入射光反射、折射产生,反射和折射的光都是入射光强度的一部分,光强度对应于光振动的振幅,这种获得相干光的方法称为分振幅法。

2. 等倾干涉实验

(1)干涉图样特点:干涉条纹形状与入射光倾角相同点的分布形状相同,倾角相同的点对应于同一级干涉条纹。

(2)高反射膜:反射率很高,透射率很低的薄膜称为高反射膜。

(3)增透膜:可使反射光干涉相消,而透射光干涉加强的薄膜叫做增透膜。

3. 等厚干涉实验

(1)干涉图样特点:干涉条纹形状与薄膜的等厚线形状相同,薄膜中厚度相同处对应同一级干涉条纹。

(2)劈尖膜干涉:两块平面玻璃板的一端相叠,另一端夹一根细丝。在两块平面玻璃之间就构成一个空气劈尖,此时的空气薄膜就是劈尖膜,光通过劈尖形透明薄膜所产生的干涉,称为劈尖膜干涉。

劈尖膜干涉图样特点:与棱边平行的、等间距的、明暗相间的直条纹,棱边处为暗纹。

明、暗纹对应的薄膜厚度为:$e=\begin{cases}\frac{1}{2n}(2k-1)\frac{\lambda}{2} & \text{明纹}\\ \frac{1}{2n}k\lambda & \text{暗纹}\end{cases}$

任意相邻两明纹中心(或暗纹中心)之间的厚度差为:$\Delta e=e_{k+1}-e_k=\frac{\lambda}{2n}$

两相邻明纹(或暗纹)中心的间距为:$l=\frac{\Delta e}{\sin\theta}$

劈尖膜干涉的应用:测量微小长度、检测精密零部件表面的平整度。

(3)牛顿环干涉:在一块平板玻璃上放置一个曲率半径很大的平凸透镜,二者之间便形成一个厚度由零逐渐增大的类似劈形的空气薄膜,在此膜上下表面反射的光发生的干涉即为牛顿环干涉。

牛顿环干涉图样特点：干涉条纹是以接触点 O 为中心的、明暗相间的同心环状条纹，O 处为暗点，圆环内疏外密。

明、暗环的半径为：

$$\text{明环}\quad r=\sqrt{\frac{(2k-1)R\lambda}{2n}},k=1,2,3,\cdots$$

$$\text{暗环}\quad r=\sqrt{\frac{kR\lambda}{n}},\ k=0,1,2,3,\cdots$$

习题 9

A 类题目：

9-1 在杨氏双缝干涉实验中，设双缝的距离为 5.0mm，缝与屏的距离为 5m。由于用了 480nm 和 600nm 的两种光垂直入射，因而在屏幕上有两个干涉图样。试求：这两个不同的干涉图样的第三级明纹相距多远。

9-2 在杨氏双缝实验中，双缝间距为 0.2mm，缝屏间距为 1m，第二级明纹离屏中心的距离为 6.0mm。试求：(1)此单色光的波长；(2)相邻两明条纹间的距离。

9-3 用白光垂直入射到 $d=0.25$mm 的双缝，缝后 50cm 处放置一屏幕，在屏幕上观察干涉条纹。试求：第一级彩色明纹有多宽？(白光波长范围 400nm～760nm)

9-4 在双缝干涉装置中，用一很薄的云母片($n=1.58$)覆盖其中的一条缝，结果使屏幕上的第七级明条纹恰好移到屏幕中央原来零级明纹的位置，若入射的光波的波长为 550nm，试求此云母片的厚度。

9-5 一双缝实验中两缝间距为 0.2mm，屏幕距缝为 1m，在屏幕上测得第 1 级和第 10 级暗纹间的距离为 36mm。试求：所用单色光的波长。

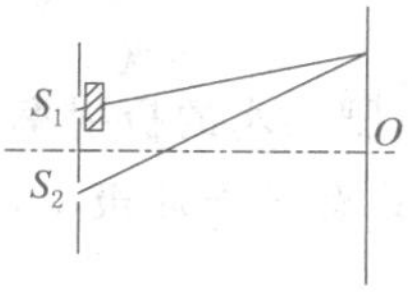

图 9-23 习题 9-6 用图

9-6 双缝与屏之间的距离为 1m，两缝之间的距离为 2×10^{-4}m，用波长为 500nm 的单色光垂直照射双缝。试求：(1)第 4 级明纹中心与中央明纹中心的距离；(2)如果用折射率 $n=1.5$、厚度 $d=1\times10^{-5}$ m 的透明薄膜覆盖在 S_1 缝的后面(如图 9-23 所示)，求上述第 4 级明纹上移到原来的第几级明纹中心处。

9-7 一平面单色光波垂直照射到厚度均匀的薄油膜上，油膜覆盖在玻璃板上，油的折射率为 1.3，玻璃的折射率为 1.5。单色光的波长可以连续调整，调整波长过程中观察到 500nm 和 700nm 这两个波长的单色光在反射光中消失。试求：油膜层的厚度。

9-8 白光垂直照射到空气中一厚度为 380nm 的肥皂膜上，设肥皂膜的折射率为 1.33。试求：(1)该膜的正面什么波长的光干涉加强；(2)该膜背面什么波长的光干涉加强。

9-9 在折射率 $n_1=1.52$ 的镜头表面涂有一层折射率为 $n_2=1.38$ 的增

透膜，此膜适用于波长为550nm的光。试求：膜的最小厚度应取何值。

9-10　用白光垂直照射于空气中的厚度为5 000nm的玻璃片，玻璃片的折射率为1.5。试求：在可见光范围内(400～760nm)，哪些波长的反射光干涉加强。

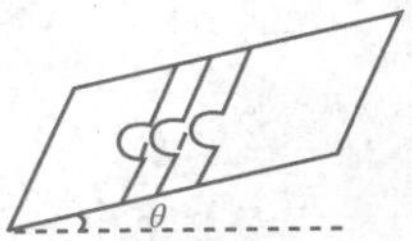

图9-24　习题9-11用图

9-11　用劈尖膜干涉来检测工件表面的平整度，当波长为λ的单色光垂直入射时，观察到的干涉条纹如图9-24所示，每一条纹的弯曲部分恰与左邻的直线部分的连线相切。若下面为标准平板，试说明待测工件缺陷是凸还是凹？并估算该缺陷的程度。

9-12　一空气劈尖，劈尖角为$\theta=10^{-4}$ rad，当用波长为550nm的单色平行光垂直照射时。试求：(1)相邻明纹间距；(2)若此劈尖的长度为1.0cm，在此劈尖上共出现几条明纹。

9-13　波长为$\lambda=550$nm的单色光垂直照射到折射率为$n=1.3$的劈形膜上，如图9-25所示，膜的上方为空气，膜的下方为玻璃(折射率为1.5)，观察反射光形成的干涉条纹。试求：(1)从劈形膜棱边向右数第4条暗纹处对应的薄膜厚度；(2)相邻两明纹对应的薄膜厚度差。

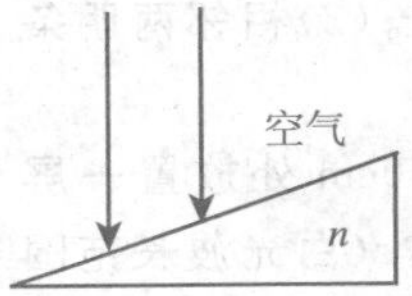

图9-25　习题9-13用图

9-14　一由两玻璃片形成的空气劈尖，其末端的厚度为0.05mm，今用波长为550nm的平行光垂直照射到劈尖的上表面。试求：(1)在空气劈尖的上表面一共能看到多少条干涉明纹？(2)若用尺寸完全相同的玻璃劈尖代替上述空气劈尖，一共能看到多少条明纹？

B类题目：

9-15　在杨氏双缝实验中，双缝之间的距离为1mm，缝到屏的距离为50cm。若用一折射率为1.58的透明薄膜贴住一缝，发现观察屏上某一级条纹移动了0.5cm。试求：此透明薄膜的厚度。

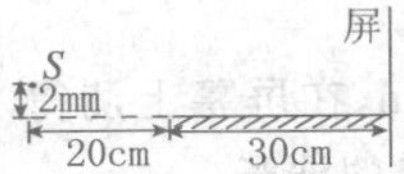

图9-26　习题9-16用图

9-16　洛埃德镜干涉装置如图9-26所示，镜长30cm，狭缝光源S在离镜左边20cm的平面内，与镜面的垂直距离为2mm，光源波长为720nm。试求：位于镜右边缘的屏幕上第一条明条纹到镜边缘的距离。

9-17　白光垂直入射于空气中的厚度均匀的肥皂膜上，肥皂水的折射率为1.33，在反射光中630nm处有一干涉极大，而在525nm处有一干涉极小，在这极大与极小之间没有另外的极小。试求：膜的厚度。

9-18　用波长为500nm的平行光垂直入射劈形薄膜的上表面，从反射光中观察，劈尖的棱边是暗纹。若劈尖上面媒质的折射率n_1大于薄膜的折射率n($n=1.5$)。试求：(1)膜下面媒质的折射率n_2与n的大小关系；(2)第10条暗纹处薄膜的厚度；(3)使膜的下表面向下平移一微小距离d，干涉条纹有什么变化？若$d=2\times10^{-6}$m，原来的第10条暗纹处将被哪级暗纹占据？

9-19　一玻璃劈尖，折射率$n=1.52$，波长为589.3nm的钠光垂直入射，测得相邻条纹间距为5nm。试求：此玻璃劈尖的劈尖角。

9-20　(1)用波长分别为$\lambda_1=600$nm、$\lambda_2=450$nm的两束垂直照射牛顿环，观察到用λ_1时的第k级暗环与用λ_2时的第$k+1$级暗环重合，已知透镜的曲率半径是 190cm。试求:用 λ_1 时第 k 级暗环的半径;(2)如果再用另一波长为 λ_3 的光照射牛顿环,发现用波长为 500nm 的第 5 级明环与用波长为 λ_3 的第 6 级明环重合。试求未知波长 λ_3。

9-21 当牛顿环装置中的透镜与玻璃之间的空间充以液体时,第十级明环的直径由 $r_1=1.4$mm 变为 $r_2=1.27$mm。试求:此液体的折射率。

9-22 把折射率为 $n=1.632$ 的玻璃片放入迈克尔孙干涉仪的一条光路中,观察到有 150 条干涉条纹向一方移过。若单色光的波长为 500nm,试求:此玻璃片的厚度。

第 10 章 光的衍射

衍射现象也是光具有波动性的一个例证。分析光衍射问题的理论基础是惠更斯—菲涅耳原理，本章即以此为依据，结合光程差的相关知识讨论单缝、光栅和圆孔的衍射现象及规律，以及衍射现象在实践中的一些应用。

10.1 光的衍射现象 惠更斯-菲涅耳原理

10.1.1 光的衍射现象

在日常生活中，人们经常看到这样的现象：水波传播的过程中若遇到一小石块，水波会绕过小石块继续向前传播；声波在传播过程中，若遇到障碍物，也会绕过它们而传到障碍物后面。波遇到障碍物时，它偏离直线传播路径而绕过障碍物继续向前传播的现象称为波的衍射。光具有波动性，也应该有衍射现象发生，但在日常生活中，我们所看到的多是光的直线传播，而很少看到光绕过障碍物时产生的衍射现象，这是为什么呢？波衍射现象的发生是有条件的，只有当障碍物的线度与波长在数量级上相近时，才能看到明显的衍射现象。而光波的波长很短（10^{-6} m 数量级），一般障碍物的线度远大于此，所以我们很难看到光的衍射现象。

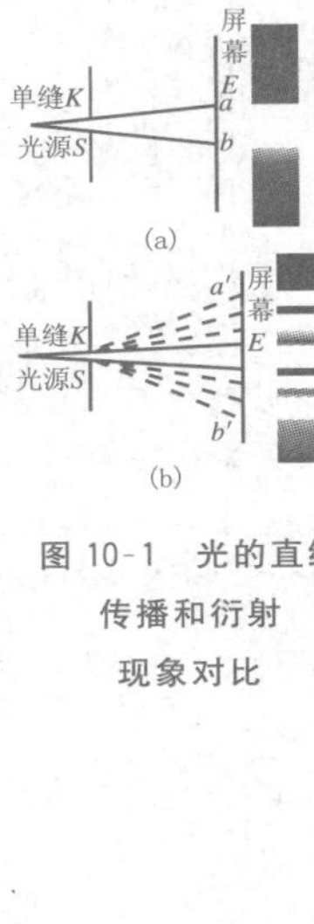

图 10-1 光的直线传播和衍射现象对比

如图 10-1(a)所示，当光通过较宽的狭缝 K 时，在屏幕 E 上出现的是平行于狭缝的平行光斑 ab，ab 是狭缝在屏幕上的几何投影，这反映了光的直线传播特性。如果保持光源 S、单缝 K 和屏幕 E 三者的相对位置不变，而逐渐缩小狭缝 K 的宽度，我们将看到：穿过狭缝的光束也变窄，屏上的光斑 ab 亦随之缩小，当继续缩小狭缝 K 的宽度达到一定程度时，我们将看到，屏幕上的光斑不但不继续缩小，反而逐渐增大（如图 10-1(b)中的 $a'b'$ 所示），即光绕过了障碍物而传播到其后面的区域，产生了光的衍射现象。

10.1.2 光衍射的分类

图 10-1(b)所示的实验中 S、K、E 分别称为光源、衍射屏和接收屏，衍射

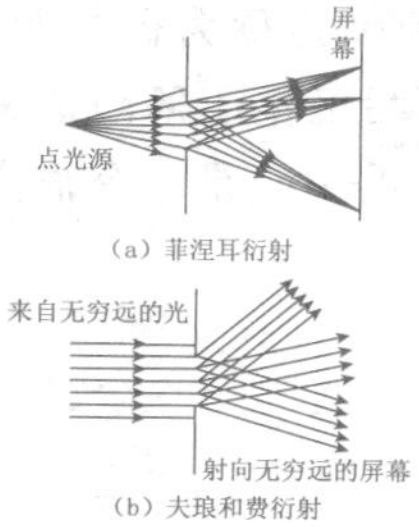

图 10-2　衍射的分类

实验装置主要由这三部分组成。通常,按照它们之间相互距离的大小将光的衍射分为两类。

(1)菲涅耳衍射。光源和接收屏(或两者之一)到衍射屏的距离为有限远的衍射,称为菲涅耳衍射,也称近场衍射。因为距离是有限远,所以在菲涅耳衍射中,入射光束与衍射光束均为非平行光束,如图 10-2(a)所示。

(2)夫琅和费衍射。光源和接收屏到衍射屏的距离均为无限远的衍射,称为夫琅和费衍射,也称远场衍射。因为距离是无限远,所以在夫琅和费衍射中,入射光束和衍射光束均为平行光,如图 10-2(b)所示。

菲涅耳衍射是较为一般的情形,而夫琅和费衍射则可以看作是菲涅耳衍射的极限情形。但由于后者在实际中应用较多,而且平行光的理论分析较为简单,数学处理较为容易,所以本章的讨论只限于夫琅和费衍射。

10.1.3　惠更斯-菲涅耳原理

在光的衍射实验中,我们观察到光不仅越过障碍物的边缘偏离直线传播,而且在光屏上我们还发现了光的亮度不再均匀,这是为什么呢?为了解释这种现象,菲涅耳继承和发展了惠更斯所提出的“子波”概念,用“子波相干叠加”的思想,充实与发展了惠更斯原理,形成了惠更斯-菲涅耳原理:波前上的每一点都可以看成是发射球面子波的新波源,空间任意点的光振动就是传播到该点的所有子波相干叠加的结果。

惠更斯-菲涅耳原理是研究光衍射问题的理论基础。根据惠更斯-菲涅耳原理可知,光衍射问题实际上就是波前上所发出的无数子波的相干叠加问题。

10.2　单缝的夫琅和费衍射

根据衍射系统中衍射屏的不同,夫琅和费衍射又分为几种:当衍射屏上为一矩形开口时,称为单缝衍射;当衍射屏上为一组平行等宽等间距的狭缝时,称为光栅衍射;当衍射屏上为一圆孔开口时,称为圆孔衍射。本节主要介绍单缝的夫琅和费衍射的装置结构,衍射图样特点及应用等问题。

10.2.1　实验装置

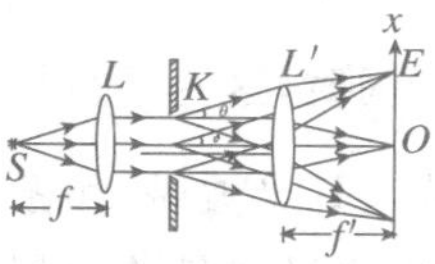

图 10-3　单缝衍射的实验装置

单缝的夫琅和费衍射装置如图 10-3 所示,图中 S 为线光源,K 为衍射屏,E 为接收屏。衍射屏 K 上有一个长度远远大于宽度的矩形狭缝,单缝夫琅和费衍射的命名即由此而来。由于夫琅和费衍射的入射光和衍射光均为平行光,为了在有限的空间内得到平行的入射光以及使平行的衍射光汇聚而发生的衍射现象,我们需要借助于凸透镜的作用。图 10-3 中 L、L' 为薄凸透镜。位于 L 焦点处的单色光源 S 发出的光经 L 后变成平行光束,垂直入射到单缝上,根据惠更斯-菲涅耳原理,单缝的每个点可以看成子波源,各子波源向各个方向发射的光为衍射光,衍射光和观察屏法线的夹角称为衍射角,以 θ 表示。衍射角相同的各条衍射光线为平行光线,经 L' 后汇聚于薄凸透镜 L' 的焦平面处的接收屏 E 上。由实验观察可知,衍射图样的中心是一个很亮的条纹,两侧对称地分布着一系列强度较弱的条纹。

10.2.2 菲涅耳半波带法

根据惠更斯-菲涅耳原理,单缝衍射条纹是由单缝处波面上各个子波源发出的无数个子波相干叠加形成的。在汇聚处,相干叠加的结果是明纹还是暗纹,取决于相应平行光束中各条光线间的光程差。分析无穷多条光线的光程差在实际上是极端困难的,菲涅耳用半波带法巧妙地解决了这一难题,下面我们就来介绍菲涅耳半波带法。

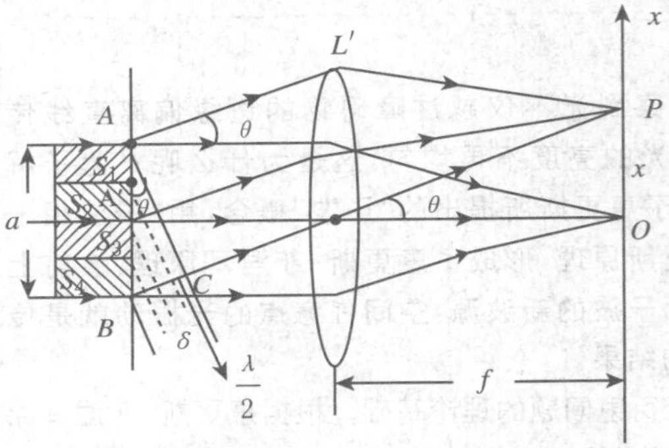

图 10-4 菲涅耳半波带

如图 10-4 所示,单色平行光垂直入射到宽度为 a 的单缝上。

首先,我们考虑沿原入射方向的平行光束(相应的衍射角 $\theta=0$)。根据透镜的成像原理可知,该光束经过透镜 L' 将汇聚于屏幕上 O 点对应的与缝平行的线上,且各条光线是等光程的,也就是说,这一平行光束中的各条光线到达 O 点的光程差为零,故 O 点的干涉结果是干涉加强,所以在该位置上会出现明纹,称为中央明纹。

接下来,我们来研究衍射角为 θ 的任意一束平行光在接收屏上汇聚的结果。如图 10-4 所示,根据透镜的成像规律可知,通过透镜光心的光将沿直线传播,不改变其传播方向。衍射角为 θ 的任意一束平行光中,总有一条是通过光心的光,这条通过光心的光与接收屏的交点,将是这一束平行光在接收屏上的汇聚点,设这个点为 P。从垂直于该光束的平面 AC(平行光的波阵面是与光线垂直的平面)上的各点所发出的、并汇聚于 P 点的各条光线是等光程的,因而,从波面 AB 上各点发出的这一平行光束的各条光线之间的光程差,就只局限在由 AB 面传到 AC 面之间的路程上。由图 10-4 可知,该光束中各条光线与第一条光线的光程自上而下是递增的,其中两条边缘光线 AP 与 BP 之间的光程差 $\overline{BC}=a\sin\theta$ 最大。

基于此,菲涅耳提出如下想法:

(1)用平行于 AC 的一系列平行平面把 $\overline{BC}$ 分成几个相等的部分,这一系列与 AC 平行的平面之间相距半个波长 $\frac{\lambda}{2}$(λ 为入射光波长)。同时,这些平行平面也将单缝处的波面 AB 分成面积相等的几个波带,称为菲涅耳半波带(如图 10-4 中的阴影部分 S_1、S_2、S_3、S_4)。由分隔过程不难得知,每个半波带的面积都相等,即 $S_1=S_2=S_3=S_4$,故各半波带上子波波源的数目也相等。

(2)任意两相邻半波带上对应点(如 A 和 A' 点)所发出的对应光线的光程差均

为半个波长(即图中 A 和 A' 两点所发出 θ 方向衍射光线的光程差为 $\frac{\lambda}{2}$)。根据干涉加强、减弱条件可知,这两条对应光线在 P 点汇聚将产生干涉减弱的情况。由于在相邻半波带上所有的点都可以取成如 A 和 A' 这样的对应点,而这些对应点发出的光都干涉减弱,所以任何两个相邻半波带所发出的光线在 P 点汇聚都将干涉减弱。

(3)由于两边缘光线间的光程差 $\delta=\overline{BC}=a\sin\theta$,所以在单缝宽度 a 和入射光波长 λ 给定的情况下,$\overline{BC}$ 所能分成半波带的个数取决于衍射角 θ。对于某一衍射角,若 $\overline{BC}$ 是半波长的偶数倍,则单缝处的波面 AB 将分成偶数个半波带,所有波带的作用将成对地干涉减弱,相应的 P 点也就出现暗纹;若衍射角 θ 使得 $\overline{BC}$ 是半波长的奇数倍,则单缝处的波面 AB 将被分成奇数个半波带,所有半波带的作用将成对干涉相消后还剩余一个半波带,这时相应的 P 点则出现明纹;若衍射角 θ 使 $\overline{BC}$ 不能分成整数个半波带,则光相互减弱后会有剩余,屏上出现明纹,但由于剩余的光又不如一个半波带的光强,所有此时屏上明纹光强不大。可见,单缝衍射的明纹是有一定宽度的,且从中央到两侧,明纹亮度逐渐减弱。

10.2.3 单缝衍射图样的特点

1. 单缝衍射明、暗纹的条件

将上述分析概括起来,即可得到单缝衍射的明、暗纹条件

$$\delta=a\sin\theta=\begin{cases}\pm 2k\dfrac{\lambda}{2} & k=1,2,3,\cdots \quad \text{暗纹}\\[2ex] \pm(2k+1)\dfrac{\lambda}{2} & k=0,1,2,3,\cdots \quad \text{明纹}\end{cases} \tag{10-1}$$

式中,k 为衍射条纹的级次(对于暗纹,$k=0$ 时为一级暗纹)。$k=0$ 对应的明纹称为中央明纹,公式中的正负号表示衍射条纹对称地分布于中央明纹的两侧,一侧取正号(相应的 θ 角即为正值),另一侧取负号(相应的 θ 角即为负值)。衍射角 $\theta=\pm 90°$ 时,衍射光的传播方向平行于接收屏,此时衍射光无法汇聚于接收屏上,所以 k 的取值要受衍射角 θ 的限制,即 $\sin\theta$ 要小于 1。

2. 单缝衍射明、暗纹的位置

如图 10-4 所示,取屏的中心 O 点为坐标原点,则衍射条纹中心的位置坐标 x 与透镜焦距 f 之间的关系为

$$\tan\theta=\frac{x}{f}$$

因为衍射角 θ 实际上很小,所以 $\tan\theta\approx\sin\theta$,亦即 $\sin\theta\approx\frac{x}{f}$,将此结果代入式(10-1),即可得到单缝衍射条纹中心的位置坐标

$$x=\begin{cases}\pm k\dfrac{f\lambda}{a} & \text{暗纹}\\[2ex] \pm(2k+1)\dfrac{f\lambda}{2a} & \text{明纹}\end{cases} \tag{10-2}$$

由式(10-2)可知,同一级明纹和暗纹的位置坐标 x 随着单缝宽度 a 的增加而减小,随着入射光波长 λ 的增加而增加。a 越大、λ 越小,各级衍射条纹向中央明纹越靠近,条纹变得密集,衍射现象不明显;a 越小、λ 越大,各级条纹越远离中央明纹,条纹变得稀疏,衍射现象明显。

由于衍射条纹与衍射角 θ 是一一对应的,不同的条纹,对应不同的衍射角。所以,单缝衍射条纹的位置也可以用衍射角来描述。由于 θ 角很小,所以 $\sin\theta\approx\theta$,则单缝衍射条纹的角位置为

$$\theta=\begin{cases}\pm\dfrac{k\lambda}{a} & \text{暗纹}\\ \pm(2k+1)\dfrac{\lambda}{2a} & \text{明纹}\end{cases}\tag{10-3}$$

例题 10-1 一平行光束由两种波长分别为 $\lambda_1=400\text{nm}$、$\lambda_2=600\text{nm}$ 的光构成,若用这一平行光束垂直照射到宽为 $a=0.05\text{mm}$ 的单缝上时,缝后放置一焦距为 $f=25\text{cm}$ 的凸透镜。试求:两种波长的光在屏幕上第一级明条纹中心到屏幕中心 O 点的距离。

解 由明纹中心的位置坐标公式 $x=(2k+1)\dfrac{f\lambda}{2a}$,可得波长为 λ_1 和 λ_2 的光第一级明条纹中心到 O 点的距离分别为

$$x_{\lambda_1}=(2\times1+1)\times\frac{0.25\times400\times10^{-9}}{2\times0.05\times10^{-3}}=3\times10^{-3}\text{m}=3\text{mm}$$

$$x_{\lambda_2}=(2\times1+1)\times\frac{0.25\times600\times10^{-9}}{2\times0.05\times10^{-3}}=4.5\times10^{-3}\text{m}=4.5\text{mm}$$

可见,在缝宽 a 一定时,条纹的位置坐标由入射光的波长 λ 来决定,不同波长单色光的同级衍射条纹的坐标不同,它们的位置是彼此分开的。若以白光入射,则中央明纹的中央由于所有波长的光都在此汇聚呈白色,而中央明纹的两边缘处及两侧其余各级明纹均为彩色光带,各单色光按波长由紫到红自中央向两侧地排列,形成衍射光谱。由于衍射条纹有一定宽度,因而级次高的衍射光谱会彼此重叠,实际上很难观察到。上述现象称为单缝的色散现象。

例题 10-2 在单缝衍射实验中,若用白光垂直照射单缝,在形成的单缝衍射条纹中,某波长光的第三级明条纹和红色光($\lambda_{红}=630\text{nm}$)的第二级明条纹相重合。试求:该光波的波长。

解 由单缝衍射的明纹中心位置坐标的公式 $x=(2k+1)\dfrac{f\lambda}{2a}$,可得红光的第二级明纹中心位置为

$$x_2=(2\times2+1)\times630\times10^{-9}\times\frac{f}{2a}$$

波长为 λ 的光的第三级明纹中心位置为

$$x_3=(2\times3+1)\times\frac{f\lambda}{2a}$$

由题意 $x_2=x_3$,则有

$$5\times630\times10^{-9}\times\frac{f}{2a}=7\times\lambda\times\frac{f}{2a}$$

解得 $\lambda=450\text{nm}$

3. 中央明纹的宽度

由于单缝衍射图样中明纹比较宽，暗纹实际上很窄，所以通常用暗纹的位置来规定明纹宽度，即将两相邻暗纹之间的距离叫做明条纹的宽度。中央明纹的宽度 Δx_0 就是正负一级暗纹之间的距离，即中央明纹宽度为

$$\Delta x_0=2x_1=2\frac{f\lambda}{a} \tag{10-4}$$

例题 10-3 以单色黄光($\lambda=589\text{nm}$)垂直照射一狭缝，缝宽为 0.05cm，缝后放置一个焦距为 50cm 的凸透镜。试求：接收屏上中央明纹的宽度及第一级明纹的宽度。

解 由中央明纹宽度公式 $\Delta x_0=2\frac{f\lambda}{a}$，有

$$\Delta x_0=\frac{2\times0.5\times589\times10^{-9}}{0.05\times10^{-2}}=1.18\times10^{-3}\text{m}$$

第一级明纹的宽度即为第一级暗纹与第二级暗纹之间的距离，由暗纹公式 $x=k\frac{f\lambda}{a}$ 可知，第一级明纹的宽度为

$$\Delta x=x_2-x_1=2\times\frac{f\lambda}{a}-1\times\frac{f\lambda}{a}=\frac{f\lambda}{a}=\frac{0.5\times589\times10^{-9}}{0.05\times10^{-2}}=0.59\times10^{-3}\text{m}$$

同理可以推出，其余明纹宽度为

$$\Delta x=x_{k+1}-x_k=(k+1)\frac{f\lambda}{a}-k\frac{f\lambda}{a}=\frac{f\lambda}{a} \tag{10-5}$$

可见，单缝衍射条纹中除中央明纹外，其余各级明条纹均有相同的宽度，它们都是中央明纹宽度的一半。

衍射条纹的宽度还可以用角宽度来描述。明纹对透镜中心所张的角度称为条纹的角宽度，角宽度的一半称为半角宽度。中央明纹的半角宽度为

$$\Delta\theta_0=\frac{\lambda}{a} \tag{10-6}$$

由菲涅耳半波带法可知，明纹的产生是因为有奇数个半波带，所有波带干涉相消后总能剩余一个。但总的光强是一定的，分成奇数个半波带的数目越多，每个波带的光强就越小，则剩下的光强也越少，相应地，产生的明纹亮度也越小，所以，在单缝衍射图样中，条纹的光强分布是不均匀的。中央明纹最亮，而且也最宽。在中央明纹的两侧，其余各级明纹虽然具有相同的宽度，但其亮度却随着条纹级次的增大而迅速衰减。

练习题

1. 在宽度 $a=0.6\text{mm}$ 的狭缝后放置一焦距为 40cm 的汇聚透镜，今以平行光垂直照射狭缝，在屏幕上形成衍射条纹。若离中央明条纹中心 O 处为

1.4mm 的 P 处看到的是第四级明条纹,试求:入射光的波长。

2. 用波长 $\lambda=600$nm 的单色光垂直照射一狭缝,缝后放置一焦距为 50cm 的透镜,接收屏上所呈现的条纹中第二级明纹宽度为 0.5cm。试求:狭缝宽度和中央明纹宽度。

3. 用白色光垂直照射宽为 0.5mm 的单缝,缝后有一焦距为 50cm 的透镜,在接收屏上在形成单缝衍射条纹。试求:波长为 $\lambda_1=400$nm 的光与波长为 $\lambda_2=500$nm 的光第一次重合的位置与屏中心 O 点的距离。

10.3 光栅衍射

从 10.2 节的例题可知,利用单缝衍射实验可以测量单色光的波长。但是,为了提高测量精度,则要求单缝衍射条纹既有一定的亮度,又要彼此分得很开。然而对于单缝衍射来说,这两个要求是不可能同时得到满足的:若使条纹明亮,则应尽量增大单缝透过的光强,即把单缝宽度 a 作大。但 a 若变大,则根据条纹位置公式(10-2)可知,各级条纹间距变小,单缝衍射条纹又有一点宽度,所以无法实现条纹彼此分得开的要求;若使各级衍射条纹分得很开,则要求条纹间距变大,根据衍射图样特点可知,单缝的宽度 a 要尽可能小。但 a 若变小,通过它的光能量也就越少,这使得各级衍射条纹的亮度不够,同样影响测量。为了解决上述矛盾,人们在单缝衍射的基础上,设计制作了光栅。光栅在科学技术中有着广泛的应用。本节主要介绍光栅的结构及光栅衍射图样特点和应用等问题。

10.3.1 光栅

1. 光栅的种类

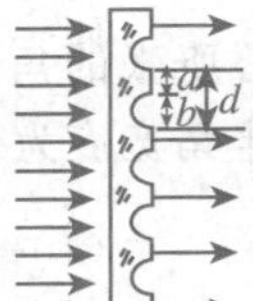

(a)透射光栅

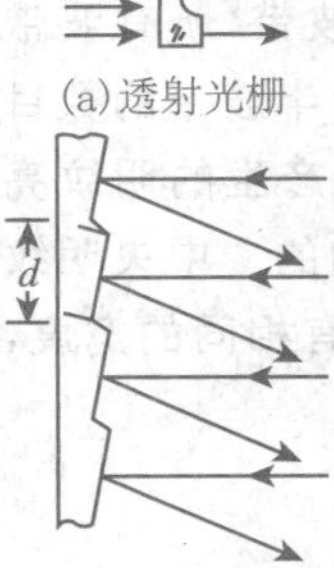

(b)反射光栅

图 10-5 光栅的结构

由大量等宽等间距的平行狭缝所构成的光学元件称为光栅。光栅大致分为两类,一类是透射光栅,另一类是反射光栅。如图10-5(a)所示,在一块平板玻璃上用金刚石刀或电子束刻划出一系列等宽等间距的平行刻痕,刻痕处因漫反射而不透光,而未刻划的部分相当于透光的狭缝,这样就做成了透射光栅;如图 10-5(b)所示,在光洁度很高的金属(铝)表面刻划出一系列等间距的平行细槽,细槽处吸收入射的光,而光洁度很高的金属表面把入射光反射,这样就做成了反射光栅。若要求不是很高,实验室中常用的是一种简易的透射光栅,这种光栅实际上是印有一系列平行且等间距的黑色条纹的照相底片。

2. 光栅常数

在光栅上,透光狭缝的宽度为 a,两相邻狭缝间不透光部分的宽度为 b,a、b 之和称为光栅常数,用 d 表示(即 $d=a+b$)。光栅常数反映了光栅结构上的空间周期性,在近代信息光学中,称它为光栅的空间周期。一般光栅常数 d 的数量级可达$10^{-5}\sim10^{-6}$m,这就是说,光栅上每毫米内有几十条乃至上百条刻痕。在一块 100mm×100mm 的光栅上可以有 6~12 万条刻痕,要实现这点，需要很高的工艺，因此原刻光栅是很贵重的。

在光栅上，透光缝的总数以 N 表示。光栅常数 d 和光栅缝数 N 是光栅的两个重要的特性参数，光栅衍射条纹的特征与 d 和 N 密切相关。

10.3.2 光栅衍射图样的特点

1. 光栅衍射的成像原理

光栅上的每一条狭缝都是一条单缝，每条单缝都会形成自己的一套单缝衍射图样。由于各单缝是等宽的平行狭缝，所以光栅上 N 条狭缝所形成的 N 套单缝衍射图样的特征完全相同，这样，在观察屏上就会出现各单缝衍射条纹的再次叠加。由于透射光栅是一个分波面的光学元件(类似于杨氏双缝干涉的干涉装置)，由各缝所分隔出来的衍射光束满足相干光条件，所以各单缝衍射条纹的再次叠加是相干叠加。这就是说，光栅衍射的成像原理为：单缝衍射基础上的多缝干涉，多缝干涉受到单缝衍射的调制。

2. 光栅方程

如图 10-6(a)所示，设垂直入射的单色光波长为 λ，光栅的光栅常数为 d，接收屏上明纹的位置用对应的衍射角 θ 值来表示。光栅上任意两相邻狭缝所发出的光到达 P 点的光程差均为

$$\delta = d\sin\theta = (a+b)\sin\theta$$

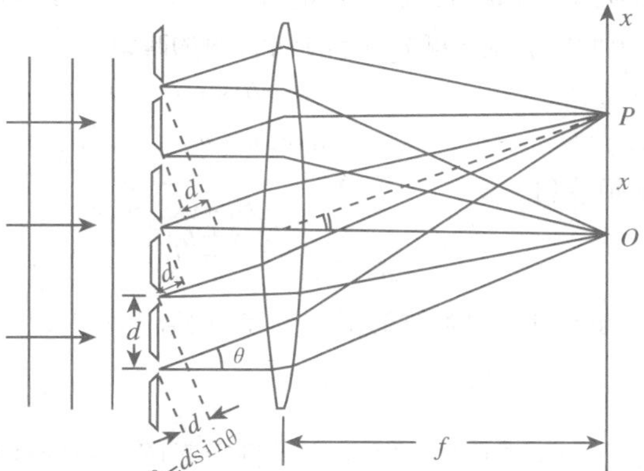

(a)

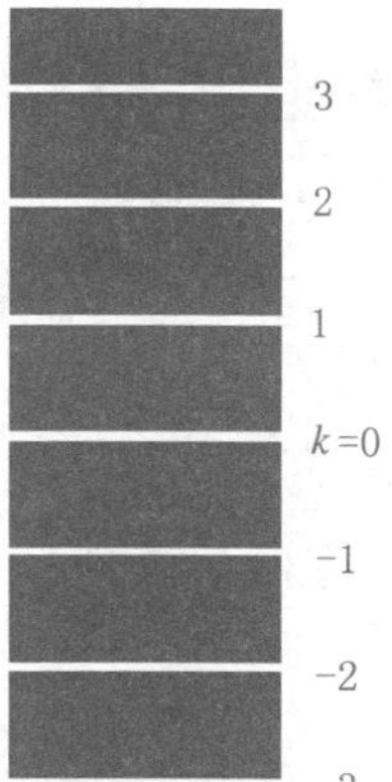

(b)

图 10-6 光栅衍射的实验装置及图样

任意两条不相邻狭缝所发出的沿 θ 角方向的平行光到 P 点的光程差 δ' 应是 δ 的整数倍(例如狭缝 1 与狭缝 3 对应点之间的光程差为 2δ)。当 δ 为入射光波长 λ 的整数倍时，δ' 也一定是 λ 的整数倍(若相邻缝的光程差为 $k\lambda$，相间缝的光程差就是 $2k\lambda$)。这就是说，光栅上所有狭缝所发出衍射角为 θ 的光到达 P 点将是同相叠加，缝间干涉形成明纹。显然，光栅衍射形成明纹的

必要条件是衍射角 θ 必须满足下式

$$(a+b)\sin\theta=k\lambda \qquad k=0,\pm1,\pm2,\cdots \tag{10-7}$$

式(10-7)称为光栅方程。式中，k 为光栅衍射条纹级次，与单缝衍射类似，由于 $\sin\theta<1$，则 k 有最大取值，满足光栅方程的明纹称为主明纹。

例题 10-4 波长为 600nm 的单色平行光垂直入射到光栅上，光栅的透光部分宽与不透光部分宽之比为 1∶3，第二级明纹的衍射角为 30°。试求：光栅透光部分宽度。

解 根据光栅方程 $(a+b)\sin\theta=k\lambda$，有

$$(a+b)\sin 30°=2\times600\times10^{-9}$$

解方程得 $d=(a+b)=2.4\times10^{-6}\,\text{m}$

又由题意可知 $a:b=1:3$

所以 $a=2.4\times10^{-6}\times\dfrac{1}{4}=0.6\times10^{-6}\,\text{m}$

3. 缺级现象

若对于某一组衍射角为 θ 的光而言，如果同时满足多缝干涉加强条件——光栅方程 $(a+b)\sin\theta=k\lambda$ 和单缝衍射的暗纹条件——$a\sin\theta=k'\lambda$，那么，相应的位置应出现明纹还是暗纹呢？光栅衍射首先是单缝的衍射，然后才是多缝之间光的干涉，那么，各单缝衍射的光如果是对应暗纹，则多缝的干涉是在暗纹基础上干涉加强，其结果应仍为暗纹，我们把这种多缝干涉满足加强条件，但实际上并不出现明纹的现象称为光栅衍射的缺级现象。如上所述，产生缺级现象的条件是衍射角 θ 同时满足光栅方程和单缝衍射的暗纹条件，即

$$\begin{cases}(a+b)\sin\theta=k\lambda\\ a\sin\theta=k'\lambda\end{cases}$$

两式相除得

$$k=\frac{a+b}{a}k'$$

考虑到光栅衍射条纹的对称分布，则有

$$k=\pm\frac{a+b}{a}k'=\pm\frac{d}{a}k',\ k'=1,2,3,\cdots \tag{10-8}$$

k' 为单缝衍射图样中的级次，k 为光栅衍射图样中的缺级级次，我们说光栅衍射图样中哪级缺级，即是指 k 值。

由式(10-8)可知，光栅衍射是否出现缺级，取决于光栅本身的结构参数。当光栅常数 d 与狭缝宽度 a 之比，亦即 $\dfrac{d}{a}$ 为整数时，一定出现缺级现象，例如，当 $\dfrac{a+b}{a}=\dfrac{d}{a}=3$ 时，$k=\pm3,\pm6,\cdots$ 这些级次的明纹将出现缺级。

*4. 暗纹位置

在光栅衍射图样中，明纹细而亮，暗纹区域很宽。对此，我们可作如下的定性分析：由于光栅衍射是单缝衍射基础上的多缝干涉，所以单缝衍射为暗纹

的各光线，无论多缝干涉是干涉加强还是减弱，都将在接收屏上形成暗纹；单缝衍射为明纹时的各光线，当多缝干涉为干涉减弱时也将形成暗纹，所以出现暗纹的机会变多了。

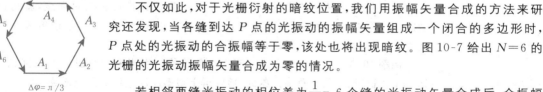

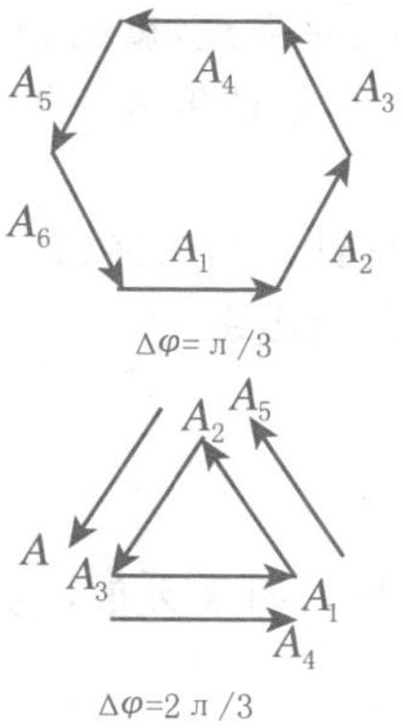

图 10-7 多缝光振动的合成

不仅如此，对于光栅衍射的暗纹位置，我们用振幅矢量合成的方法来研究还发现，当各缝到达 P 点的光振动的振幅矢量组成一个闭合的多边形时，P 点处的光振动的合振幅等于零，该处也将出现暗纹。图 10-7 给出 $N=6$ 的光栅的光振动振幅矢量合成为零的情况。

若相邻两缝光振动的相位差为 $\frac{1}{3}\pi$，6 个缝的光振动矢量合成后，合振幅为零；若相邻两狭缝光振动相位差为 $\frac{2}{3}\pi$，则 6 个缝的光振动矢量合成后，也会构成闭合曲线，合振幅也为零。可见，只要 6 个缝相位差的总和满足 2π 的整数倍即可实现合振幅为零。设相邻两狭缝光振动相位差为 $\Delta\varphi$，则有 $\Delta\varphi\cdot 6=k'\cdot 2\pi$ 时合振幅为零，结合相位差与光程差之间的关系 $\Delta\varphi=2\pi\frac{\delta}{\lambda}$，可得

$$\frac{2\pi(a+b)\sin\theta}{\lambda}=k'\frac{\pi}{3},k'=\pm1,\pm2,\pm3,\pm4,\pm5$$

或

$$(a+b)\sin\theta=k'\frac{\lambda}{6}$$

式中，$k'=\pm1,\pm2,\pm3,\pm4,\pm5$ 时，对应处都将出现暗纹（注：$k'\neq6$，若 $k'=6$ 则 $(a+b)\sin\theta=k\lambda$ 满足主明纹条件）。

把上面结论推广到 N 个狭缝的情况，产生暗纹的条件为

$$(a+b)\sin\theta=k'\frac{\lambda}{N} \tag{10-9}$$

式中 $k'=\pm1,\pm2,\cdots,\pm(N-1),\pm(N+1),\cdots,\pm(2N-1),\pm(2N+1),\cdots$（注：$k'\neq kN$，因为当 $k'=kN$ 时满足主明纹的条件）。

比较明纹和暗纹对应的 k' 取值情况可知，光栅衍射图样中两个相邻的主明纹间有 $N-1$ 条暗纹。因而光栅衍射图样中明纹亮且细，而暗纹较宽。

5. 光栅衍射图样特点

由前面分析可知，光栅衍射图样是在大片暗区的背景上分布着一系列分得很开的亮线，即图样特点是：明纹细、亮度大、分得开。这个图样与单缝衍射图样有明显的区别，这些特点使得光栅衍射用于测量时具有清晰、准确的优点，有重要的应用价值。

10.3.3 光栅应用——光栅光谱

单色光经过光栅衍射后形成的各级明纹是极细的亮线，我们称为谱线。从光栅方程可知，当波长 λ 和级次 k 一定时，光栅常数 $a+b$ 越小，则衍射角 θ 就越大，即谱线间的距离也越大；当光栅常数和级次一定时，波长不同，主明纹所对应的衍射角 θ 也不同，主明纹按波长依次排列。若用复色光照射到光

栅上，除中央明纹外，光谱线按波长由短到长自中央向两侧依次分开排列，即产生色散现象。由光栅衍射产生的这种按波长排列的谱线称为光栅光谱。

光栅对光的色散作用使它成为光谱仪的核心部件。由于各种元素或化合物有它们自己特定的谱线，测定光谱中各谱线的波长和相对强度，就可以确定该物质的成分和含量，这种分析方法叫做光谱分析。在科学研究和工程技术上光谱分析有着广泛的应用。

例题 10-5 用一个每毫米刻有 200 条缝的衍射光栅观察钠光的谱线($\lambda=589\text{nm}$)。试求：平行光垂直入射时，接收屏上最多能观察到第几级谱线。

解 由题意可知，光栅常数为

$$d=\frac{1\times10^{-3}}{200}=5\times10^{-6}\,\text{m}$$

由光栅方程 $d\sin\theta=k\lambda$ 可知，最多观察到的谱线级次为 k 的最大值，也就是 $\sin\theta=1$ 时对应的 k 值，则有

$$k=\frac{d}{\lambda}=\frac{5\times10^{-6}}{589\times10^{-9}}=8.5$$

又因为 $\sin\theta=1$ 时，光的传播方向与屏平行，光不能汇聚到屏上，所以 $\sin\theta\neq1$

即 $$k_{\max}=8$$

故，最多能观察到第八级谱线。

例题 10-6 波长为 600nm 的单色平行光垂直入射到光栅上，第一次缺级发生在第 4 级的谱线位置，且 $\sin\theta=0.40$。试求：(1)光栅狭缝的宽度 a 和相邻两狭缝的间距 b；(2)接收屏上能看到的谱线条数。

解 (1)由光栅方程 $(a+b)\sin\theta=k\lambda$ 得

$$d=a+b=\frac{4\lambda}{\sin\theta}=\frac{4\times600}{0.4}=6\times10^{3}\,\text{nm}$$

由于第 4 级缺级，根据缺级公式可得

$$\frac{d}{a}=4$$

即 $$a=\frac{d}{4}=1.5\times10^{3}\,\text{nm}$$

$$b=d-a=4.5\times10^{3}\,\text{nm}$$

(2)当 $\sin\theta=1$ 时是光栅能呈现的谱线的最高级次，即

$$k=\frac{d}{\lambda}=\frac{6\times10^{3}}{600}=10$$

由于第 10 级谱线正好出现在 $\theta=\frac{\pi}{2}$ 处，该衍射角的光不能汇聚到接收屏上，因此，此光栅谱线的最高级次是第九级。由缺级条件 $k=\frac{d}{a}k'=4k'$ 可知，4 级、8 级缺级。所以，该光栅实际能呈现的谱线是 $0,\pm1,\pm2,\pm3,\pm5,\pm6,\pm7,\pm9$，共 15 条谱线。

练习题

1. 用波长 $\lambda=500\text{nm}$ 的光垂直照射到每厘米刻有 5 000 条刻痕的光栅

上。试求:第二级明纹对应的衍射角。

2. 波长为 600nm 的单色平行光垂直入射在一光栅上,相邻的两条明纹分别出现在 $\sin\theta=0.2$ 和 $\sin\theta=0.3$ 处,第四级缺级。试求:接收屏上能看到的明纹条数。

10.4 圆孔的夫琅和费衍射 光学仪器的分辨率

如果把前面介绍的夫琅和费单缝衍射实验装置中的单缝换成圆孔,平行光通过小圆孔发生衍射后被透镜汇聚于接收屏上所形成的衍射,称为圆孔的夫琅和费衍射。大多数光学仪器通常是由一个或几个透镜组成的光学系统,透镜多为圆形,因而光学仪器的开孔就相当于一个透光的圆孔,大多数光学仪器都是通过平行光或近似的平行光成像的,所以研究圆孔的夫琅和费衍射对于分析光学仪器的成像质量是非常有意义的。

10.4.1 圆孔的夫琅和费衍射

圆孔衍射的实验装置及图样如图 10-8 所示。比较圆孔的夫琅和费衍射图样与单缝的夫琅和费衍射图样可知,二者有许多相似之处:

(1)对应于单缝衍射图样的中央明纹,在圆孔衍射图样的中央是一个明亮的圆形斑纹;

(2)单缝衍射图样中,中央明纹两侧对称出现明、暗相间的条纹。圆孔衍射图样中,中央亮斑周围是一组同心的、明暗相间的环状条纹;

(3)单缝衍射中央明纹宽且亮,圆孔衍射中央亮斑大且亮,中央亮斑的光强度约占通过透镜总光强的 80%以上。

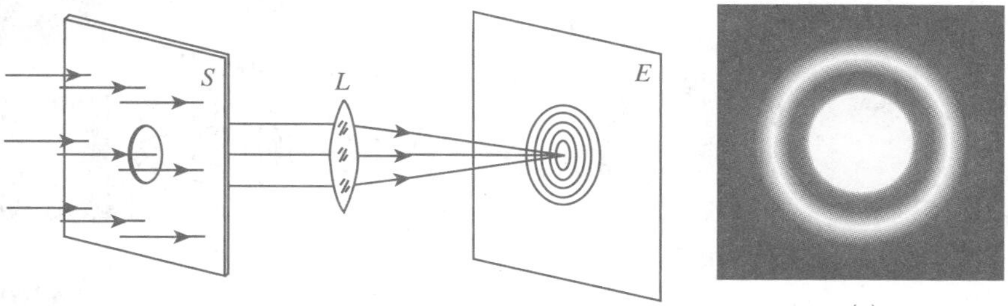

(a) (b)

图 10-8 圆孔的夫琅和费衍射及图样

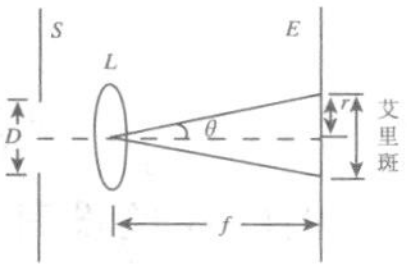

图 10-9 艾里斑

英国天文学家艾里最早对圆孔衍射详加研究,故圆孔衍射图样中以第一暗环为边界的中央亮斑称为艾里斑。由理论推导(推导过程从略)可知,艾里斑的大小与衍射屏上圆孔的直径 D 成反比,与入射光的波长 λ 成正比,艾里斑的半角宽度(如图 10-9)θ 与 D、λ 之间的关系为

$$\theta=1.22\frac{\lambda}{D} \tag{10-10}$$

若透镜的焦距为 f,则艾里斑的半径为

$$r=f\tan\theta$$

由于 θ 很小,所以有 $\tan\theta\approx\theta$,代入上式,得

$$r=f\theta=1.22f\frac{\lambda}{D} \tag{10-11}$$

10.4.2 光学仪器的分辨本领

利用几何光学规律讨论各种光学仪器的成像问题时,理论上只要适当地选择透镜焦距,就可得到所需要的放大率,就能把任何微小的物体放大到清晰可见的程度。但实际上,用高倍望远镜观察恒星时,由于望远镜所成的像是恒星的衍射图样,因而常常看到的不只是圆形光斑,其周围还有同心的环状条纹,这种衍射图样不是严格意义上的恒星的几何成像,所以它影响了成像的清晰度。显然,光的衍射现象限制了光学仪器的分辨能力。

1. 瑞利准则

从几何光学的角度来说,一个物点所发出的光经过透镜在屏幕上所形成的像是一个几何点,但这只是一种近似的说法,其实对于圆孔光学仪器来说,这个像并非一个几何点,而是物点透过圆孔的衍射图样,像的主要部分是衍射图样的中央亮斑。如果两个物点相距较近,则它们的圆斑像可能出现部分重合的现象,两个物点过分靠近时,它们的圆斑像将大部分重叠,这时将很难分清两个像。从能够分辨过渡到不能分辨,中间必然有一个恰能分辨的情形,亦即能够分辨的极限情形。图 10-10画出了三种不同情形。

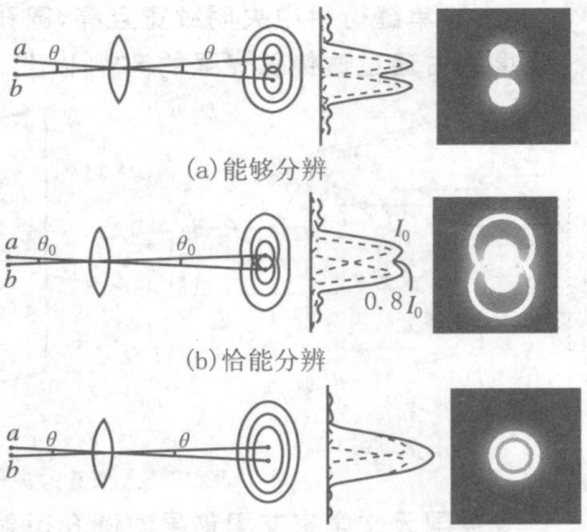

图 10-10 瑞利准则

在图 10-10(a)所示的情形中,两个物点 a、b 相距较远,它们的像斑没有重叠。此时属于两个像斑可以分辨的情况。在图 10-10(c)所示的情形中,a、b 两个物点靠的很近,两个像斑几乎完全重叠,二者混为一体,两个物点的像

斑不可分辨。图 10-10(b)画出了恰能分辨的情形。那么,两个物点靠近到什么程度,它们的像斑就恰好能够被分辨呢?英国物理学家瑞利指出:两物点衍射图样中央亮斑的边缘彼此通过对方的中心时,正常人眼勉强可以区分这是两个物点的像斑,这一结论称为瑞利准则。

如图 10-10(b)所示,恰能分辨的两物点对透镜中心的张角 θ_0 叫做光学仪器的最小分辨角。根据瑞利准则,最小分辨角恰好等于艾里斑的半角宽度,故最小分辨角为

$$\theta_0 = 1.22\frac{\lambda}{D} \tag{10-12}$$

2. 光学仪器的分辨率

每一台成像光学仪器都有一个确定的最小分辨角 θ_0,其值越小,它能分辨物体细节的能力就越强,习惯上,常将最小分辨角 θ_0 的倒数叫做光学仪器的分辨率,以 P 表示,即

$$P = \frac{1}{\theta_0} = 0.82\frac{D}{\lambda} \tag{10-13}$$

分辨率是评价光学仪器成像质量的一个主要指标,它反映出光学仪器分辨物体细节的能力,P 值越大,仪器的分辨能力越大。由式(10-13)可知,光学仪器的分辨本领与其孔径的大小成正比,与光波波长成反比。在天文观测中为了能够很好地分辨出远处邻近的星体,望远镜的通光孔径必须做得很大,以提高其分辨率(美国加利福尼亚的天文望远镜的孔径 $D=10\text{m}$)。在显微镜中则采取用小波长的方案提高分辨率,近代物理指出,电子具有波动性,与高速电子相对应的物质波的波长很短(数量级约为$10^{-1}\sim10^{-2}\,\text{nm}$),所以电子显微镜的分辨率比普通光学显微镜的分辨率大几千倍。

例题 10-7 人眼瞳孔直径为 3mm,对波长为 550nm 的黄绿光最为敏感。试求:(1)人眼的最小分辨角 θ_0 为多大?(2)在明视距离(25cm)处,相距多远的两点恰能被人眼分辨?

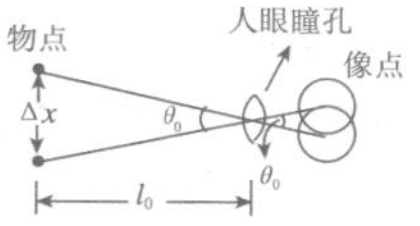

图 10-11 例题 10-7 用图

解 (1)最小分辨角为

$$\theta_0 = 1.22\frac{\lambda}{D} = 1.22\times\frac{550\times10^{-9}}{3\times10^{-3}} = 2.2\times10^{-4}\,\text{rad}$$

(2)如图 10-11 所示,明视距离 $l_0=25\text{cm}$,恰能被分辨意味着两像点对瞳孔的张角恰为最小分辨角 $\theta_0=2.3\times10^{-4}\,\text{rad}$,此时两物点间的距离 Δx 为

$$\Delta x = l_0\tan\theta_0 \approx l_0\theta_0 = 25\times2.2\times10^{-4} = 0.0056\ \text{cm}$$

注:θ_0 值很小,故可做如此近似处理。

例题 10-8 用一望远镜观察天空中两颗星,设这两颗星相对于望远镜所张的角为 $4.84\times10^{-6}\,\text{rad}$,由这两颗星发出的光波波长均为 550nm。试求:若要分辨出这两颗星,所用望远镜的孔径(直径)至少需要多大?

解 若要分辨这两颗星,则望远镜的口径至少应使两星对望远镜的张角为望远镜的最小分辨率,即

$$4.84\times10^{-6}=1.22\frac{\lambda}{D}$$

则望远镜的孔径为 $D=\dfrac{1.22\times550\times10^{-9}}{4.84\times10^{-6}}=13.9\text{cm}$

D 值越大,望远镜分辨本领就越强,越能分辨清这两颗星。

练习题

1. 已知如例题10-7,若黑板上等号两横之间相距2mm,试求:在10m远处是否能够分辨。

2. 汽车两前灯相距1.2m,远处的观察者能看到的最强的灯光波长为600nm,夜间人眼瞳孔直径约为5.0mm。试求:在多远处人能分辨出迎面开来的汽车是两盏灯。

小　结

光绕过障碍物而传至其后的现象称为光的衍射,光的衍射现象是光具有波动性的又一例证。本章主要介绍了单缝的夫琅和费衍射、光栅衍射、圆孔的夫琅和费衍射三种典型的光的衍射。

一、单缝的夫琅和费衍射

1. 衍射图样特点

一组与单缝平行的明暗相间的直条纹,中央明纹宽且亮,其他明纹宽度是中央明纹宽度的一半,其他明纹的亮度也依次递减。

2. 明、暗纹条件(菲涅尔半波带法)

$$\delta=a\sin\theta=\begin{cases}\pm2k\dfrac{\lambda}{2} & k=1,2,3,\cdots \quad 暗纹\\[2ex] \pm(2k+1)\dfrac{\lambda}{2} & k=0,1,2,3,\cdots \quad 明纹\end{cases}$$

3. 明、暗纹位置

$$x=\begin{cases}\pm k\dfrac{f\lambda}{a} & 暗纹\\[2ex] \pm(2k+1)\dfrac{f\lambda}{2a} & 明纹\end{cases}$$

4. 中央明纹的宽度

$$\Delta x_0=2\Delta x_1=2\frac{f\lambda}{a}$$

二、光栅衍射

1. 衍射图样特点

与缝平行的明、暗相间的直条纹,中央为明纹。明纹细、亮度大、分得开。

2. 成像原理

单缝衍射基础上的多缝干涉，多缝干涉受到单缝衍射的调制。

3. 明纹条件(光栅方程)

$$(a+b)\sin\theta=k\lambda \qquad k=0,\pm1,\pm2,\cdots$$

4. 缺级现象

在衍射图样中，在依据光栅方程应出现明纹处，由于单缝衍射满足暗纹条件而使得该处不出现明纹的现象称为光栅衍射的缺级现象。图样中所缺的条纹级次为

$$k=\pm\frac{a+b}{a}k'=\pm\frac{d}{a}k',k'=1,2,3\cdots$$

三、圆孔的夫琅和费衍射

1. 衍射图样特点

中央是一个明亮的圆形斑纹，中央亮斑周围是一组同心的、明暗相间的环状条纹。中央亮斑大且亮称为艾里斑。

2. 艾里斑的半角宽度(光学仪器的最小分别角)

$$\theta_0=1.22\,\frac{\lambda}{D}$$

3. 艾里斑的半径

$$r=f\tan\theta\approx1.22f\,\frac{\lambda}{D}$$

4. 光学仪器的分辨率

$$P=\frac{1}{\theta_0}=0.82\,\frac{D}{\lambda}$$

习题 10

A 类题目：

10-1 试指出当衍射光栅的光栅常量为下述三种情况时，哪些级次的衍射明条纹缺级？(1)$a+b=2a$；(2)$a+b=3a$；(3)$a+b=4a$。

10-2 一单色平行光垂直照射一单缝，接收屏上第三级明条纹位置正好与波长为600nm的单色平行光的第二级明纹位置重合。试求：该单色光的波长。

10-3 单缝宽为0.1mm，透镜焦距为50cm，用波长为500nm的光垂直照射单缝。试求：(1)接收屏幕上中央明条纹的宽度和半角宽度；(2)若把此装置浸入水中($n=1.33$)，中央明纹的半角宽度又为多少？

10-4 用白光垂直照射单缝，某波长光的衍射图样中第四级明纹中心与波长为700nm的第三级明纹中心重合。试求：该光的波长。

10-5 用单色平行光垂直入射到单缝上，单缝宽度$a=0.1$mm。缝后的凸透镜焦距为$f=2$m，在透镜的焦平面上，测得中央明条纹两侧的两个第3级明纹之间的距离为8.4cm。试求：入射光的波长。

10-6　光栅宽 2.0cm，共有 6 000 条缝，用波长为 589.3nm 的单色光垂直照射。试求：哪些衍射角的位置上出现明纹。

10-7　用波长为 589.3nm 的钠光垂直照射一每厘米有 5 000 条刻痕的光栅上。试求：接收屏上最多能看到第几级明纹。

10-8　波长为 600nm 的单色平行光垂直照射一光栅上，第二、第三级明条纹分别出现在 $\sin\theta=0.2$ 和 $\sin\theta=0.3$ 处，第四级缺级。试求：(1)光栅常数；(2)光栅上狭缝的宽度；(3)屏幕上共能看到多少条明纹。

10-9　用波长为 546nm 的绿光垂直照射于每厘米有 3 000 条刻痕的光栅上，该光栅的刻痕宽与透射光缝宽相等。试求：屏幕上共能看到几条明纹。

10-10　在夫琅和费圆孔衍射中，设圆孔半径为 0.1mm，透镜焦距为 50cm，所用单色光波长为 500nm。试求：在透镜焦平面处屏幕上呈现的艾里斑半径。

10-11　已知天空中两颗星相对于一望远镜的张角为 4.84×10^{-6} rad，它们都发出波长为 550nm 的光。试求：望远镜的口径至少要多大，才能分辨出这两颗星。

10-12　用肉眼观察星体时，星光通过瞳孔的衍射在视网膜上形成一个小亮斑。试求：(1)瞳孔最大直径为 7.0mm，若入射光波的波长为 550nm。星体在视网膜上的像的角宽度为多大；(2)瞳孔到视网膜的距离为 23mm，视网膜上星体的像的直径为多大。

10-13　已知地球至火星的距离为 8.0×10^{10} m，由火星发出光的波长为 550nm。试求：在理想情况下，火星上两物体的线距离为多大时恰能被孔径为 $d=5.08$m 的天文望远镜所分辨。

B 类题目：

10-14　在单缝衍射装置中，已知缝宽为 0.4mm，透镜焦距为 80cm，如以单色平行光垂直照射此缝，在屏上距中央明纹 2.0mm 的 P 点看到的是明条纹，试求：(1)该入射光的波长；(2)P 点条纹的级数；(3)对于 P 点，对应的狭缝处的波阵面可分为几个半波带。

10-15　白光垂直入射在每厘米有 4 000 条缝的光栅上。试求：(1)利用这个光栅可以产生多少级完整的光谱？(2)从第几级光谱的哪个波长的光开始出现两光重合的现象？

10-16　用平行光垂直照射一光栅时，在衍射角为 30°的方向上出现 600nm 的第二级明纹，400nm 的第三级缺级。试求：此光栅透光部分的宽度 a 和不透光部分的宽度 b。

10-17　某种单色光垂直照射到每厘米有 8 000 条刻线的光栅上，衍射图样中第 1 级的衍射角为 30°。试求：(1)入射光的波长；(2)能否观察到第 2 级谱线。

10-18　据说间谍卫星上的照相机能清楚识别地面上汽车的牌照号码。试求：(1)如果需要识别的牌照上的字间距离为 5cm，在 160km 高空的卫星上的照相机的分辨率应为多大？(2)设光波的波长为 500nm，此照相机的孔径需要多大？

第 11 章　光的偏振

光的干涉和衍射现象揭示了光具有波动性。波又分为横波和纵波，光究竟是横波还是纵波呢？光的电磁理论指出，光矢量 $\boldsymbol{E}$ 的振动方向始终垂直于光的传播方向，这说明光是横波。光的横波性可以通过光的偏振现象加以证实。本章首先介绍偏振光的基本概念以及各种偏振态的区别；然后讨论如何获得偏振光，怎样检验偏振光，以及偏振光的应用。

11.1　自然光和偏振光

11.1.1　波的偏振性

如何来分辨横波和纵波呢？我们以在绳中传播的横波为例来说明这个问题。如图 11-1 所示，如果在波的传播方向上放置一个开有狭缝 K（或 K'）的障碍物，当缝 K 与质元的振动方向平行时，如图 11-1 (a)所示，此波可以通过狭缝，继续传播；而当缝 K' 与质元的振动方向垂直时，如图 11-1 (b)所示，此波就不能通过狭缝。可见，横波通过狭缝时，狭缝的摆放方向不同，波通过的情况不同。发生这种现象的原因是横波传播时质元的振动不是各向同性的，而是偏于某个方向，这称为横波的偏振性，狭缝摆放方向不同，缝对质元振动的阻挡情况不同，因而波通过的情况也就不同。而如果用一列不具有偏振性的纵波（如声波）通过此狭缝，则无论如何摆放缝的方向，纵波通过的强度是相同的，如图 11-1(c)所示。偏振性是横波所特有的属性，因而，我们可根据波通过狭缝时是否表现出偏振性来判断该波为横波还是纵波。

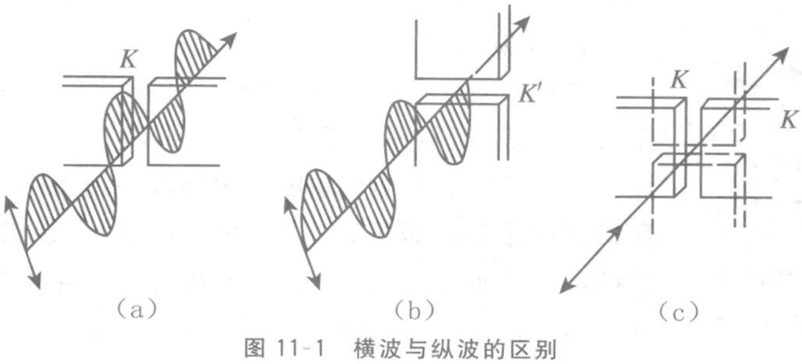

图 11-1　横波与纵波的区别

电磁学理论表明光波是一种横波。光是电磁场中电场强度 $\boldsymbol{E}$ 和磁场强度 $\boldsymbol{H}$ 周期性变化的传播，或者说，是 $\boldsymbol{E}$ 矢量和 $\boldsymbol{H}$ 矢量振动的传播。实验表明，在光波引起的光效应中，$\boldsymbol{E}$ 矢量起到主要作用，所以，在讨论光的波动现象时，我们只讨论电场强度 $\boldsymbol{E}$ 的振动，把 $\boldsymbol{E}$ 称为光矢量，$\boldsymbol{E}$ 矢量的周期性变化称为光振动。光的电磁学理论表明，光传播过程中，光振动是与传播方向相垂直的，即光是横波。

光是横波，但日常生活中，我们却很少看到光波通过狭缝时所表现的偏振特性，这是为什么呢？这是由普通光源发生的机制决定的。

11.1.2 自然光

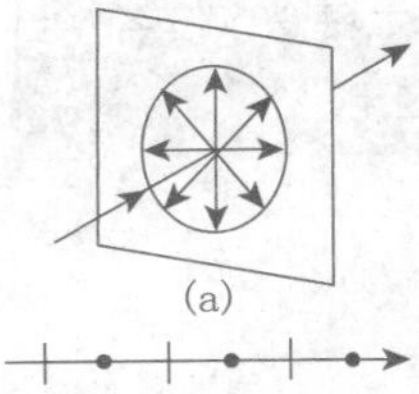
(a)
(b)

图 11-2 自然光及其表示方法

光波是光源中大量原子或分子跃迁时辐射的电磁波。普通光源中发光粒子的辐射具有间歇性和随机性。光源辐射的各个波列，不仅初相位是互不相关的，而且光矢量 $\boldsymbol{E}$ 的振动方向也是互不相关的。从宏观来看，整个发光体所发出的光是光源内许许多多发光粒子所辐射的电磁波的混合波，它包含着各个方向的光振动，并且各方向振动的概率均等，没有一个方向的光振动较其他方向更占优势，所以，普通光源所发出的光，光矢量 $\boldsymbol{E}$ 相对于传播方向成轴对称分布，如图 11-2(a)所示，这种光对外是表现不出偏振性的。这种无限多个振幅相等、振动方向任意、彼此之间没有固定相位关系的光振动的组合，叫做自然光。自然光中，任意振动方向的光振动可以分解到两个相互垂直的方向上，我们把这两个振动方向分别设为在入射平面内（即在光传播方向所在的平面或者与光传播方向平行的平面）和垂直于入射平面（即垂直于光的传播方向所在的平面），这两个方向的光振动都垂直于光的传播方向。这样，自然光可以用如图 11-2(b)所示的方法表示。图中射线的箭头表示光的传播方向，短线表示平行于入射面（即纸面）的光振动，点表示垂直于入射面（即纸面）的光振动。对于自然光来说短线和点的个数是一一对应的。

11.1.3 偏振光

若对自然光进行处理，从而使光矢量 $\boldsymbol{E}$ 在某一方向上振动偏强，即相对于传播方向不再成轴对称分布，这样的光称为偏振光。偏振光又分为线偏振光和部分偏振光。

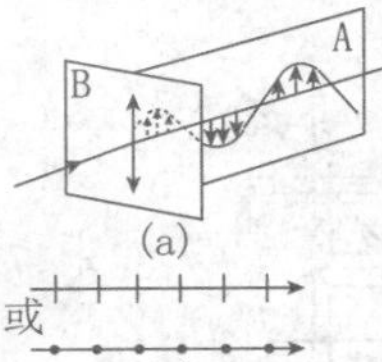

(a)
或
(b)

图 11-3 线偏振光图及其表示方法

1. 线偏振光

如图 11-3(a)所示，在垂直于传播方向的平面 B 内（此时传播方向所在平面为平面 A，平面 B 垂直于这个平面），光矢量 $\boldsymbol{E}$ 的振动仅限于某一固定方向上，这样的光称为线偏振光（也称为完全偏振光）。光振动方向与传播方向所确定的平面叫做振动平面（如平面 A）。线偏振光沿传播方向各处的光振动始终处于振动平面内，所以线偏振光又叫做平面偏振光。线偏振光用图示法表示如图 11-3(b)所示。

2. 部分偏振光

部分偏振光是指光振动虽然也是有多个方向的分量,但在各方向上光振动的振幅不相等,某个方向的光振动偏强,某个方向光振动偏弱,如图 11-4(a)所示。部分偏振光用图示法表示如图 11-4(b)所示。

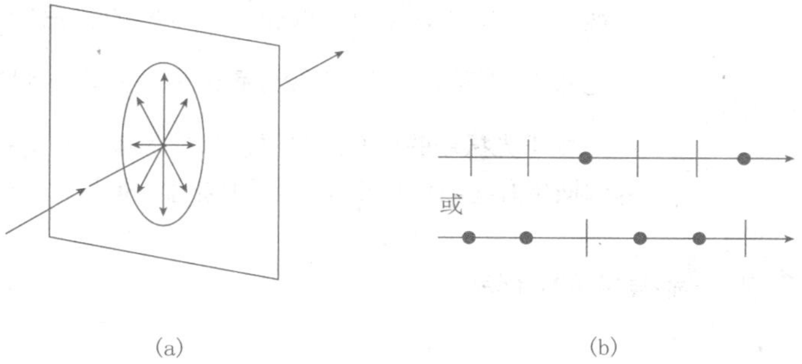

图 11-4 部分偏振光图示及其表示方法

11.2 起偏和检偏 马吕斯定律

普通光源发出的光都是自然光,要获得偏振光需借助一些光学器件。能够使自然光变为偏振光的光学器件称为起偏器。获得偏振光的过程称为起偏。起偏器种类很多,其中最简单的起偏器是偏振片。偏振片不仅可以使自然光变为偏振光,它还可以检验入射光是否是偏振光。

11.2.1 偏振片的起偏

某些晶体对不同方向的光振动具有选择吸收的特性,即对光波中某一方向的光振动有强烈的吸收作用,而对与该方向相垂直的那个方向上的光振动的吸收甚微,晶体的这种特性叫做二向色性。这个允许光通过的光振动方向叫做二向色性物质的偏振化方向,常用符号"↕"作为标记,如图 11-5 所示。例如,天然的电气石晶体就具有二向色性,1mm 厚的电气石晶片就可以完全吸收某一方向的光振动。液晶也具有很强的二向色性。具有二向色性的晶体可以作为起偏器,然而,用天然晶体做成的起偏器不仅价格昂贵,而且尺寸小不能满足实际应用的需要。较为便宜的偏振器件是由聚乙烯醇分子加热拉伸,从而使分子并行排列而形成的膜片,称为偏振片,当光照射在偏振片上时,与聚乙烯醇分子方向相同的光全部被吸收,而垂直方向的光可以通过。偏振片允许通过的光振动方向称为偏振片的偏振化方向。

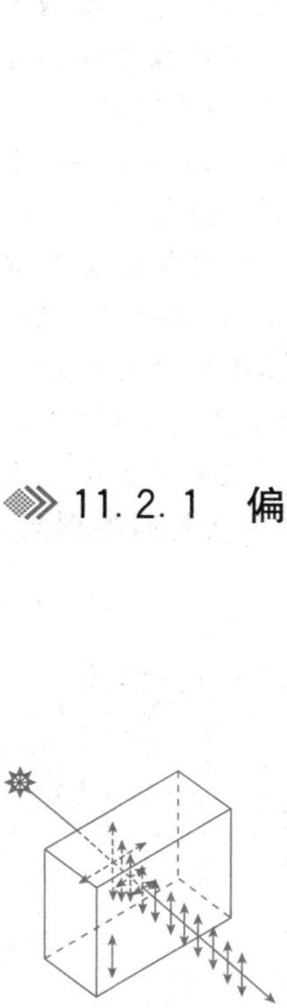

图 11-5 晶体的二向色性

当自然光照射到偏振片上时,透过偏振片的光具有同一振动方向,变为偏振光。

例题 11-1 一束光强度为 I_0 的自然光,垂直入射并通过一偏振片。试求:通过偏振片后的光强。

解 由于自然光的光振动均匀的分布于各个方向上，我们沿平行偏振片的偏振化方向和垂直偏振片的偏振化方向把所有的光振动进行分解。宏观上，自然光各个方向的光振动总可以分解为一半与偏振片的偏振化方向相同，一半与偏振片的偏振化方向垂直，其强度各占总强度的一半。当垂直通过一偏振片时，与偏振片的偏振化方向平行的光振动得以通过，而与这一方向垂直的光振动则不能通过。所以，通过偏振片后光强应为原来的一半，即 $I=\frac{1}{2}I_0$。

由于光振动的分解方向可以总是随偏振片的摆放方向而定，所以无论偏振片的偏振化方向如何摆放，自然光垂直通过偏振片后光强总会变为原来光强的一半。

11.2.2 偏振片的检偏

一束光是否为偏振光？一束偏振光的偏振态如何？人眼是无法直接做出判断的，这需要借助于光学器件来检验，这一过程称为检偏。能够检验偏振光的光学器件称为检偏器。偏振片既可以当作起偏器，也可以作为检偏器。

如图 11-6 所示，偏振片 P_1 为起偏器，P_2 为检偏器。在图 11-6(a)中，当 P_1 和 P_2 的偏振化方向彼此平行时，P_1 所产生的线偏振光能够全部通过检偏器 P_2，透过 P_2 的光强度最大；在图 11-6(b)中，当 P_1 和 P_2 的偏振化方向相互垂直时，P_1 所产生的线偏振光全部被 P_2 吸收，无光透过检偏器 P_2，这种现象称为消光现象。如果我们以光的传播方向为轴线，连续不断地旋转检偏器 P_2，则会看到透过 P_2 的光强由最亮逐渐变暗，以致完全消失，然后又由最暗逐渐变亮，又回到最亮的状态。在 P_2 旋转一周的过程中，透射光强度两次出现最强，两次出现消光现象，这是线偏振光入射到检偏器上所特有的现象，我们可以以此为判据，来判断一束光是否是线偏振光。

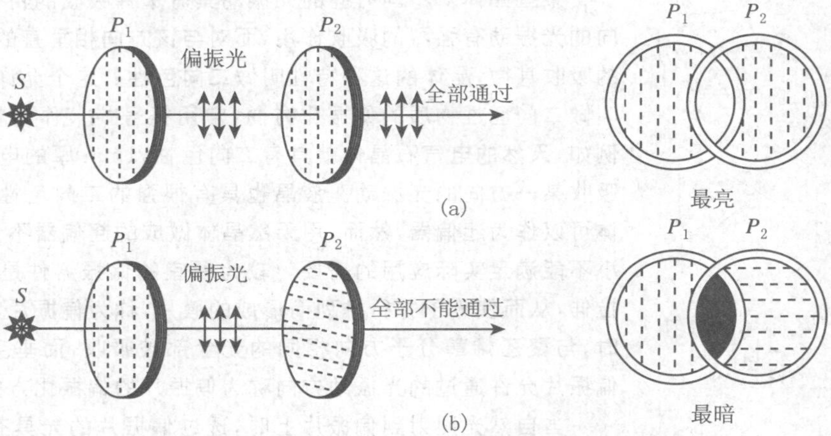

图 11-6 偏振光的检验

当我们以自然光垂直入射到检偏器上，并以光的传播方向为轴转动检偏器时，看不到光明暗强弱的变化，透过检偏器的光强恒为入射光强度的一半。

反过来，如果看到这一现象，我们也可以判断，即入射光为自然光；若一束光垂直入射到检偏器上，绕光的传播方向转动检偏器时，透过检偏器的光强不是恒定不变，也不出现消光现象，则入射光就为部分偏振光。

11.2.3 马吕斯定律

自然光透过检偏器以后光强变为原来的一半，那么线偏振光透过检偏器后，光强度有何变化呢？法国工程师马吕斯首先研究了这一问题，其结论称为马吕斯定律，具体内容如下。

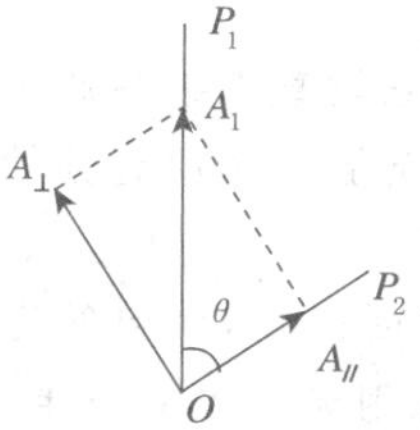

图 11-7 马吕斯定律的证明

强度为 I_1 的线偏振光垂直入射到检偏器上，透射线偏振光的强度为

$$I_2 = I_1 \cos^2\theta \tag{11-1}$$

式中，θ 为入射线偏振光的光振动方向与检偏器的偏振化方向之间的夹角。

马吕斯定律的证明如下：

如图 11-7 所示，P_1 为入射线偏振光的光振动方向，P_2 为检偏器的偏振化方向，亦即透射线偏振光的光振动方向，P_1 与 P_2 的夹角为 θ。对于 P_1 方向的光振动振幅矢量 $\boldsymbol{A}_1$，我们可以沿平行和垂直偏振片 P_2 偏振化方向分解入射光振动振幅。其中的平行分量可以通过，而垂直分量被吸收。根据图 11-7 所示情况可知，透射光的振幅 $\boldsymbol{A}_{//}$ 的大小为 $A_{//} = A_1 \cos\theta$。而光强度正比于光振动振幅的平方，所以

$$\frac{I_2}{I_1} = \frac{A_2^2}{A_1^2} = \frac{A_1^2 \cos^2\theta}{A_1^2} = \cos^2\theta$$

由此得

$$I_2 = I_1 \cos^2\theta$$

显然，当 $\theta = 0$ 或 π 时，$I_2 = I_1$，此时为透射光最强的情况；当 $\theta = \frac{\pi}{2}$ 或 $\frac{3\pi}{2}$ 时，$I_2 = 0$，这时没有透射光，即消光现象。

例题 11-2 将两个偏振片分别作为起偏器和检偏器，它们的偏振化方向成 30°角。当一光强为 I_0 的自然光依次垂直入射于两个偏振片时，试求：透射光的光强为多少。

解 自然光通过第一个偏振片后变为线偏振光，设其光强为 I_1，由例题 11-1 可知 $I_1 = \frac{1}{2} I_0$。

通过第二个偏振片后其光强由马吕斯定律 $I_2 = I_1 \cos^2\theta$ 可知

$$I_2 = I_1 \cos^2\theta = \frac{1}{2} I_0 \cos^2 30° = \frac{1}{2} I_0 \left(\frac{\sqrt{3}}{2}\right)^2 = \frac{3}{8} I_0$$

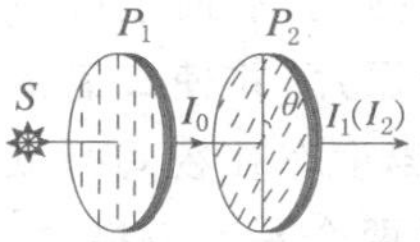

图 11-8 例题 11-3 用图

例题 11-3 两偏振片的偏振化方向成 30°角时，透射光的强度为 I_1。若保持入射光的强度和偏振方向不变，而转动第二个偏振片，使两偏振片的偏振化方向之间的夹角变为 45°。试求：透射光强度如何。

解 设入射光通过第一个偏振片后光强度为 I_0，如图 11-8 所示。当两

偏振片偏振化方向成30°角时,由马吕斯定律可知,透射光光强为

$$I_1=I_0\cos^2\theta=I_0\cos^2 30°=I_0\left(\frac{\sqrt{3}}{2}\right)^2=\frac{3}{4}I_0$$

保持入射光的强度和偏振方向不变,意味着光从第一个偏振片出来的光强度也为 I_0。当两偏振片偏振化方向成45°角时,由马吕斯定律可知,透射光光强为

$$I_2=I_0\cos^2\theta'=I_0\cos^2 45°=I_0\left(\frac{\sqrt{2}}{2}\right)^2=\frac{1}{2}I_0$$

所以,两种情况下透射光强度的关系为

$$I_2=\frac{2}{3}I_1$$

例题 11-4 一束光由自然光和线偏振光混合而成,当它垂直入射并通过一偏振片时,透射光的强度随偏振片的转动而变化,其最大光强与最小光强的比为5∶2。试求:入射光中自然光和线偏振光的强度之比。

分析 由题意可知,透射光的强度随着偏振片的转动而变化,而自然光通过偏振片时,无论偏振片如何转动,透射的光强度均为入射光强度的一半。所以,总的透射光强度的变化是由于线偏振光的透射光强在变化:最大光强即为线偏振光全部透过偏振片时的光强,此时,线偏振光的光振动方向与偏振片的偏振化方向相同;最小强度即为无线偏振光通过时的光强,此时,线偏振光的振动方向与偏振片的偏振化方向垂直。

解 设入射光中自然光和线偏振光的强度分别为 I_{10} 和 I_{20},则入射光的总强度为 $I_0=I_{10}+I_{20}$。

通过偏振片后,自然光和线偏振光的强度分别 $\frac{1}{2}I_{10}$ 和 $I_{20}\cos^2\theta$(θ 为入射线偏振光的振动方向与偏振片的偏振化方向的夹角),则有

透射光强最大为 $I_{\max}=\frac{1}{2}I_{10}+I_{20}$(此时 $\theta=0$ 或 π)

透射光强最小为 $I_{\min}=\frac{1}{2}I_{10}$(此时 $\theta=\frac{\pi}{2}$ 或 $\frac{3}{2}\pi$)

由题意有 $I_{\max}/I_{\min}=5/2$

解得

$$\frac{I_{10}}{I_{20}}=\frac{4}{3}$$

由马吕斯定律可知,只要我们改变彼此平行放置的偏振片偏振化方向之间的夹角,就可以对透射光强度进行控制。如果我们在轮船的舷窗、火车和飞机的窥窗上安装偏振片,就可以将透射光调节到适当的强度,从而消除令人生厌的眩光;如果在汽车的前灯和风挡玻璃上都装上偏振片,并使二者的透振方向都是从左下斜向右上方且与水平面成45°夹角。当汽车在夜间行驶时,驾驶员经风挡玻璃看自己的车灯发出的光,相当于通过两个平行偏振片,透射光强最大。但对迎面开来车辆射出的灯光,却是通过两个垂直偏振片,只有微量灯光透射。这样,驾驶员就不会因迎面开来汽车前灯发出的眩光而

感到刺眼，保证了夜间行车的安全。同时，若在白天行车，强烈的太阳光在光滑路面上的反射光也很刺眼，但这种反射光多为部分偏振光，通过挡风玻璃上的偏振片后，强度也会有所减弱。

练习题

1. 一束强度为 I_0 的自然光依次垂直入射并通过两个偏振片，最后出射光的强度为 $\frac{1}{4}I_0$，求两偏振片的偏振化方向之间的夹角。

2. 使自然光通过两个偏振化方向夹角为 60°的偏振片时，透射光强度为 I_1，今在这两个偏振片之间再插入一偏振片，它的偏振化方向与前后两个偏振片均成 30°角，问此时透射光强度 I 与 I_1 之比为多少？

3. 一束光由自然光和线偏振光混合而成，两种光光强之比为 1:2，当它们垂直入射并通过偏振片时，透射光的强度随偏振片的转动而变化，试求：最大透射光强是最小透射光强的几倍。

11.3 反射和折射时光的偏振

获得偏振光的方法有很多，除了前面我们介绍的利用偏振片从自然光获得的方法之外，利用自然光在两种各向同性介质分界面上反射和折射，也可以获得偏振光。

11.3.1 反射和折射时光的偏振

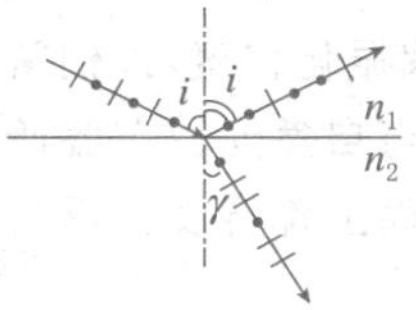

图 11-9 反射和折射时光的偏振

大量实验事实表明，自然光入射到两种各向同性介质的分界面上时，不仅光的传播方向要改变，光的偏振态也要发生变化。用偏振片观察反射光(或折射光)，透过偏振片的光强度也会随着偏振片的偏振化方向摆放不同而变化，这一现象表明反射光(或折射光)为部分偏振光。一般情况下，在反射光中，垂直于入射面的光振动多于平行于入射面的光振动；而折射光中，平行于入射面的光振动多于垂直于入射面的光振动，如图 11-9 所示。从湖中平静的水面上反射的太阳光为部分偏振光，照射到玻璃表面的反射光和折射光也都是部分偏振光。

反射光能否变成线偏振光呢？英国物理学家布儒斯特的研究结果指出，在一定条件下，反射光可以变成线偏振光。

11.3.2 布儒斯特定律

布儒斯特于 1812 年由实验发现，对于给定的两种各向同性介质，反射光的偏振化程度取决于入射角 i。当一束光从折射率为 n_1 的介质射向折射率

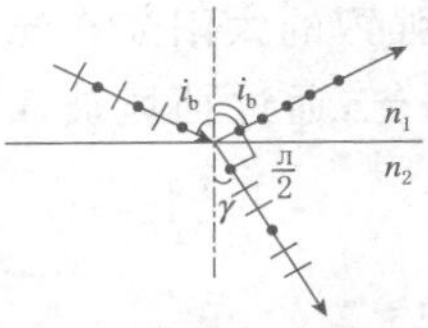

图 11-10　布儒斯特定律

为 n_2 的介质时，若入射角 i 等于某一定值 i_b，则反射光为振动方向垂直于入射面的线偏振光，定值 i_b 满足

$$\tan i_b=\frac{n_2}{n_1} \tag{11-2}$$

式(11-2)所反映的内容称为布儒斯特定律，i_b 称为布儒斯特角，也叫起偏角。

如图 11-10 所示，设光以布儒斯特角 i_b 入射于两介质的交界面，γ 为光的折射角。根据光的折射定律有

$$\frac{\sin i_b}{\sin\gamma}=\frac{n_2}{n_1}$$

与式(11-2)结合，可得

$$\frac{\sin i_b}{\sin\gamma}=\frac{n_2}{n_1}=\tan i_b=\frac{\sin i_b}{\cos i_b}$$

比较等式两侧，可得

$$\sin\gamma=\cos i_b$$

根据三角函数互余关系可知

$$i_b+\gamma=\frac{\pi}{2} \tag{11-3}$$

式(11-3)表明，当光线以布儒斯特角入射时，反射光与折射光的传播方向相互垂直。

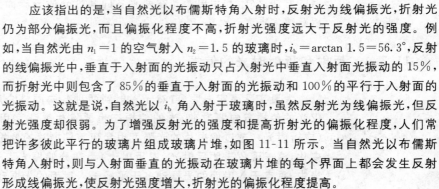

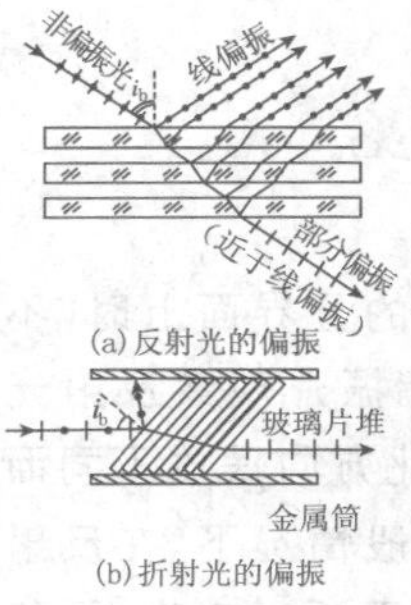

图 11-11　玻璃堆起偏器

应该指出的是，当自然光以布儒斯特角入射时，反射光为线偏振光，折射光仍为部分偏振光，而且偏振化程度不高，折射光强度远大于反射光的强度。例如，当自然光由 $n_1=1$ 的空气射入 $n_2=1.5$ 的玻璃时，$i_b=\arctan 1.5=56.3°$，反射的线偏振光中，垂直于入射面的光振动只占入射光中垂直入射面光振动的 15%，而折射光中则包含了 85%的垂直于入射面的光振动和 100%的平行于入射面的光振动。这就是说，自然光以 i_b 角入射于玻璃时，虽然反射光为线偏振光，但反射光强度却很弱。为了增强反射光的强度和提高折射光的偏振化程度，人们常把许多彼此平行的玻璃片组成玻璃片堆，如图 11-11 所示。当自然光以布儒斯特角入射时，则与入射面垂直的光振动在玻璃片堆的每个界面上都会发生反射形成线偏振光，使反射光强度增大，折射光的偏振化程度提高。

例题 11-5　一束平行自然光从空气中以 60°角入射到某介质材料表面上时，其反射光为线偏振光。试求：此介质的折射率。

解　反射光为线偏振光，说明此时光的入射角为布儒斯特角 i_b，即 $i_b=60°$。设此介质的折射率为 n_2，空气折射率用 n_1 表示，根据布儒斯特定律，有

$$\tan i_b=\frac{n_2}{n_1}$$

即

$$n_2=n_1\tan i_b=1\times\tan 60°=\sqrt{3}$$

例题 11-6　水的折射率为 1.33，玻璃的折射率为 1.5。试求：当光由水中射向玻璃而反射时，起偏角为多少？

解　根据布儒斯特定律 $\tan i_b=\frac{n_2}{n_1}$

有 $\tan i_b = \frac{n_2}{n_1} = \frac{1.5}{1.33} = 1.13$

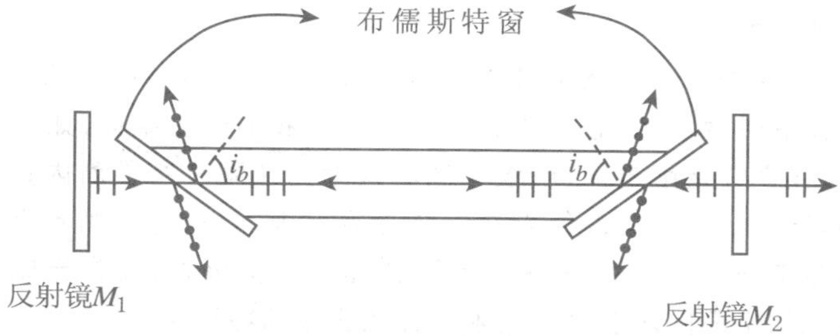

图 11-12 外腔式激光器上的布儒斯特窗

则起偏振角为 $i_b = \arctan 1.13$

布儒斯特定律在实际中有许多应用。如，在外腔式气体激光器上，往往装有布儒斯特窗，使出射的激光为完全偏振光，如图 11-12所示。再如，利用布儒斯特定律，只要测出给定介质的布儒斯特角 i_b，即可测定出该介质的折射率，特别是不透明介质的折射率。各种宝石都有相应的折射率，测出折射率，即可对宝石的真伪作出鉴定。

练习题

1. 一束平行自然光由一介质以30°角入射到玻璃($n=1.5$)的表面上，反射光为线偏振光。试求：这一介质的折射率。

2. 已知如例题 11-6。试求：若光由玻璃射向水面而反射，起偏角为多少？

11.4 光的双折射现象

11.4.1 光的双折射现象

1. 双折射

一束自然光通过某些晶体时，折射光会分裂成两束，这样的现象称为光的双折射现象，能够产生双折射现象的晶体称为双折射晶体。例如方解石(又称冰洲石，化学成分为 $CaCO_3$)就是这样一种晶体。方解石晶体所产生的双折射现象如图11-13(a)所示。正是由于双折射现象的存在，当我们把一块透明的方解石晶体放在一张写有字的纸面上时，将会看到每个字都成双像。

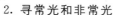

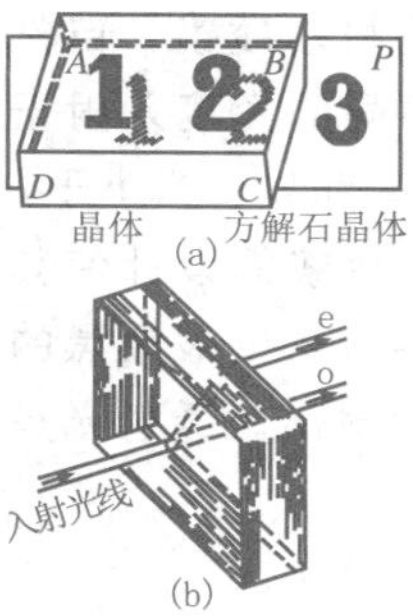

图 11-13 方解石的双折射现象

2. 寻常光和非常光

实验表明，在双折射现象中两条折射光的性质和状态存在差异。其中一条折射光线完全服从折射定律，称为寻常光，简称 o 光。另一条折射光线不服从折射定律，称为非常光，简称 e 光。o 光和 e 光在折射时的分开程度与晶体的厚度相关，厚度越大，二光分开程度越大，如图 11-13(b)所示。

3. o 光和 e 光的偏振性

为了比较方便地描述 o 光和 e 光的偏振性，我们首先介绍几个相关的概念。

(1)晶体的光轴、光线的主平面

实验表明，在方解石等一类晶体中，总存在着一个特殊的方向，光沿该方向传播时，o 光和 e 光不再分开，不产生双折射现象。晶体内不发生双折射现象的特殊方向称为晶体的光轴。应该指出的是,光轴并不限于某一条特殊的直线,而是代表晶体内某一特定的方向,过晶体内任一点所作的平行于此方向的直线都是晶体的光轴。

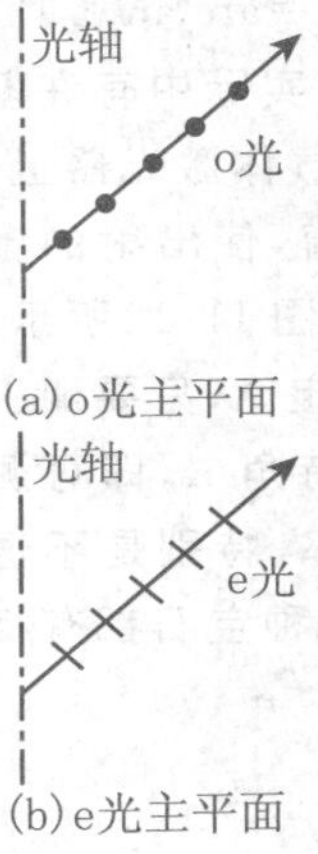

图 11-14　光线的主平面

在晶体中,某条光线与晶体的光轴所构成的平面叫做该光线的主平面,所以 o 光和 e 光各有一个主平面,分别叫做 o 光主平面和 e 光主平面,如图 11-14 所示。因为 o 光遵守折射定律,所以 o 光与入射光在同一主平面内;e 光不遵守折射定律,所以 e 光不与入射光在一个主平面内;即折射光的 o 光与 e 光的主平面间存在一定的夹角,只是这个角度很小。另外,当光在光轴与晶体表面法线组成的平面内入射时,o 光和 e 光的主平面将重合。

(2)o 光和 e 光的偏振性

实验表明,o 光和 e 光都是线偏振光(可由检偏器来验证),o 光光振动方向垂直于 o 光主平面,而 e 光光振动方向就在 e 光主平面内(或平行于 e 光主平面),如图 11-14所示。结合两个主平面间的关系可知,o 光和 e 光光振动方向不同,二者近似垂直。当光在光轴与晶体表面法线组成的平面内入射时,o 光和 e 光的主平面将重合,此时 o 光和 e 光光振动方向严格垂直。这个由光轴与晶体表面法线组成的平面称为晶体的主截面。在实际应用中,一般都选择光线沿主截面入射,从而使双折射现象的研究得以简化。

11.4.2　双折射现象的应用

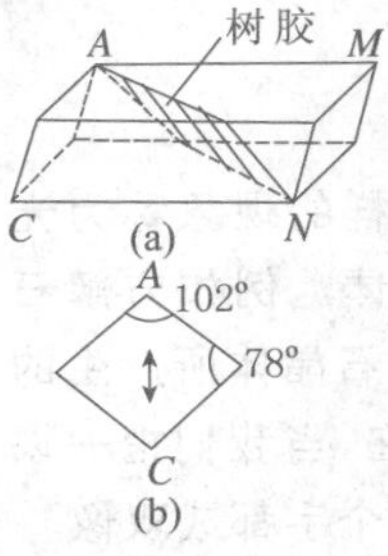

图 11-15　尼科尔棱镜

利用双折射现象也可以制成偏振器件,偏振棱镜就是其中一类。其基本原理即是利用双折射现象产生彼此分开的偏振性不同的 o 光和 e 光,然后想办法将其中之一消除掉,保留另外一个,从而得到线偏振光。

尼科尔棱镜就是这样一种装置。如图 11-15 所示,将两块加工成如图形状的天然方解石晶体,用加拿大树胶粘合起来,即可组成尼科尔棱镜。自然光从左端面射入,入射晶体后被分解为 o 光和 e 光,并以不同的角度入射于左晶体与加拿大树胶的界面 AN。选用的加拿大树胶折射率为 1.550,小于 o 光折射率 1.658 而大于 e 光主折射率 1.486。对 o 光而言,棱镜的设计使其在界面的入射角(77°)大于临界角(62.9°)从而发生了全反射,结果被涂黑的侧面 CN 所吸收。而 e 则能透过树胶层,最终从右晶体端面射出。透射光是光振动方向在入射面内的线偏振光。

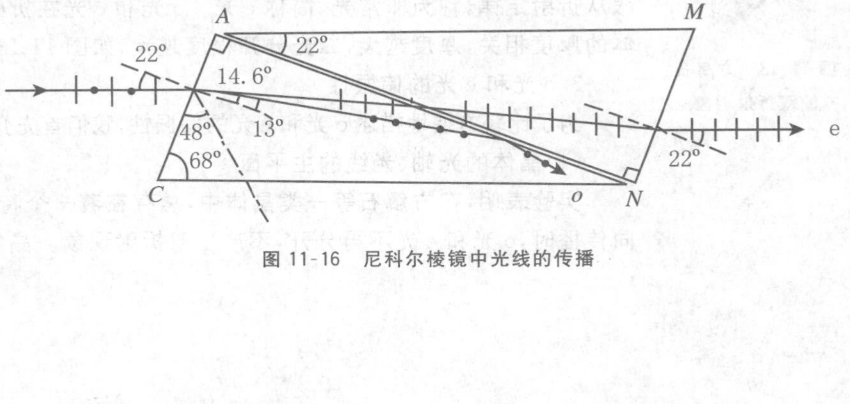

图 11-16　尼科尔棱镜中光线的传播

小　结

本章主要介绍了偏振光的概念以及偏振光获得和检验的方法。

一、自然光和偏振光

1. 自然光

无限多个振幅相等、振动方向任意、彼此之间没有固定相位关系的光振动的组合叫做自然光。自然光中各种方向光振动的分布是均匀的。用符号表示为

2. 线偏振光(完全偏振光)

光矢量 E 的振动仅限于某一固定方向上,这样的光称为线偏振光(也称为完全偏振光)。用符号表示为

或

3. 部分偏振光

光振动虽然也是有多个方向的分量,但在各方向上光振动的振幅不相等,某个方向的光振动偏强,某个方向光振动偏弱。用符号表示为

或

二、偏振片的起偏和检偏

1. 自然光通过偏振片

自然光通过偏振片后变为线偏振光,线偏振光的光振动方向平行于偏振片的偏振化方向,线偏振光的光强与入射光强的关系为

$$I=\frac{1}{2}I_0$$

2. 偏振光通过偏振片

强度为 I_1 的线偏振光垂直入射到检偏器上,透射线偏振光的强度与入射光强度之间的关系由马吕斯定律给出,即

$$I_2=I_1\cos^2\theta$$

三、反射和折射时光的偏振

1. 反射和折射时偏振情况

自然光入射到两种各向同性介质的分界面上时,不仅光的传播方向要改变,光的偏振态也要发生变化。一般情况下,在反射光中,垂直于入射面的光振动多于平行于入射面的光振动;而折射光中,平行于入射面的光振动多于垂直于入射面的光振动。

2. 布儒斯特定律

光以布儒斯特角入射到两个介质的交界面发生反射时,反射光为线偏振光,光振动只有垂直于入射平面的分量。布儒斯特角由下式确定

$$\tan i_b = \frac{n_2}{n_1}$$

当光线以布儒斯特角入射时,反射光与折射光的传播方向相互垂直。即 $i_b + \gamma = \frac{\pi}{2}$。

四、光的双折射现象中光的偏振性

自然光通过某些晶体时,折射光会分裂成两束,这样的现象称为光的双折射现象。在双折射现象中两条折射光的性质和状态存在差异。其中一条折射光线完全服从折射定律,称为寻常光,简称 o 光。另一条折射光线不服从折射定律,称为非常光,简称 e 光。o 光和 e 光都是线偏振光,o 光光振动方向垂直于 o 光主平面,而 e 光光振动方向就在 e 光主平面内(或平行于 e 光主平面),o 光和 e 光的光振动方向近似垂直。

阅读材料六:光谱研究的杰出先驱——夫琅和费

在十九世纪的科学发展史上,必须提到一个人物,光谱研究的杰出先驱——夫琅和费(1787—1826)。

夫琅和费出生在慕尼黑附近的斯特劳宾,是一位釉工的第十一个儿子。他的父母都非常贫穷,而且没有文化。夫琅和费十一岁时就成为了孤儿,在一个镜子制造商那里当学徒。夫琅和费十四岁时,他正在其中工作的建筑物突然塌毁,把他压在瓦砾下面。但他突然时来运转,巴伐利亚的一位贵族被这一悲剧事件所感动,给了他足够的钱,使他脱离了学徒生活,进入学校学习。这位贵族还把他推荐给一位著名的工业家和政治家乌泽什乃德,他办了许多企业,其中有一家光学工厂。夫琅和费当时几乎还未进过学校,却对光学表现出了真正的爱好。乌泽什乃德雇用他到光学工厂工作。夫琅和费迅速地上升为合伙人。企业家乌泽什乃德认识到了他技术才能的巨大价值,帮助他获得了一个经济收入很好的位置。

夫琅和费立即认识到所用玻璃的质量与制成的光学仪器的性能之间有着密切联系。于是他在慕尼黑附近的玻璃厂里研究如何改进玻璃的制作方法。瑞士玻璃制造商吉南德也许是当时欧洲最优秀的玻璃制造家,乌泽什乃德雇用了他,但他制造的玻璃不能使人满意。1811 年夫琅和费接过了这份工作,他作出了非常好的成绩。夫琅和费坚信从只凭经验的手工艺操作过渡到精密科学计划的巨大优越性,他研究了透镜的色差和其他像差。在精密地测量了玻璃对不同波长的折射率后,他重新发现了太阳光谱中出现的黑吸收线,并且编制出了"夫琅和费谱线表"作基准用。夫琅和费本人刻出的太阳光谱图,是他的多才多艺的一个极好证明。这些努力的结果,使得他的光学成就举世闻名,无人能超过他。因为仪器的机械部分和光学部分是同样重要的,所以夫琅和费还解决了各种技术问题。多帕特折射望远镜有一个直径 24 厘米的透镜,重量 1 000 公斤,就是他的杰作之一。夫琅和费的贡献立即受到了巴伐利亚国王的赏识,国王封他为贵族。乌泽什乃德和夫琅和费合办的光学研究所雇用了五十多名工作人员,成为世界上最先进的光学公司。夫琅和费把理论光学工作、玻璃制造技术与机械精度和卓越才能结合起来的范例,对德国的光学工业产生了长远的影响。许多著名光学家,例如佩茨瓦耳、斯坦海尔、阿贝,和一些光学公司诸如蔡司和莱茨等,都是直接或间接地从夫琅和费传下来的。

夫琅和费最受人称道的工作,无疑是在光谱学方面。1814 年,夫琅和费借助狭缝、棱镜和望远镜,作太阳光谱的观测研究工作。他在一间暗室的百叶窗上开了一条狭缝,让太阳光通过狭缝照射到一块棱镜上,棱镜后面则是经纬仪上的小望远镜。夫琅和费想通过小望远镜,看看由棱镜形成的太阳光谱是什么样的,是否有好多像他在灯光光谱中看到的那种亮线。使他感到纳闷的是,太阳光谱中出现许多条暗线,即现在所说的"夫琅和费暗线",这样的暗线前后总共发现了 500 多条。我们知道,每条暗线或某些暗线都代表着某种元素,它们在光谱中的位置是固定的,因此,研究这些谱线的性质就有可能得知太阳上究竟有哪些元素。

夫琅和费当时不知道这些,他对自己的发现无法作出解释,对这种发现的重要意义也不清楚。四五十年之后,另一位德国天文学家、物理学家、化学家基尔霍夫和化学家本生发明了光谱分析法,即根据光谱线来确定某个物体中含有什么元素的方法,以及有关的知识和论断,太阳光谱中暗线之谜才真相大白。夫琅和费也对月球、金星和火星等天体的光谱,进行了观测和分析,发现它们的光谱里也有太阳光谱里的那些暗线,而且其位置也相同,这正好说明它们看起来明亮是由于反射太阳光的缘故。夫琅和费由于发现了太阳光谱中的吸收线,认识到它们相当于火花和火焰中的发射线以及首先采用了衍射光栅(也曾制成了各种形式的光栅),也可被认为是光谱学的奠基者之一。但是,光谱学技术的精密化,主要是在美国由罗兰德和迈克尔孙在夫琅和费逝世五十年之后发展起来的。夫琅和费和其他许多物理学家,许多年来都未认识到光谱线的无比重要性,直到约 1860 年,人们才知道它们作为原子或分子发出的信号意义,这主要是通过本生和基尔霍夫的工作而明确的。

可惜的是,夫琅和费长期体弱,导致了他传染上肺结核,40 岁不到就去世了。如果他能活得更长久的话,他对科学发展的贡献无疑会更大。

习题 11

A 类题目:

11-1　自然光的光强为 I_0,垂直入射到起偏器上,开始时,起偏器和检偏器的透光轴方向平行,然后使检偏器绕入射光的传播方向转过 45°、60°。试分别求出在上述情况下透过检偏器的光的强度是 I_0 的几倍。

11-2　自然光入射到两个重叠的偏振片上,如果透射光强为,(1)透射光最大强度的三分之一;(2)入射光强的三分之一,则这两个偏振片透光轴方向间的夹角分别为多少?

11-3　一束光是自然光和线偏振光的混合光,让它通过一偏振片,若以此入射光为轴旋转偏振片,测得透射光强最大值是最小值的 5 倍。试求:入射光中自然光与偏振光光强之比。

11-4　在两块平行放置的正交偏振片 P_1、P_3 之间,平行放置另一块偏振片 P_2。光强为 I_0 的自然光垂直 P_1 入射。在 $t=0$ 时,P_2 的偏振化方向与 P_1 的偏振化方向平行,然后 P_2 以恒定的角速度 ω 绕光的传播方向旋转。试证明:自然光通过这一系统后出射光的光强为 $I=\frac{I_0}{16}(1-\cos 4\omega t)$。

11-5　如果起偏器和检偏器的偏振化方向之间的夹角为 30°,(1)假定偏振片是理想的,则自然光通过起偏器和检偏器后,出射光强与入射光强之比是多少?(2)如果起偏器和检偏器分别吸收了 10% 的可通过光,则出射光强与入射光强之比是多少?

11-6　要使一束垂直入射的线偏振光透过这偏振片之后振动方向转过 90°,试求:(1)至少需要几个偏振片?(2)若要使出射光的强度最大,则入射线偏振光的光振动方向与第一个偏振片偏振化方向之间的夹角为多少?(3)最大出射光强为入射光强的多少倍?

11-7　三个偏振片平行放置,第一个偏振片与第三个偏振片的偏振化方向相互垂直。光强为 I_0 的自然光垂直入射到偏振片上,通过三个偏振片后的光强为$\frac{1}{8}I_0$。试求:第二个偏振片与第一个偏振片的偏振化方向夹角。

11-8　由自然光和线偏振光组成的混合光束依次垂直通过两个平行的偏振片 P_1、P_2,当入射线偏振光的光振动方向与 P_1 的偏振化方向之间的夹角为30°,P_1 和 P_2 的偏振化方向之间的夹角为60°时,观察出射光光强为 I_1;当上述两角度分别变为60°和 45°时,观察出射光光强为 I_2,已知 $I_1:I_2=11:10$。试求:入射光中自然光与线偏振光光强之比?

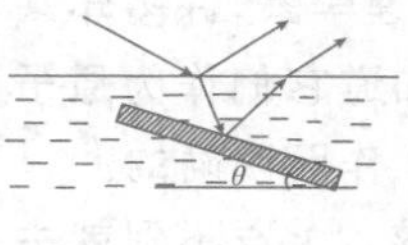

图 11-17　习题 11-11 用图

11-9　一束自然光从空气入射到折射率为 1.4 的液体表面上,其反射光是完全偏振光。试求:(1)入射角等于多少?(2)折射角为多少?

11-10　一束自然光从空气中入射到某一介质的表面上,反射光为完全偏振光,已知折射角为30°。试求:(1)入射角为多少?(2)介质的折射率为多少?

B 类题目:

11-11　如图 11-17 所示,一平面玻璃板放在水中,板面与水面夹角为 θ,水和玻璃的折射率分别为 1.33 和 1.52。要使水面和玻璃表面的反射光都是完全偏振光,则 θ 角应是多大?

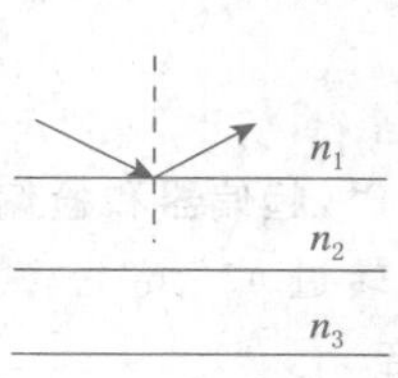

图 11-18　习题 11-12 用图

11-12　如图 11-18 所示,三种透明介质 1、2、3,其折射率分别为 $n_1=1$,$n_2=\sqrt{3}$ 和 n_3,1、2 和 2、3 的界面相互平行。一束自然光由介质 1 中入射,若在两个交界面上的反射光都是线偏振光。试求:(1)入射角多大?(2)折射率 n_3 为多少?

第五篇 | 电磁学

电磁学是研究电荷产生的电场、电流产生的磁场的基本规律，电场对电荷的作用、磁场对电流的作用规律，电场和磁场相互联系的基本规律，以及电磁场对实际物体影响而引起的各种效应及应用的一门学科。

电磁现象是自然界中普遍存在的一种现象，电磁相互作用是物质世界中最普遍的相互作用之一，电磁学知识是现代许多工程技术和科学研究的基础。对于电磁学的定量研究开始于 18 世纪，至 19 世纪中叶形成了以麦克斯韦方程组为核心的比较完备的经典电磁学理论，电磁学是继牛顿力学之后物理学理论的又一个重要的成果。

本篇包括 3 章内容：

第 12 章静电场，介绍静止电荷产生的电场的基本规律，电场对导体和电介质的影响，以及电场的能量等内容；第 13 章恒定磁场，介绍恒定电流产生的磁场的基本规律，磁场对电流的作用，以及磁场对磁介质的影响等内容；第 14 章电磁感应，介绍变化磁场产生电场的基本规律等内容。

第 12 章　静电场

相对于观察者静止的电荷所激发的电场称为静电场。电场对位于其中的电荷有力的作用，若电荷在电场力的作用下发生移动，则电场力对电荷作功，力和作功是电场的两个重要性质，为描述这两个性质我们引入两个重要的物理量：电场强度和电势。本章重点介绍电场强度和电势在静电场中的分布规律和特点。

12.1 电荷　库仑定律

电荷是自然界中存在的一种物质，本节主要介绍电荷的基本性质，以及反映电荷间相互作用力的基本规律——库仑定律。

12.1.1 电荷

人们对于电的认识最初来自于自然界中的雷电和摩擦起电现象，丝绸和玻璃棒、毛皮和橡胶棒摩擦后都具有吸引羽毛、纸屑等轻小物体的能力，我们把表现出这种能力的物体称为带电体，说它们带有电荷。实验指出：自然界中只存在两种电荷，即正电荷和负电荷，且这两种电荷之间的作用力表现为同种电荷相斥，异种电荷相吸。表示电荷多少的量叫做电量，在国际单位制(SI)中，电量的单位是库仑，用 C 表示。

为什么摩擦能使物体带电呢？组成任何物质的原子都具有带正电的质子和带负电的电子，质子集中在原子核内，电子在核外绕核运动，每个质子和每个电子的电量相等。正常状态下，原子的核内质子数和核外电子数相同，所以原子呈电中性，整个物体也呈电中性。物体间相互摩擦时，对电子束缚力弱的原子会失去一部分自己的核外电子，而对电子束缚力强的原子就会获得相应的多余电子，失去电子的原子成为带正电的离子，获得电子的原子成为带负电的离子，因而宏观上，物体中电子的总数和质子的总数不再相等，物体就不再具有电中性，而成为带正电或负电的带电体。

实验证明，无论是摩擦起电，还是感应带电，任何物体的带电过程都是使物体中原有的正、负电荷分离或转移的过程，一个物体失去一些电子，必然有其它物体获得这些电子。当一种电荷出现时，必然有相等量值的异号电荷同时出现;一种电荷消失时,必然有相等量值的异号电荷同时消失。据此,人们总结出电荷守恒定律:在一个孤立系统内,无论进行怎样的物理过程,系统内正、负电荷量的代数和总是保持不变。电荷守恒定律是自然界中几个基本守恒定律之一,无论是在宏观过程还是在微观过程中都适用。

实验还表明,电子是自然界中具有最小电荷的粒子,电子电量我们称为基本电量 $e=1.602\times10^{-19}$ C。其他任何带电体或微观粒子的电荷都是电子电量的整数倍,即物体所带电荷量只能是取分立的、不连续的值,这称为电荷的量子化。在实际的宏观过程中,我们遇到的电荷要比基本电量大得多,例如,额定电压为220V、功率为25W的灯泡正常工作时,每秒钟就有大约 7×10^{17} 个电子通过灯丝的横截面,对于这样大量的电荷,电荷的量子化是显示不出来的,因此宏观过程中,我们可以认为电荷是连续变化的,带电体可以当作是电荷连续分布的带电体。值得一提的是,近代物理从理论上预言:自然界中存在电荷为分数($\pm\frac{1}{3}e$ 或 $\pm\frac{2}{3}e$)的粒子(夸克或层子),中子和质子等是由夸克组成的,但至今人们还没有在实验中发现单独存在的夸克。不过,即使今后真的发现了单独存在的夸克,也不会改变电荷量子化的结论,只不过是基本电量需要重新定义而已。

12.1.2 库仑定律

物体带电之后的一个主要特征是带电体之间有相互作用力,一般说来,这个作用力不仅与它们所带电量及它们之间的距离有关,而且还与它们的形状、大小、电荷的分布情况以及周围的介质情况等有关。当带电体本身的线度与它们之间的距离相比足够小时,带电体可以看成是点电荷,即忽略带电体的形状、大小,而把带电体所带电量看成集中在一个“点”上。点电荷是个理想的物理模型,与力学中的质点一样,都是从实际中抽象出来的,提出这样模型的目的都是为了抓住问题的主要矛盾,使所研究的问题得以简化。

1785年,当时还是一位陆军上校的法国物理学家库仑利用他发明的精巧扭秤作了一系列的精细实验,定量测量了两个带电物体之间的相互作用力,总结出真空中点电荷间相互作用的规律,即库仑定律:真空中,两个静止点电荷之间相互作用力的大小与这两个点电荷所带电量 q_1 和 q_2 的乘积成正比,与它们之间的距离 r 的平方成反比。作用力的方向沿着两个点电荷的连线,同号电荷相斥,异号电荷相吸。根据库伦定律,点电荷间相互作用力 $\boldsymbol{F}$ 的大小可表示为

$$F=k\frac{q_1q_2}{r^2} \tag{12-1}$$

式中 k 为比例系数,若式(12-1)中各量都采用国际单位制(SI)中单位,则 $k=8.987\,5\times10^9\,\mathrm{N\cdot m^2\cdot C^{-2}}\approx9.0\times10^9\,\mathrm{N\cdot m^2\cdot C^{-2}}$。

为了使由库仑定律推导出的一些常用公式得以简化,我们引入一个新的

常数 ε_0，并令 $k=\frac{1}{4\pi\varepsilon_0}$，带入式(12-1)有

$$F=\frac{1}{4\pi\varepsilon_0}\frac{q_1q_2}{r^2} \tag{12-2}$$

式中 $\varepsilon_0=8.85\times10^{-12}\mathrm{C}^2\cdot\mathrm{N}^{-1}\cdot\mathrm{m}^{-2}$，称为真空中的介电常数(也称真空电容率)。

若要同时表达库仑力的大小和方向，可用库仑定律的矢量形式表示：

$$\boldsymbol{F}=\frac{1}{4\pi\varepsilon_0}\frac{q_1q_2}{r^2}\boldsymbol{r}_0 \tag{12-3}$$

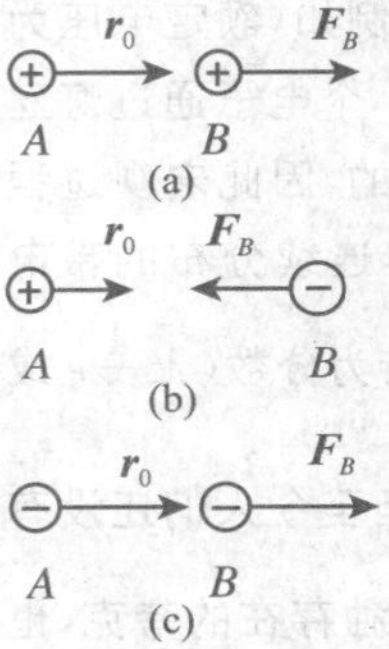

图 12-1　库仑力方向

式中，$\boldsymbol{r}_0$ 表示由施力电荷指向受力电荷的矢径方向的单位矢量。图 12-1 表示了几种情况下库仑力方向及两个点电荷性质之间的关系。

例题 12-1　氢原子由一个质子(即氢原子核)和一个电子组成，电子质量为 $m=9.11\times10^{-31}\,\mathrm{kg}$，质子质量为 $M=1.67\times10^{-27}\,\mathrm{kg}$。根据经典模型，在基态下，电子绕核作圆周运动，轨道半径 $r=5.30\times10^{-11}\,\mathrm{m}$。试求：氢原子中电子和质子之间的库仑力和万有引力，并比较这两种力的大小。

解　由于电子和质子之间的距离约为它们自身直径的 $10^4\sim10^5$ 倍，所以我们可以将电子和质子视为点电荷。根据库仑定律，及质子带电量为 $+e$，电子带电量为 $-e$，可得电子和质子之间相互吸引力的大小为

$$F=\frac{1}{4\pi\varepsilon_0}\frac{q_1q_2}{r^2}=\frac{1}{4\pi\varepsilon_0}\frac{e^2}{r^2}=9.0\times10^9\times\frac{(1.6\times10^{-19})^2}{(5.30\times10^{-11})^2}=8.20\times10^{-8}\,\mathrm{N}$$

根据万有引力定律，把电子和质子视为两个质点，得二者之间的万有引力大小为

$$F_{万}=G\frac{mM}{r^2}=6.67\times10^{-11}\times\frac{9.11\times10^{-31}\times1.67\times10^{-27}}{(5.30\times10^{-11})^2}=3.61\times10^{-47}\,\mathrm{N}$$

库仑力与万有引力的比值为

$$\frac{F}{F_{万}}=\frac{8.20\times10^{-8}}{3.61\times10^{-47}}=2.27\times10^{39}$$

可见，在原子内，库仑力要远大于万有引力，因此，以后在考虑原子内部电子和质子间的相互作用等问题时，可以仅考虑库仑力，而忽略万有引力的作用。

库仑定律仅适用于两个点电荷之间的作用。当空间同时存在几个点电荷时，某一个点电荷所受的库仑力等于其它各点电荷单独存在时作用在该点电荷上的库仑力的矢量和，这称为静电力的叠加原理。

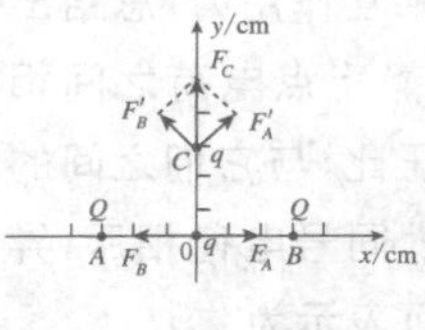

图 12-2　例题 12-2 用图

例题 12-2　如图 12-2 所示，在直角坐标系中 $A(-3,0)$、$B(3,0)$ 两点分别放置电量都为 $Q=3.0\times10^{-9}\,\mathrm{C}$ 的点电荷。现有另一点电荷 $q=1.0\times10^{-9}\,\mathrm{C}$ 欲放入此坐标系中。试求：(1)若把 q 放置在坐标原点处，此电荷所受的库仑力；(2)若把 q 放置 $C(0,3)$ 点，此电荷所受的库仑力。

解　(1)根据库仑定律，原点处电荷 q 受 A、B 处两点电荷作用力大小为

$$F_A=F_B=\frac{1}{4\pi\varepsilon_0}\frac{qQ}{r^2}=9.0\times10^9\times\frac{1.0\times10^{-9}\times3.0\times10^{-9}}{(3\times10^{-2})^2}=3.0\times10^{-5}\,\mathrm{N}$$

根据同种电荷相斥，可知 $\boldsymbol{F}_A$、$\boldsymbol{F}_B$ 方向如图 12-2 所示，则原点处电荷受的合力为

$$\boldsymbol{F}_0=\boldsymbol{F}_A+\boldsymbol{F}_B=0$$

(2)根据库仑定律,C 处电荷 q 受 A、B 两点电荷作用力的大小为

$$F'_A=F'_B=\frac{1}{4\pi\varepsilon_0}\frac{qQ}{r'^2}=9.0\times10^9\times\frac{1.0\times10^{-9}\times3.0\times10^{-9}}{(3\sqrt{2}\times10^{-2})^2}=1.5\times10^{-5}\,\text{N}$$

根据同种电荷相斥,可知 $\boldsymbol{F}'_A$、$\boldsymbol{F}'_B$ 方向如图 12-2 所示,则 C 处电荷受的合力为

$$\boldsymbol{F}_c=\boldsymbol{F}'_A+\boldsymbol{F}'_B=1.5\sqrt{2}\times10^{-5}\boldsymbol{j}=2.12\times10^{-5}\boldsymbol{j}\,\text{N}$$

练习题

1. 若在例题 12-2 中,把点电荷 q 放置在 $D(0,\ -3)$点。试求:此电荷受的库仑力。

2. 若在例题 12-2 中,把点电荷 q 放置在 $D(1,\ 0)$点。试求:此电荷受的库仑力。

12.2 电场　电场强度

电荷间的作用力是通过电场传递的。为描述电场的力学性质,本节我们引入电场强度这一物理量,并重点讨论点电荷、点电荷系、电荷连续分布带电体电场中场强分布规律。

12.2.1 电场

库仑定律给出了两个静止的点电荷之间电力的定量公式。我们知道,任何力的作用都离不开物质的传递,例如马拉车,马对车的拉力是通过绳子传递的。那么,电荷之间的作用力是通过什么传递的呢?历史上曾有过两种观点:一种是超距作用观点,认为电荷之间的作用力是不需要中介物质传递的,也不存在中间的传递过程,相互之间的作用力是瞬间传到对方的;另一种是近距作用观点或称场的观点,认为电荷之间的电力是需要中介物质传递的,也存在着传递的过程,相互之间作用力的传递具有相应的速度。随着电磁学的发展,理论和实验都证明了后一种观点是正确的,即电荷之间的作用力需要某种中介物质进行传递,这种中介物质我们称为电场(传递磁力的中介物质称为磁场)。

只要有电荷存在,在电荷的周围就存在电场,电场的基本特性是对位于其内的电荷有力的作用,这个力我们称为电场力。A、B 两个电荷相互作用时,A 电荷受到 B 电荷的作用力,实际上是 B 电荷在其周围激发电场,这个电场再对 A 电荷施加力的作用;同样,B 电荷受到 A 电荷的作用力,也是通过 A 电荷所激发的电场给 B 电荷作用力。这种电荷间的相互作用过程可以表示为

电荷↔电场↔电荷

电磁场也是物质存在的一种形式,与其他一切物质一样,电磁场也具有能量、动量、质量等属性。但电磁场与其他普通的物质有着明显的区别,那就

是:几个场可以同时占有同一空间,其他实物物质也可以置于电磁场中,电磁场具有可入性,所以说电磁场是一种特殊的物质。

12.2.2 电场强度

为了对电场进行定量研究,我们从电场对电荷施加力这一性质出发,引入一个描述电场力学性质的物理量——电场强度,简称场强。

可以利用实验电荷来研究电场中各点场强的分布情况。为了方便起见,通常规定实验电荷为正电荷,而且还应满足以下两个条件:一是实验电荷的电量 q_0 要足够小,当把它引入被测电场中时,在实验精度范围内,不会影响原有电场的分布;二是实验电荷的线度要足够小,可以把它视为点电荷,这样我们说实验电荷位于场中某点才有意义,才能利用它来确定场中某点的性质。

实验表明,把实验电荷 q_0 放在电场中某一给定点(称为场点)时,实验电荷所受电场力 $\boldsymbol{F}$ 的大小与实验电荷的电量成正比,即对于给定的场点,比值 $\dfrac{\boldsymbol{F}}{q_0}$ 具有确定的大小和方向,且与 q_0 无关;实验还表明,把实验电荷放在不同的场点,比值 $\dfrac{\boldsymbol{F}}{q_0}$ 一般具有不同的大小和方向。可见,比值 $\dfrac{\boldsymbol{F}}{q_0}$ 是一个只与场点位置有关,而与实验电荷无关的量,是场点的位置函数,这个函数能够反映电场自身的客观属性,因此,我们可以将比值 $\dfrac{\boldsymbol{F}}{q_0}$ 定义为电场强度,用 $\boldsymbol{E}$ 表示,即

$$\boldsymbol{E}=\frac{\boldsymbol{F}}{q_0} \tag{12-4}$$

式(12-4)称为场强的定义式,从此式可知:(1)在国际单位制中,场强的单位是牛/库($\mathrm{N\cdot C^{-1}}$);(2)场强是矢量,电场中某点的场强方向与该处正电荷所受电场力的方向一致;(3)在电场中某点场强的大小在量值上等于单位正电荷在该点所受电场力的大小。

根据场强的定义,一个带有电量 q 的点电荷在电场中受的电场力应等于电荷的电量乘以该处的场强,即

$$\boldsymbol{F}=q\boldsymbol{E} \tag{12-5}$$

可见,正电荷在电场中所受电场力与该处场强方向一致,负电荷所受电场力与该处场强方向相反。在应用式(12-5)计算电场力时,一般我们先用其标量形式 $F=|q|E$ 计算电场力的大小,然后再根据场强的方向及电荷的性质判明电场力的方向。

例题 12-3 已知匀强电场场强的大小为 $E=1\times10^3\ \mathrm{N\cdot C^{-1}}$,方向水平向右。现在此电场中放入一点电荷,试求下列情况中,点电荷所受电场力的大小和方向:(1) $q=9\times10^{-5}\ \mathrm{C}$;(2) $q'=-6\times10^{-5}\ \mathrm{C}$。

解 (1)根据电场力 $\boldsymbol{F}=q\boldsymbol{E}$,得电荷 q 受力大小为

$$F=qE=9\times10^{-5}\times1\times10^3=9\times10^{-2}\ \mathrm{N}$$

正电荷受力方向与场强方向一致,即水平向右;

(2)根据电场力 $\boldsymbol{F}=q\boldsymbol{E}$，得电荷 q' 受力大小为

$$F'=q'E=6\times10^{-5}\times1\times10^{3}=6\times10^{-2}\,\mathrm{N}$$

负电荷受力方向与场强方向相反，即水平向左。

12.2.3 点电荷电场的场强

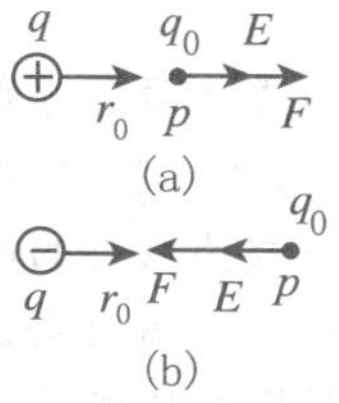

图 12-3 点电荷电场的场强

如图 12-3 所示，把实验电荷 q_0 放入真空中点电荷 q 的电场中 P 点。用 r 表示 q 与 q_0 间的距离，$\boldsymbol{r}_0$ 表示从 q 指向 P 点的单位矢量。根据库仑定律，q_0 在 P 点所受电场力的矢量形式为

$$\boldsymbol{F}=\frac{1}{4\pi\varepsilon_0}\frac{q_0q}{r^2}\boldsymbol{r}_0$$

将此式带入场强的定义式(12-4)，得点电荷 q 的电场中 P 点场强为

$$\boldsymbol{E}=\frac{1}{4\pi\varepsilon_0}\frac{q}{r^2}\boldsymbol{r}_0 \tag{12-6}$$

式(12-6)表示的是点电荷电场中任意一点的场强，由此式可知：(1)点电荷电场中某点场强的大小与场源电荷的电量 q 成正比，与该点到场源电荷的距离 r 的平方成反比；(2)场强方向沿场源电荷与该点的连线方向，且 q 为正电荷时，场强方向与 $\boldsymbol{r}_0$ 方向一致，即背离场源电荷，如图 12-3(a)所示；q 为负电荷时，场强方向与 $\boldsymbol{r}_0$ 方向相反，即指向场源电荷如图 12-3(b)所示；(3)以 q 为球心的球面上各点，场强的大小相等，但方向不同，分别沿以场源电荷为球心的该点所在球面的半径方向，即点电荷的电场中场强是球对称、非均匀分布的。

例题 12-4 已知场源电荷电量为 $q=9\times10^{-6}\,\mathrm{C}$。试求：(1)距离场源电荷 $r_1=3\mathrm{cm}$ 处 A 点的场强；(2)距离场源电荷 $r_2=9\mathrm{cm}$ 处 B 点的场强。

解 (1)根据点电荷电场中场强 $\boldsymbol{E}=\frac{1}{4\pi\varepsilon_0}\frac{q}{r^2}\boldsymbol{r}_0$，可得 A 点处场强的大小为

$$E_1=\frac{1}{4\pi\varepsilon_0}\frac{q}{r_1^2}=9\times10^{9}\times\frac{9\times10^{-6}}{0.03^2}=9\times10^{7}\ \mathrm{N\cdot C^{-1}}$$

场强方向沿径向指向外侧；

(2)根据点电荷电场中场强 $\boldsymbol{E}=\frac{1}{4\pi\varepsilon_0}\frac{q}{r^2}\boldsymbol{r}_0$，可得 B 点处场强的大小为

$$E_2=\frac{1}{4\pi\varepsilon_0}\frac{q}{r_2^2}=9\times10^{9}\times\frac{9\times10^{-6}}{0.09^2}=1\times10^{7}\,\mathrm{N\cdot C^{-1}}$$

场强方向沿径向指向外侧。

由此例可以看出，在正的点电荷电场中，距离场源电荷越远的点，场强越小，无限远处，场强为零。

12.2.4 场强叠加原理

在 n 个点电荷 q_1、q_2、…q_n 共同激发的电场中，根据力的叠加原理，实验

电荷 q_0 在场中某点 P 处受的电场力为

$$\boldsymbol{F}=\boldsymbol{F}_1+\boldsymbol{F}_2+\cdots+\boldsymbol{F}_n=\sum_{i=1}^{n}\boldsymbol{F}_i$$

式中 $\boldsymbol{F}_1$、$\boldsymbol{F}_2$、…$\boldsymbol{F}_n$ 分别代表 q_1、q_2、…q_n 单独存在时 q_0 所受的电场力，将此式带入场强的定义式(12-4)，得

$$\boldsymbol{E}=\boldsymbol{E}_1+\boldsymbol{E}_2+\cdots+\boldsymbol{E}_n=\sum_{i=1}^{n}\boldsymbol{E}_i \tag{12-7}$$

式中 $\boldsymbol{E}_1$、$\boldsymbol{E}_2$、…$\boldsymbol{E}_n$ 分别代表 q_1、q_2、…q_n 单独存在时在 P 点产生的场强，而 $\boldsymbol{E}$ 表示它们同时存在时 P 点的合场强。式(12-7)表明：点电荷系所激发的电场中任意一点的场强等于各点电荷单独存在时在该点各自产生场强的矢量和，这就是场强叠加原理。

任何带电体都可以看作是许多点电荷的集合，因此，应用场强叠加原理原则上可以计算任何带电体激发电场的场强。应用场强叠加原理时应当注意：场强叠加是矢量叠加，要用矢量加法计算，对于各分场强方向不在同一条直线上的情况，一般需要先建立坐标系，分别计算场强在坐标轴上的分量之和，再求总场强。

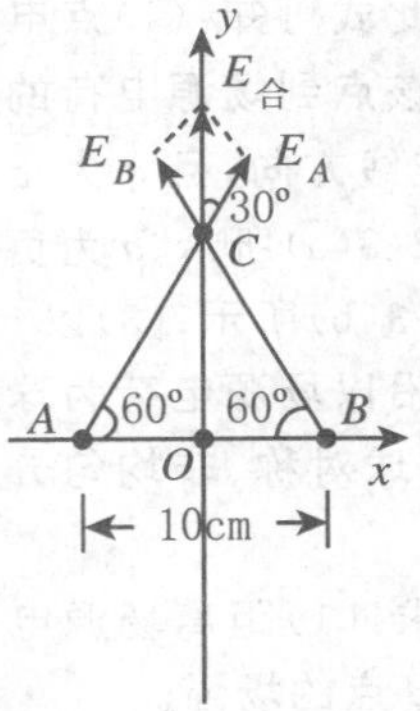

图 12-4 例题 12-5 用图

例题 12-5 如图 12-4 所示，在边长为 10cm 的等边三角形的两个顶点 A、B 处分别放置电量都为 $q=5.0\times10^{-9}\text{C}$ 的点电荷。试求：C 点的电场强度。

解 以 A、B 连线中点为原点建立坐标系，如图 12-4 所示。根据点电荷电场场强公式 $\boldsymbol{E}=\dfrac{1}{4\pi\varepsilon_0}\dfrac{q}{r^2}\boldsymbol{r}_0$，得 A、B 处点电荷在 C 点的场强大小为

$$E_A=E_B=\frac{1}{4\pi\varepsilon_0}\frac{q}{r^2}=9.0\times10^9\times\frac{5.0\times10^{-9}}{(10\times10^{-2})^2}=4.5\times10^3\,\text{N}\cdot\text{C}^{-1}$$

$\boldsymbol{E}_A$、$\boldsymbol{E}_B$ 方向如图 12-4 所示。

根据场强叠加原理，$\boldsymbol{E}=\boldsymbol{E}_1+\boldsymbol{E}_2+\cdots+\boldsymbol{E}_n=\sum_{i=1}^{n}\boldsymbol{E}_i$ 可求 C 点的场强在 x 轴、y 轴分量分别为为

$$E_x=E_{Ax}+E_{Bx}=0$$

$$E_y=E_{Ay}+E_{By}=2E_{Ay}=2\times\frac{\sqrt{3}}{2}\times4.5\times10^3=7.79\times10^3\,N\cdot C^{-1}$$

因此 C 点的场强为

$$\boldsymbol{E}=E_x\boldsymbol{i}+E_y\boldsymbol{j}=7.79\times10^3\boldsymbol{j}\,\text{N}\cdot\text{C}^{-1}$$

12.2.5 电荷连续分布带电体的电场场强

对于任意的电荷连续分布的带电体，我们可以把它看成由许多个可视为点电荷的电荷元 $\mathrm{d}q$ 组成，$\mathrm{d}q$ 在电场中某点 P 处产生的场强为

$$\mathrm{d}\boldsymbol{E}=\frac{1}{4\pi\varepsilon_0}\frac{\mathrm{d}q}{r^2}\boldsymbol{r}_0$$

式中 r 表示电荷元 $\mathrm{d}q$ 到场点 P 处的距离，$\boldsymbol{r}_0$ 表示电荷元 $\mathrm{d}q$ 到场点 P 处的单位矢量。根据场强叠加原理，整个带电体在 P 点产生的场强为

$$E=\int \mathrm{d}\boldsymbol{E}=\frac{1}{4\pi\varepsilon_0}\int\frac{\mathrm{d}q}{r^2}\boldsymbol{r}_0 \tag{12-8}$$

等式右边的积分要遍及整个场源电荷分布的空间。当电荷分布在细长线状的带电体上时，可用 λ 表示单位长度上的电荷量，称为电荷线密度；如果电荷分布在平面或者曲面形状的带电体上时，可用 σ 表示单位面积上的电荷量，称为电荷面密度；如果电荷分布在某一体积内，可用 ρ 表示单位体积上的电荷量，称为电荷体密度。在具体问题中，我们可以根据以上三种不同情况，把带电体上的电荷元表示为

$$\mathrm{d}q=\begin{cases}\lambda\mathrm{d}l & \text{线分布}\\ \sigma\mathrm{d}S & \text{面分布}\\ \rho\mathrm{d}V & \text{体分布}\end{cases}$$

式中 $\mathrm{d}l$、$\mathrm{d}S$、$\mathrm{d}V$ 分别表示线元、面积元和体积元。

式(12-8)是一个矢量积分式，计算时，若各 $\mathrm{d}\boldsymbol{E}$ 方向不在同一条直线上，应根据具体情况建立合适的坐标系，先根据式(12-8)积分求出场强在各坐标轴上的分量，再利用矢量加法计算合场强。

例题 12-6 一长度为 L 的均匀带电直线段，电荷线密度为 λ，线段外一点 P 到线段的垂直距离为 d，P 点同线段的两个端点的连线与线段之间的夹角分别为 θ_1、θ_2，如图 12-5 所示。试求：P 点处的电场强度。

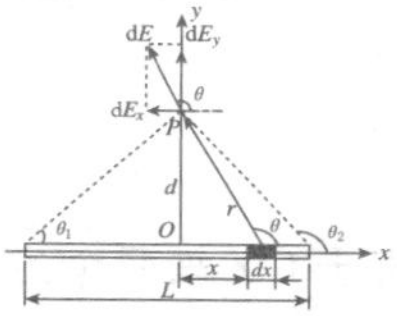

图 12-5 例题 12-5 用图

解 带电体电荷呈线分布，在带电体上取电荷元 $\mathrm{d}q$，由于各 $\mathrm{d}q$ 在 P 点产生的场强 $\mathrm{d}\boldsymbol{E}$ 方向不在同一直线上，因此，以 P 点到线段的垂足为原点，建立直角坐标系，如图 12-5 所示。线段上电荷元可表示为 $\mathrm{d}q=\lambda\mathrm{d}x$，$\mathrm{d}q$ 在 P 点产生场强 $\mathrm{d}\boldsymbol{E}$ 的大小为

$$\mathrm{d}E=\frac{1}{4\pi\varepsilon_0}\frac{\mathrm{d}q}{r^2}=\frac{1}{4\pi\varepsilon_0}\frac{\lambda\mathrm{d}x}{r^2}$$

设 r 与 x 轴正向的夹角为 θ，则 $\mathrm{d}\boldsymbol{E}$ 在各坐标轴上的分量为

$$\mathrm{d}E_x=\mathrm{d}E\cos\theta=\frac{1}{4\pi\varepsilon_0}\frac{\lambda\mathrm{d}x}{r^2}\cos\theta$$

$$\mathrm{d}E_y=\mathrm{d}E\sin\theta=\frac{1}{4\pi\varepsilon_0}\frac{\lambda\mathrm{d}x}{r^2}\sin\theta$$

为下一步积分运算方便，我们需要统一积分变量，根据图中几何关系，有

$$x=\mathrm{d}\cot(\pi-\theta)=-\mathrm{d}\cot\theta$$

则
$$\mathrm{d}x=\mathrm{d}\csc^2\theta\mathrm{d}\theta$$

又
$$r^2=\mathrm{d}^2\csc^2\theta$$

带入 $\mathrm{d}\boldsymbol{E}$ 分量式中，统一积分变量，有

$$\mathrm{d}E_x=\frac{1}{4\pi\varepsilon_0}\frac{\lambda}{d}\cos\theta\mathrm{d}\theta$$

$$\mathrm{d}E_y=\frac{1}{4\pi\varepsilon_0}\frac{\lambda}{d}\sin\theta\mathrm{d}\theta$$

积分运算，得 P 点场强在坐标轴上的分量分别为

$$E_x=\int \mathrm{d}E_x=\int_{\theta_1}^{\theta_2}\frac{1}{4\pi\varepsilon_0}\frac{\lambda}{\mathrm{d}}\cos\theta\mathrm{d}\theta=\frac{1}{4\pi\varepsilon_0}\frac{\lambda}{\mathrm{d}}(\sin\theta_2-\sin\theta_1)$$

$$E_y=\int \mathrm{d}E_y=\int_{\theta_1}^{\theta_2}\frac{1}{4\pi\varepsilon_0}\frac{\lambda}{\mathrm{d}}\sin\theta\mathrm{d}\theta=\frac{1}{4\pi\varepsilon_0}\frac{\lambda}{\mathrm{d}}(\cos\theta_1-\cos\theta_2)$$

根据矢量加法，得 P 点场强的矢量形式

$$\boldsymbol{E}=E_x\boldsymbol{i}+E_y\boldsymbol{j}=\frac{1}{4\pi\varepsilon_0}\frac{\lambda}{\mathrm{d}}(\sin\theta_2-\sin\theta_1)\boldsymbol{i}+\frac{1}{4\pi\varepsilon_0}\frac{\lambda}{\mathrm{d}}(\cos\theta_1-\cos\theta_2)\boldsymbol{j}$$

如果带电体为无限长均匀带电直线，有 $\theta_1\to 0,\theta_2\to\pi$，则有

$$\boldsymbol{E}=E_x\boldsymbol{i}+E_y\boldsymbol{j}=0+\frac{1}{2\pi\varepsilon_0}\frac{\lambda}{\mathrm{d}}\boldsymbol{j}=\frac{\lambda}{2\pi\varepsilon_0\mathrm{d}}\boldsymbol{j}$$

即：场强的大小与电荷的线密度成正比，与该点到直线的距离成反比；场强的方向垂直于带电直线，且当电荷为正电荷时，P 点场强指向外侧，当电荷为负电荷时，P 点场强指向带电直线。

例题 12-7 真空中一均匀带电圆环，半径为 R，带电量为 q。试求：轴线上任意一点 P 处的场强。

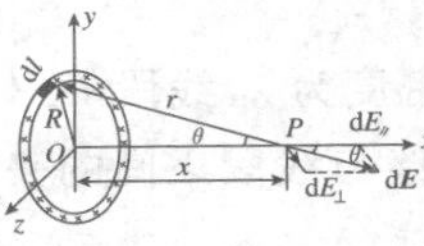

图 12-6 例题 12-7 用图

解 在圆环上取电荷元 $\mathrm{d}q=\lambda\mathrm{d}l$，由于各 $\mathrm{d}q$ 在 P 点产生的场强 $\mathrm{d}\boldsymbol{E}$ 方向不在同一直线上，因此，以环心为原点，轴线方向为坐标轴正向，建立坐标轴，如图 12-6 所示。$\mathrm{d}\boldsymbol{E}$ 的大小为

$$\mathrm{d}E=\frac{1}{4\pi\varepsilon_0}\frac{\mathrm{d}q}{r^2}$$

由于电荷分布对 P 点呈轴对称性，故将 $\mathrm{d}\boldsymbol{E}$ 沿平行、垂直于 $\mathrm{O}x$ 轴两个方向进行分解，得 $\mathrm{d}E_{//}$ 和 $\mathrm{d}E_{\perp}$。

各电荷元在 P 点的垂直于 $\mathrm{O}x$ 轴的分量由于对称性而相互抵消，可得

$$E_{\perp}=\int \mathrm{d}E_{\perp}=0$$

因此 P 点场强的大小为

$$E=E_{//}=\int\frac{\lambda\mathrm{d}l}{4\pi\varepsilon_0 r^2}\cos\theta=\frac{\lambda\cos\theta}{4\pi\varepsilon_0 r^2}\int_0^{2\pi R}\mathrm{d}l=\frac{q\cos\theta}{4\pi\varepsilon_0 r^2}=\frac{qx}{4\pi\varepsilon_0(x^2+R^2)^{3/2}}$$

由此式可以看出：(1)当圆环带正电荷时，场强的方向沿 $\mathrm{O}x$ 轴正向，当圆环带负电荷时，场强的方向沿 $\mathrm{O}x$ 轴负向；(2)若 $x=0$，则 $E=0$，即圆环的环心处场强为零。这是容易理解的，电荷关于环心对称分布，因此它们在环心处场强互相抵消；(3)若 $x\gg R$，则 $E=\dfrac{q}{4\pi\varepsilon_0 x^2}$，即在远离环心处，场强近似等于点电荷的场强。这也是容易理解的，因为此时带电体的尺度相对于研究的距离而言足够小，带电体可以认为是电荷集中于环心的点电荷。

练习题

1. 两个等值异号的点电荷 $+q$、$-q$，当它们之间的距离 r_e 比起所讨论场点到它们二者的距离小得多时，这一对点电荷称为电偶极子。连结两电荷的直线称为电偶极子的轴线，由 $-q$ 指向 $+q$ 的矢量 $\boldsymbol{r}_e$ 方向为轴的正向，$q\boldsymbol{r}_e$ 称

为电偶极矩，简称电矩，用 $\boldsymbol{P}$ 表示，即 $\boldsymbol{P}=q\boldsymbol{r}_e$。试求：(1)电偶极子轴线的延长线上与电荷连线中点相距为 x 处一点的场强；(2)电偶极子轴线的中垂线上与垂足相距为 y 处一点的场强。

2. 真空中一均匀带电半圆环，半径为 R，电荷线密度为 λ。试求：环心处电场强度。

12.3 电通量　静电场中的高斯定理

虽然应用场强叠加原理原则上能够求解任何一个电场的场强分布情况，但由于实际问题中积分运算的不易处理，使得一些电场的场强应用叠加原理难以计算，甚至不能计算。本节我们将介绍求解场强的另一种常用方法——静电场的高斯定理，并通过高斯定理进一步分析静电场的性质。

12.3.1 电场线

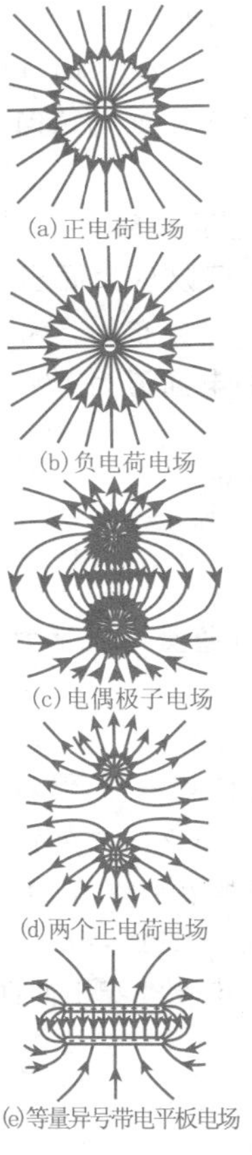

(a)正电荷电场

(b)负电荷电场

(c)电偶极子电场

(d)两个正电荷电场

(e)等量异号带电平板电场

图 12-7　几种常见电场的电场线图

前面，我们描述电场中场强的分布情况时，都是通过场强的函数式来描述的，这种描述方案虽然精确，但比较抽象。对于电场中场强的分布情况，还有一套比较形象的描述方案，即通过在电场中作出一些假想的线——电场线(又称 $\boldsymbol{E}$ 线)来描述场强的分布。为了使电场线能够描述出电场中各点场强 $\boldsymbol{E}$ 的大小和方向，对电场线作如下规定：

(1)电场线上每一点的切线方向与该点场强 $\boldsymbol{E}$ 的方向一致。

(2)在任意一个场点，电场线的疏密反映该处场强 $\boldsymbol{E}$ 的大小。为定量表达 $\boldsymbol{E}$ 的大小，规定：场强 $\boldsymbol{E}$ 的大小在量值上等于该处垂直于场强线的单位面积上的电场线条数。设通过电场中某点且垂直于该点场强方向的无限小面积元 $\mathrm{d}S$ 的电场线条数为 $\mathrm{d}\Phi_e$，按上述规定，应有

$$E=\frac{\mathrm{d}\Phi_e}{\mathrm{d}S} \tag{12-9}$$

式中各量都采用国际单位制中单位。由此式看出，电场中电场线越密集的地方场强越大。

电场线是为了形象描述场强分布而人为引入的，在实际中，电场线并不存在，但借助于实验手段可以将电场线模拟出来。例如在油上浮一些草籽，放在静电场中，草籽就会排出电场线的形状。图 12-7 给出了几种根据实验模拟结果及根据电场线规定作出的电场线图。

从图 12-7 中，可以看出电场线具有如下性质：

(1)电场线不闭合，也不会在无电荷处中断。电场线起自正电荷，止于负电荷；或如图 12-7(a)所示，电场线从正电荷起，伸向无穷远处；或如图 12-7(b)所示，电场线来自于无穷远，而止于负电荷。

(2)任何两条电场线都不相交。这一点可以用反证法给予说明：若两条电场线可以相交，则相交处会有两个电场线的切线方向，即该处有两个场强方向，此结论与

电场中任意一点场强方向是唯一的这一客观事实相矛盾,因此电场线不能相交。

12.3.2 电场强度通量

通过电场中给定面的电场线条数称为通过该面的电场强度通量,简称电通量,用符号 Φ_e 表示。通量是描述矢量场的一个重要概念,不同情况中应采用不同的计算公式。

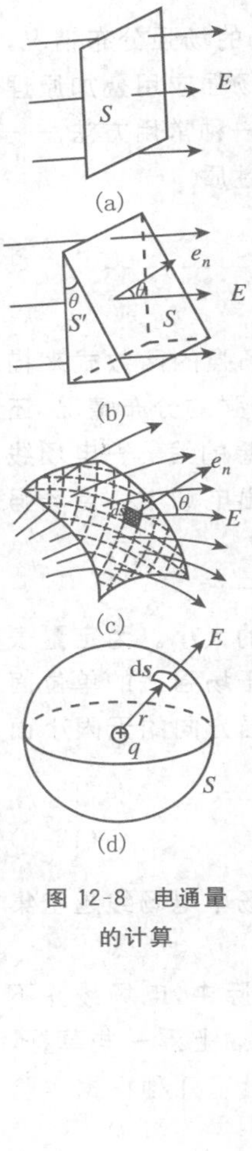

图 12-8 电通量的计算

1. 均匀电场中,通过垂直于电场线平面的电通量

均匀电场中电场线是一系列均匀分布的平行直线,根据前面关于电场线疏密的规定:场强 $\boldsymbol{E}$ 的大小在量值上等于该处垂直于场强线的单位面积上的电场线条数,由图 12-8(a)可知,均匀电场中通过垂直于电场线方向的平面 S 的电通量为

$$\Phi_e = ES \tag{12-10}$$

2. 均匀电场中,通过法向 $\boldsymbol{e}_n$ 与电场线成 θ 角平面的电通量

由图 12-8(b)所示,平面 S 在垂直于电场线方向上的投影面积为 S',$S'=S\cos\theta$,通过平面 S 的电通量应等于通过平面 S' 的电通量,即

$$\Phi_e = ES' = ES\cos\theta = \boldsymbol{E}\cdot\boldsymbol{S} \tag{12-11}$$

式中:$\boldsymbol{S}=S\boldsymbol{e}_n$,称为面积矢量,其大小等于面积 S,方向为该平面的法向。

3. 非均匀电场中,或者通过任意曲面的电通量

如图 12-8(c)所示,在非均匀电场中,或者计算曲面的电通量时,可以把该面划分成无数个小的面积元 $\mathrm{d}\boldsymbol{S}$,由于面积元无限小,因此可以认为面积元是一个小的平面,而且可以认为在面积元所在处场强 $\boldsymbol{E}$ 是均匀分布的。设面积元的法向与该处场强方向的夹角为 θ,则通过面积元 $\mathrm{d}\boldsymbol{S}$ 的电通量为

$$\mathrm{d}\Phi_e = \boldsymbol{E}\cdot\mathrm{d}\boldsymbol{S}$$

通过整个曲面的电通量等于通过所有面元电通量之和,即

$$\Phi_e = \iint_S \mathrm{d}\Phi_e = \iint_S \boldsymbol{E}\cdot\mathrm{d}\boldsymbol{S} = \iint_S E\cos\theta\mathrm{d}S \tag{12-12}$$

如果曲面是闭合的,如图 12-8(d)所示,则通过曲面的电通量可表示为

$$\Phi_e = \oint\!\!\!\oint_S \boldsymbol{E}\cdot\mathrm{d}\boldsymbol{S} = \oint\!\!\!\oint_S E\cos\theta\mathrm{d}S \tag{12-13}$$

必须说明的是:对于非闭合曲面,面的法向可以取曲面的任意一侧,但对于闭合曲面,通常规定自内向外为面的法向,所以,当电场线从曲面之内向外穿出时,对应的 $0°\leqslant\theta<90°$,则 $\Phi_e>0$;当电场线与曲面平行时,对应的 $\theta=90°$,则 $\Phi_e=0$;当电场线从曲面之外向内穿入时,对应的 $90°<\theta\leqslant180°$,则 $\Phi_e<0$。或者反过来说,当 $\Phi_e>0$ 时,说明有电场线穿出曲面;当 $\Phi_e=0$ 时,说明没有电场线穿出曲面;当 $\Phi_e<0$ 时,说明有电场线穿入曲面。

12.3.3 静电场中的高斯定理

下面我们根据式(12-13),计算几种电场中闭合曲面的电通量,通过对闭

合曲面电通量的进一步研究以及对结果的归纳，我们可以得到一个静电场中的重要定理，进而更深入地了解静电场的性质。

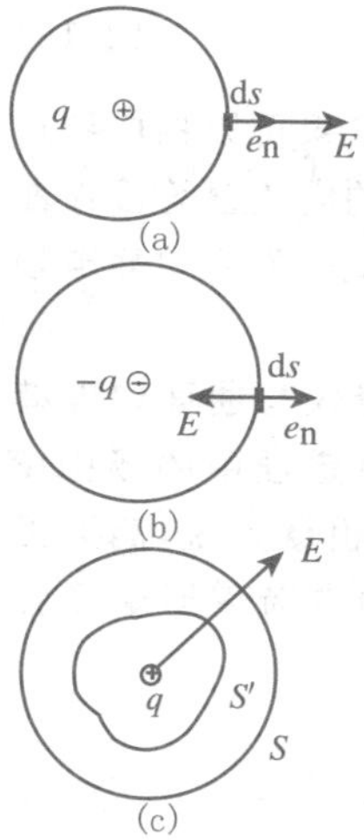

图 12-9 高斯定理推导用图

(1)电量为 q 点电荷电场中，通过以 q 为球心、半径为 R 的球面的电通量。

如图 12-9(a)所示，设场源电荷 q 为正电荷，根据点电荷电场场强分布特点，可知，球面上各点场强的大小均为

$$E=\frac{q}{4\pi\varepsilon_0 R^2}$$

方向都与该处面积元 d$\boldsymbol{S}$ 的法向相同，即二者的夹角 θ 为零，通过整个球面的电通量为

$$\Phi_e=\oint\!\!\!\oint_S \boldsymbol{E}\cdot \mathrm{d}\boldsymbol{S}=\oint\!\!\!\oint_S \frac{q}{4\pi\varepsilon_0 R^2}\mathrm{d}S=\frac{q}{4\pi\varepsilon_0 R^2}\oint\!\!\!\oint_S \mathrm{d}S=\frac{q}{\varepsilon_0} \qquad (12\text{-}14)$$

若场源电荷为负电荷($q<0$)，如图 12-9(b)所示，则闭合曲面上场强大小为

$$E=\frac{|q|}{4\pi\varepsilon_0 R^2}$$

场强方向与该处面积元 d$\boldsymbol{S}$ 的法向相反，即二者的夹角 θ 为 π，通过整个球面的电通量为

$$\Phi_e=\oint\!\!\!\oint_S \boldsymbol{E}\cdot \mathrm{d}\boldsymbol{S}=\oint\!\!\!\oint_S -\frac{|q|}{4\pi\varepsilon_0 R^2}\mathrm{d}S=\frac{q}{4\pi\varepsilon_0 R^2}\oint\!\!\!\oint_S \mathrm{d}S=\frac{q}{\varepsilon_0}$$

可见，无论场源电荷是正还是负，穿过球面的电通量都可以写为 $\frac{q}{\varepsilon_0}$，且电通量只与曲面内电荷有关，而与球面的半径无关。

(2)电量为 q 点电荷电场中，通过任意包围点电荷的闭合面的电通量。

对于任意包围电荷 q 的闭合曲面 S'，我们都可以作一个包围此曲面的、以点电荷为球心的球面 S，因为电场线不会在无电荷处中断，所以穿过 S' 面的电场线条数应与穿过 S 面的电场线条数相同，如图 12-9(c)所示，即通过 S' 面的电通量应与式(12-14)结果相同，也可写为

$$\Phi_e=\oint\!\!\!\oint_S \boldsymbol{E}\cdot \mathrm{d}\boldsymbol{S}'=\frac{q}{\varepsilon_0}$$

(3)任意不包围电荷的闭合面的电通量。

若点电荷在闭合曲面外，由电场线的连续性可知，穿入该曲面的电场线条数应与穿出该曲面的电场线条数相等，又因电场线穿入曲面时，电通量为负，穿出曲面时，电通量为正，则通过整个闭合曲面的电通量为零。即

$$\Phi_e=\oint\!\!\!\oint_S \boldsymbol{E}\cdot \mathrm{d}\boldsymbol{S}=0$$

可见，如果式(12-14)的结果中 q 理解为闭合曲面内的电荷，则式(12-14)可以概括以上三种情况。

(4)n 个点电荷组成的点电荷系电场中，通过内部包围 $m(m\leqslant n)$ 个点电荷的闭合曲面的电通量。

根据场强叠加原理，可得通过此曲面的电通量为

$$\Phi_e = \oint\!\!\!\oint_S \boldsymbol{E} \cdot \mathrm{d}\boldsymbol{S} = \oint\!\!\!\oint_S (\boldsymbol{E}_1 + \boldsymbol{E}_2 + \cdots\cdots + \boldsymbol{E}_n) \cdot \mathrm{d}\boldsymbol{S}$$

$$= \frac{q_1}{\varepsilon_0} + \frac{q_2}{\varepsilon_0} + \cdots + \frac{q_m}{\varepsilon_0} = \frac{1}{\varepsilon_0}\sum_{i=1}^{m} q_i \qquad (12\text{-}15)$$

可见,式(12-15)概括了以上所有的情况,而且此式的结果可以推广到真空中任意电场之中。此式表明,真空中通过任意闭合曲面的电通量等于该曲面内包围的所有电荷的代数和除以真空的介电常数 ε_0,这就是真空中静电场的高斯定理,相应的,闭合曲面我们一般习惯称为高斯面。

高斯定理中 q_i 为高斯面内的电荷,即高斯面的电通量仅与曲面内电荷代数和有关,而与曲面外电荷无关。需要指出的是,高斯定理中的场强 $\boldsymbol{E}$ 是高斯面上各点的场强,它与高斯面内外的电荷都有关,也就是说,高斯面内的电荷影响电通量,也影响面上的场强,而高斯面外的电荷仅影响场强的分布,不影响整个面的电通量。

12.3.4 高斯定理的物理意义

高斯定理最早是德国数学家和物理学家高斯从理论上给予证明的,高斯定理给出了电场中电通量与激发电场的电荷之间的关系,即场与源的关系,具体分析如下。

(1)若闭合曲面内包含正电荷,根据高斯定理,则通过该曲面的电通量为正,说明有电场线穿出曲面;反过来,若有电场线穿出高斯面,电通量为正,则根据高斯定理,曲面内必有正电荷。可见,电场线起于正电荷,正电荷是电场线的源头。

(2)若闭合曲面内包含负电荷,根据高斯定理,则通过该曲面的电通量为负,说明有电场线穿入曲面;反过来,若有电场线穿入高斯面,电通量为负,则根据高斯定理,曲面内必有负电荷。可见,电场线止于负电荷,负电荷是电场线的尾闾。

(3)若闭合曲面没有包含电荷,根据高斯定理,则通过该曲面的电通量为零,说明要么没有电场线穿过曲面,要么有多少电场线穿入曲面,就有多少电场线穿出曲面,即电场线不会在没有电荷的区域中断。

综上分析,高斯定理说明正电荷是发出电通量的源,负电荷是吸收电通量的源,静电场是有源场,这是静电场的一个基本属性。

高斯定理虽然是以库仑定律为基础建立的,但库仑定律仅适用于静电场,而高斯定理不仅适用于静电场,还适用于变化的电场,高斯定理是电磁场的基本定理之一。

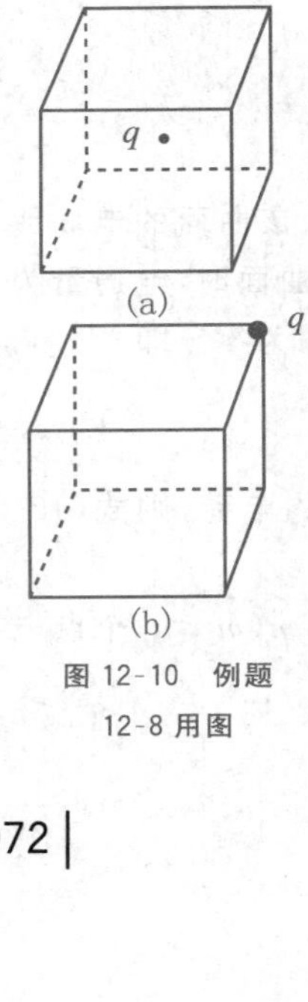

图 12-10 例题 12-8 用图

例题 12-8 如图 12-10(a)所示,真空中一个点电荷 q 置于立方体的中心。试用高斯定理求此立方体各面的电通量。

解 以立方体的表面构成的闭合面为高斯面,根据高斯定理,此高斯面的电通量为

$$\Phi_e = \oint\!\!\!\oint_S \boldsymbol{E} \cdot \mathrm{d}\boldsymbol{S} = \frac{q}{\varepsilon_0}$$

立方体的六个表面呈对称分布，因此每个面的电通量为整个高斯面电通量的六分之一，即每个面的电通量为

$$\Phi_e=\frac{1}{6}\Phi_e=\frac{q}{6\varepsilon_0}$$

练习题

例题 12-8 中，若点电荷置于立方体的一个顶点处，如图 12-10(b)所示。试求：立方体各面的电通量。

12.4 高斯定理的应用

静电场中的高斯定理不仅反映了静电场是有源场这一性质，而且由于高斯定理确立了静电场中任一闭合曲面的电场强度通量与该曲面内所包围电荷代数和之间的数量关系，因而我们会很自然地思考这样一个问题：能否利用高斯定理来确定静电场中的场强分布情况呢？在什么情况下可以应用其求解场强呢？

12.4.1 应用高斯定理求解场强的第一种适用情况

若把高斯定理的数学表达式 $\oint\!\!\oint_S \boldsymbol{E}\cdot \mathrm{d}\boldsymbol{S}=\frac{1}{\varepsilon_0}\sum q_i$ 视为一个含有未知数 $\boldsymbol{E}$ 的方程，则解此方程求 $\boldsymbol{E}$ 的关键应是对方程左侧的积分表达式进行化简。根据数学知识有

$$\oint\!\!\oint_S \boldsymbol{E}\cdot d\boldsymbol{S}=\oint\!\!\oint_S E\cos\theta \mathrm{d}S$$

式中，E 为面积元 $\mathrm{d}\boldsymbol{S}$ 所在处的场强大小；θ 为面积元所在处 $\boldsymbol{E}$ 与 $\mathrm{d}\boldsymbol{S}$ 法向的夹角。如果在某种特殊的静电场中，我们可以选择一个特殊的高斯面(如点电荷电场中以点电荷为球心的球面)，使得这个高斯面上每处面积元的法向都与场强夹角为零，即处处 $\theta=0$，而且面元所在处场强大小处处相等，则上面的表达式可进一步化简为

$$\oint\!\!\oint_S \boldsymbol{E}\cdot \mathrm{d}\boldsymbol{S}=\oint\!\!\oint_S E\cos\theta \mathrm{d}S=E\oint\!\!\oint_S \mathrm{d}S=ES$$

式中，S 为所选择高斯面的面积，其值易求。把此结果与高斯定理的右侧结合一起，则可得高斯面所在处场强大小为

$$E=\frac{1}{S}\frac{\sum q_i}{\varepsilon_0}$$

可见，在这种特殊的电场中，应用高斯定理求场强是可以的，也是比较容易计算的。这种特殊的静电场即是应用高斯定理求解场强的第一种适用情况，在这样的场中，我们可以选择合适的高斯面使其满足以下两点要求。

(1)高斯面所在处场强大小处处相等；

(2)高斯面所在处场强处处与面元法向平行(即场强处处垂直于高斯面)。

例题 12-9 试求均匀带电球面的场强分布。设球面半径为 R,带有正电荷 Q。

解 如图 12-11 所示。无论所求场点 P 在球面内还是在球面外,球面上电荷分布相对于 OP 连线都具有对称性。对于球面上任取的一电荷元 dq,都可以找到一个与它关于 OP 对称的电荷元 dq',此对电荷元在 P 点产生的场强分别为 $d\boldsymbol{E}$ 和 $d\boldsymbol{E}'$,由图可知,$d\boldsymbol{E}$ 和 $d\boldsymbol{E}'$ 垂直于 OP 的分量由于方向相反而相互抵消,因此它们的合场强方向应沿径向(沿 OP 向外)。由于整个带电球面都可以取成如 dq 和 dq' 的成对电荷元,因此整个带电球面在 P 点的场强应沿径向。另外,对于过 P 点以 O 为球心的球面上各点,场源电荷的分布情况是相同的,所以在以 O 为球心,$r=|OP|$ 为半径的球面上各点的场强大小都相等。

根据以上分析,我们选取通过 P 点,以 O 为球心的球面为高斯面,则通过此高斯面的电通量表达式为

$$\oiint_S \boldsymbol{E}\cdot d\boldsymbol{S}=\oiint_S E\cos\theta dS=E\oiint_S dS=4\pi r^2 E$$

当 P 点在带电球面内时,高斯面内包围电荷的代数和为零,即 $\sum q_i=0$;当 P 点在带电球面外时,高斯面内包围电荷的代数和为 Q,即 $\sum q_i=Q$。

根据高斯定理 $\oiint_S \boldsymbol{E}\cdot d\boldsymbol{S}=\frac{1}{\varepsilon_0}\sum q_i$,带入上面各结果,有

$$4\pi r^2 E=0(r<R,r\text{ 为场点到球心距离})$$

$$4\pi r^2 E=\frac{Q}{\varepsilon_0}(r\geqslant R)$$

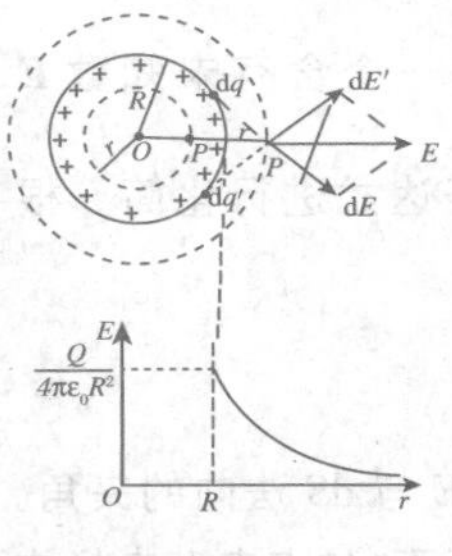

图 12-11 均匀带电球面的场强

解方程得均匀带电球面内外场强的分布为

$$E=0\quad(r<R)\tag{12-16}$$

$$E=\frac{Q}{4\pi\varepsilon_0 r^2}\quad(r\geqslant R)\tag{12-17}$$

均匀带电球面内外场强分布可以用 $E-r$ 曲线表示,如图 12-11 所示。

一般地,场源电荷呈球对称分布时,电场也呈球对称分布,在这样的场中利用高斯定理求场强时,高斯面一般选取同心的球面。用高斯定理计算场强时,应首先判断所给问题是否能够用高斯定理,即电场是否具有对称性,若符合应用的条件,则问题的求解大致上可以按照如下步骤进行。

(1)分析问题中场强分布的对称性,明确场强 $\boldsymbol{E}$ 的大小和方向分布的特点,作合适的高斯面。高斯面的"合适"体现在两方面:一是待求场强的场点应该在高斯面上;二是高斯面各面积元的法向与 $\boldsymbol{E}$ 方向平行且 $\boldsymbol{E}$ 的大小要处处相等。

(2)计算积分式 $\oiint_S \boldsymbol{E}\cdot d\boldsymbol{S}$。

(3)计算高斯面内包围电荷的代数和,即 $\sum q_i$。

(4)根据高斯定理 $\oiint_S \boldsymbol{E}\cdot d\boldsymbol{S}=\frac{1}{\varepsilon_0}\sum q_i$,带入上面(2)、(3)两步的结果,写出含有 $\boldsymbol{E}$ 大小的代数方程,并解方程求 $\boldsymbol{E}$。

12.4.2 应用高斯定理求解场强的第二种适用情况

如果在另一种特殊的静电场中，我们可以选择一个特殊的高斯面(如无限长均匀带电直线电场中以带电直线为轴的圆柱面)，使得这个高斯面上一部分面元的法向与场强平行，而其他部分都与场强垂直，而且在平行的部分面元所在处场强大小处处相等，则高斯定理的数学表达式的左侧可以化简为

$$\oiint_S \boldsymbol{E}\cdot \mathrm{d}\boldsymbol{S}=\iint_{\text{平行}} E\cos 0°\mathrm{d}S+\iint_{\text{垂直}} E\cos 90°\mathrm{d}S=ES_{\text{平行}}$$

式中，$S_{\text{平行}}$为所选择高斯面中法向与场强平行的那部分面积，其值易求。把此结果与高斯定理的右侧结合一起，则可得此部分面所在处场强大小为

$$E=\frac{1}{S_{\text{平行}}}\frac{\sum q_i}{\varepsilon_0}$$

例题 12-10 试求无限长均匀带电直线的场强分布。设直线上电荷线密度为 λ。

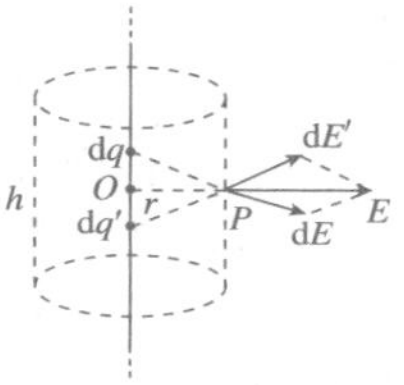

图 12-12 无限长均匀带电直线的场强

解 由场点 P 向带电直线作垂线，垂足为 O，O 点将带电直线分成对称的两部分，因此在带电直线上可以如例题 12-9 一样取一对电荷元 $\mathrm{d}q$ 和 $\mathrm{d}q'$，此对电荷元在 P 点产生的场强分别为 $\mathrm{d}\boldsymbol{E}$ 和 $\mathrm{d}\boldsymbol{E}'$，由图 12-12 可知，$\mathrm{d}\boldsymbol{E}$ 和 $\mathrm{d}\boldsymbol{E}'$ 垂直于 OP 的分量由于方向相反而相互抵消，因此它们的合场强方向应沿 OP 方向向外，由于整个直线上电荷都可以取成如 $\mathrm{d}q$ 和 $\mathrm{d}q'$ 的成对电荷元，因此，整个带电直线在 P 点的场强也沿 OP 方向。另外，对于过 P 点的以带电直线为轴的圆柱面的侧面上各点，场源电荷分布情况是相同的，所以在以带电直线为轴线，$r=|OP|$ 为底面半径的圆柱面的侧面上各点的场强大小都相等，且场强与侧面法向处处平行，即 $\theta=0°$。取这样的圆柱面为高斯面。在此高斯面的上下底面处，虽然场强大小处处不等，但场强与底面法向处处垂直，即 $\theta=90°$。设此圆柱面的高为 h，则通过此高斯面的电通量表达式为

$$\oiint_S \boldsymbol{E}\cdot \mathrm{d}\boldsymbol{S} = \iint_{\text{上底面}} E\cos\theta\mathrm{d}S+\iint_{\text{侧面}} E\cos\theta\mathrm{d}S+\iint_{\text{下底面}} E\cos\theta\mathrm{d}S$$
$$=0+2\pi rhE+0=2\pi rhE$$

高斯面内包围电荷的代数和为 $\sum q_i=\lambda h$

根据高斯定理 $\oiint_S \boldsymbol{E}\cdot \mathrm{d}\boldsymbol{S}=\frac{1}{\varepsilon_0}\sum q_i$，带入上面各结果，有

$$2\pi rhE=\frac{\lambda h}{\varepsilon_0}$$

解方程得均匀带电直线电场中场强的分布为

$$E=\frac{\lambda}{2\pi r\varepsilon_0} \tag{12-18}$$

此结论与例 12-7 中利用场强叠加原理求得的结果是一致的。

由此例的求解可看出，解题步骤与第一种情况是一致的，只是所选取的

高斯面有所不同,解题时需仔细观察,针对情况选取对应的高斯面。一般的,如果场源电荷呈轴对称分布时,电场也呈轴对称分布,在这样的场中若利用高斯定理求场强,高斯面一般选取同轴的圆柱面。

例题 12-11 试求无限大均匀带电平面的场强分布。设平面上电荷面密度为σ。

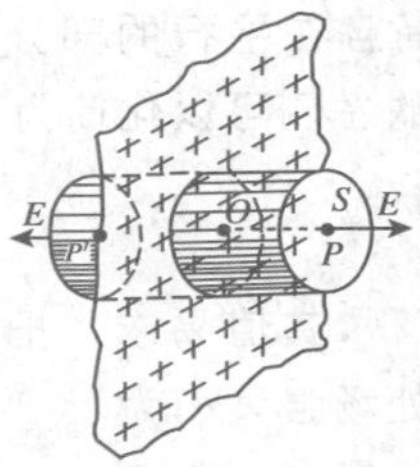

图 12-13 无限大均匀带电平面电场

解 平面上电荷相对于场点 P 到它在平面上垂足的连线 OP 呈轴对称分布。采用与前面两例类似的方法,可以分析得到场的对称性,即平面两侧距平面等远处的场强大小处处相同,方向处处与平面垂直,如果平面带正电,则场强垂直平面并指向两侧,如图 12-13 所示;如果平面带负电,则场强垂直平面并指向平面。我们以图 12-13 所示情况为例进行讨论。

根据对称性分析,取过 P 点圆柱面为高斯面,此圆柱面的两侧底面与带电平面平行且关于平面对称,圆柱面的轴线与带电平面垂直,设两侧底面的面积每个为 S,通过此高斯面的电通量表达式为

$$\oiint_S \boldsymbol{E}\cdot \mathrm{d}\boldsymbol{S}=\iint_{左底面} E\cos\theta \mathrm{d}S+\iint_{侧面} E\cos\theta \mathrm{d}S+\iint_{右底面} E\cos\theta \mathrm{d}S$$
$$=ES+0+ES=2ES$$

(注:在高斯面的左、右底面处,$\theta=0°$,在侧面处 $\theta=90°$)

高斯面内包围电荷的代数和为$\sum q_i=\sigma S$

根据高斯定理$\oiint_S \boldsymbol{E}\cdot \mathrm{d}\boldsymbol{S}=\frac{1}{\varepsilon_0}\sum q_i$,带入上面各结果,有

$$2ES=\frac{\sigma S}{\varepsilon_0}$$

解方程得无限大均匀带电平面电场中场强的分布为

$$E=\frac{\sigma}{2\varepsilon_0} \tag{12-19}$$

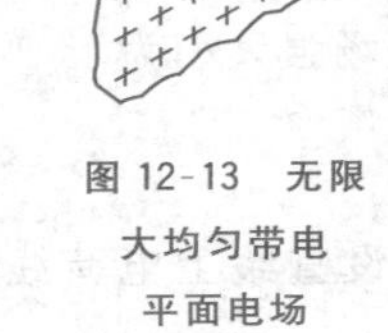

图 12-14 带等量异号电荷平行平面间的电场

式(12-19)表明,无限大均匀带电平面两侧都是匀强电场,这一结论对均匀带负电的无限大带电平面同样适用,只不过电荷为负时,场强方向是从两侧指向带电平面。

若真空中有一对带等量异号电荷且相互邻近的无限大平行平面,如图 12-14 所示,则应用场强叠加原理,可以得到两平面之间的场强大小为

$$E=E_+ +E_- =\frac{\sigma}{2\varepsilon_0}+\frac{\sigma}{2\varepsilon_0}=\frac{\sigma}{\varepsilon_0} \tag{12-20}$$

方向由带正电的平面指向带负电的平面。两带电平面外侧区域的场强大小为

$$E=E_+ -E_= \frac{\sigma}{2\varepsilon_0}-\frac{\sigma}{2\varepsilon_0}=0$$

练习题

1. 试求均匀带负电球面内外的场强分布。设球面半径为 R,带有负电$-q$。
2. 试求无限大均匀带负电平面的场强分布。设平面上电荷面密度为$-\sigma$。

12.5 静电场中的环路定理 电势

电荷置于静电场中，电荷要受静电场力的作用，如果电荷发生移动，则静电场力将对电荷作功。本节我们以点电荷电场为例，研究静电场力作功的特点，引入电势、电势能的概念，并进一步分析几种场中电势的分布特点。

12.5.1 静电场力的功 静电场环路定理

设真空中 O 点一点电荷 q 在其周围激发电场如图 12-15 所示。现将实验电荷 q_0 从场点 A 沿任意路径 ACB 移至 B 点。此过程为曲线、变力作功情况，因此在路径上任一处取位移元 $\mathrm{d}\boldsymbol{l}$，此位移元足够小，在此位移元处，电场力可视为恒力，根据电场力大小为 $F=q_0E$，可得电场力在 $\mathrm{d}\boldsymbol{l}$ 上对 q_0 作功为

$$\mathrm{d}A=\boldsymbol{F}\cdot\mathrm{d}\boldsymbol{l}=q_0\boldsymbol{E}\cdot\mathrm{d}\boldsymbol{l}=q_0E\cos\theta\mathrm{d}l$$

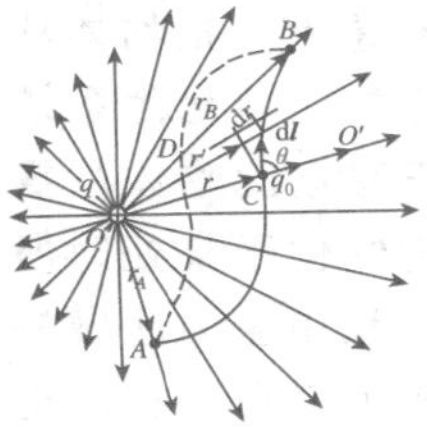

图 12-15

式中，θ 为场强与位移元 $\mathrm{d}\boldsymbol{l}$ 的夹角。

考虑 $\mathrm{d}l\cos\theta=r'-r=\mathrm{d}r$，有

$$\mathrm{d}A=q_0E\mathrm{d}r=\frac{q_0q}{4\pi\varepsilon_0r^2}\mathrm{d}r$$

实验电荷 q_0 从场点 A 沿任意路径 ACB 移至 B 点的整个过程，静电场力作功为

$$A=\int_A^B\mathrm{d}A=\int_{r_A}^{r_B}\frac{q_0q}{4\pi\varepsilon_0r^2}\mathrm{d}r=\frac{q_0q}{4\pi\varepsilon_0}\left(\frac{1}{r_A}-\frac{1}{r_B}\right)\tag{12-21}$$

式中 r_A、r_B 分别表示 A、B 两点到点电荷 q 的距离。式(12-21)表明，在点电荷的电场中，静电场力作功仅与路径的始末位置有关，而与路径无关。

任意带电体可以看成是许多个点电荷组成的点电荷系，试验电荷在电场中移动时，所受电场力等于每个场源电荷施加的电场力的矢量和，合力的功等于各分力功的代数和。由前面分析可知，分力的功仅与路径的始末位置有关，而与路径无关，因此合力的功也应仅与路径的始末位置有关，而与路径无关。可见，式(12-21)所反映的结论可以推广到任意带电体的电场中，即：静电场力作功仅与路径的始末位置有关，而与路径无关，静电场力作功的这一特点说明静电场是保守力场。

根据静电场力作功仅与路径始末位置有关，而与路径无关，及式(12-21)结果，可得在图 12-15 所示电场中，若移动试验电荷 q_0 从场点 B 沿任意路径 BDA 至 A 点，静电场力作功为

$$A=\int_B^A\mathrm{d}A=\int_B^Aq_0\boldsymbol{E}\cdot\mathrm{d}\boldsymbol{l}=\frac{q_0q}{4\pi\varepsilon_0}\left(\frac{1}{r_B}-\frac{1}{r_A}\right)\tag{12-22}$$

若移动试验电荷 q_0 从场点 A 沿任意路径至 B 点，再从场点 B 沿任意路径返回至 A 点，静电场力作功为

$$A=\int_A^B\mathrm{d}A+\int_B^A\mathrm{d}A=\frac{q_0q}{4\pi\varepsilon_0}\left(\frac{1}{r_A}-\frac{1}{r_B}\right)+\frac{q_0q}{4\pi\varepsilon_0}\left(\frac{1}{r_B}-\frac{1}{r_A}\right)=0$$

即静电场力沿闭合路径作功为零。对此式进行整理,有

$$A=\oint q_0 \boldsymbol{E}\cdot \mathrm{d}\boldsymbol{l}=0$$

由于试验电荷 q_0 不为零,所以有

$$\oint \boldsymbol{E}\cdot \mathrm{d}\boldsymbol{l}=0 \tag{12-23}$$

式(12-23)左侧 $\boldsymbol{E}$ 沿闭合路径的积分称为场强 $\boldsymbol{E}$ 的环流。场强 $\boldsymbol{E}$ 的环流等于零也是描述静电场性质的一条基本定理,称为静电场环路定理,环路定理说明静电场是保守力场,说明静电场的场强线不闭合,静电场是无旋场。

12.5.2 电势能 电势

在力学部分我们知道重力是保守力,在重力场中我们可以引入重力势能。与此相同,在静电场这一保守力场中我们也可以引入一个相应的势能,称为电势能,即电荷在电场中某一位置所具有的能量,用 W 表示。

重力场中位于高处的物体之所以具有较大的重力势能,是因为把物体从低处向高处移动的过程中,外力要克服重力作功,外力所作的功转化为系统重力势能的缘故。物体位于某处时所具有的重力势能等于移动此物体从重力势能零点到该处过程中外力克服重力作的功,或者说,物体位于某处时所具有的重力势能等于移动此物体从该处到重力势能零点过程中重力所做的功。同样,在静电场中,电荷位于场中某点时具有的电势能也来自于移动电荷从电势能零点到该处的过程中外力克服静电场力所作的功,或者说,电场中某点的电势能等于移动电荷从该点到电势能零点过程中静电场力作的功。静电场中,一般选择无穷远处为电势能零点,因此电量为 q_0 的电荷位于电场中某点时具有的电势能 W_P 为

$$W_P=\int_P^{\infty}\mathrm{d}A=\int_P^{\infty}q_0\boldsymbol{E}\cdot \mathrm{d}\boldsymbol{l} \tag{12-24}$$

根据式(12-24)可知,电场中 A 点和 B 点的电势能差值为

$$\Delta W=W_B-W_A=\int_B^{\infty}q_0\boldsymbol{E}\cdot \mathrm{d}\boldsymbol{l}-\int_A^{\infty}q_0\boldsymbol{E}\cdot \mathrm{d}\boldsymbol{l}=\int_B^{A}q_0\boldsymbol{E}\cdot \mathrm{d}\boldsymbol{l}=-\int_A^{B}q_0\boldsymbol{E}\cdot \mathrm{d}\boldsymbol{l}$$

即

$$-\Delta W=-(W_B-W_A)=\int_A^{B}q_0\boldsymbol{E}\cdot \mathrm{d}\boldsymbol{l} \tag{12-25}$$

式(12-25)表明,在静电场中移动电荷 q_0 从 A 点到 B 点,电场力作功等于电势能增量的负值,这点与重力场中重力作功等于重力势能增量的负值是一致的。在任何保守力场中,保守力作功都等于对应势能增量的负值。

在式(12-24)中,电场中某点电势能值中,既有反映电场的物理量 $\boldsymbol{E}$,又有试验电荷的因素 q_0,因此,电势能是电场和试验电荷共有的,它不能单纯地反映场的特性。若要单纯地反映场的特性,则需去除实验电荷 q_0 的因素,即对此式除以 q_0,可得

$$\frac{W_P}{q_0}=\frac{1}{q_0}\int_P^{\infty}q_0\boldsymbol{E}\cdot d\boldsymbol{l}=\int_P^{\infty}\boldsymbol{E}\cdot \mathrm{d}\boldsymbol{l}$$

此式右边是电场强度的积分，它只与场强分布及场点有关，而与试验电荷 q_0 无关，因此，此物理量能够反映场的性质，我们定义它为电势，用 V 表示，即电场中 P 点的电势为

$$V_P=\frac{W_P}{q_0}=\int_P^{\infty}\boldsymbol{E}\cdot\mathrm{d}\boldsymbol{l} \tag{12-26}$$

式(12-26)称为电势的定义式，此式表明，电场中某点的电势在量值上等于单位正电荷在该点所具有的电势能，等于移动单位正电荷从该点到无穷远处(电势能零点，也是电势零点)电场力作的功。

若电场中两点的电势差用 U 表示，则根据电势的定义，有

$$U_{AB}=V_A-V_B=\int_A^B\boldsymbol{E}\cdot\mathrm{d}\boldsymbol{l} \tag{12-27}$$

即静电场中，A、B 两点的电势差在量值上等于移动单位正电荷从 A 点到 B 点静电场力作的功。

电势能和电势是静电场中两个重要的物理量，对于这两个物理量理解时，需要注意以下几点。

(1)电势能和电势都是标量。在国际单位制(SI)中，电势能的单位为焦耳，符号为J；电势的单位为伏特，符号为 V，$1\mathrm{V}=1\mathrm{J}\cdot\mathrm{C}^{-1}$。电量为 q 的电荷在电场中某点所具有的电势能和场中该点电势之间的关系为

$$W=qV$$

(2)电势能和电势都是相对量。重力场中重力势能和高度是相对的，电场中电势能和电势也都是相对量，电荷在电场中某点时具有的电势能及电场中某点的电势都是相对于电势能零点和电势零点而言的，零点选择的不同，电势能和电势的值也就不同。实际工作中，常选择无穷远处、大地或者电器的外壳为电势能和电势零点。

(3)电势能差和电势差都是绝对量。无论重力势能零点选择在何处，两点间的高度差是绝对的，重力势能差值也是绝对的，重力势能的增量负值都等于重力作功。同样，无论电势能及电势的零点选择在哪里，两点间的电势能差值和电势差是绝对的，电势能的增量负值等于静电场力作的功。电量为 q 的电荷在电场中两点间电势能差值 ΔW 与场中对应点间电势差 U 之间的关系为

$$\Delta W=qU$$

12.5.3 电势的计算

电势是从电场力作功的角度引入的一个描述电场性质的物理量，确定电场中电势的分布情况也是本章的一个重点。计算电势有两种方法。

1. 根据电势的定义式计算电势

$$V_P=\frac{W}{q_0}=\int_P^{\infty}\boldsymbol{E}\cdot\mathrm{d}\boldsymbol{l}$$

用此种方法计算电势需要预先知道电场中场强的分布情况，然后选择积分

路径从所研究的场点到无穷远处，最后计算场强 $\boldsymbol{E}$ 在此路径上的积分。因为静电场力作功与路径无关，因此选择积分路径时可以任意选取方便积分的路径。

2. 根据电势叠加原理计算电势

任意带电体可以看成是许多个点电荷组成的点电荷系，因此任意带电体电场中某点的电势等于各个点电荷单独存在时在该点产生电势的代数和，这称为电势叠加原理，其数学表达式为

$$V=\sum V_i \tag{12-28}$$

式中，V_i 为点电荷电场的电势。选择无穷远处为电势零点，并选择从点电荷 q 沿径向指向无穷远为积分路径，根据电势的定义式可得点电荷电场的电势为

$$V_P=\int_P^{\infty}\boldsymbol{E}\cdot \mathrm{d}\boldsymbol{l}=\int_r^{\infty}\frac{q}{4\pi\varepsilon_0 r^2}\mathrm{d}r=\frac{q}{4\pi\varepsilon_0 r} \tag{12-29}$$

式(12-29)中，r 为场点到场源电荷的距离，q 为场源电荷的电量。若选无穷远处为电势零点，则正电荷的电场中电势处处为正，无穷远处为电势最低点，负电荷电场中电势处处为负，无穷远处为电势最高点。

对于电荷连续分布的带电体，电势叠加原理数学表达式可写为

$$V=\int_{带电体}\mathrm{d}V=\int_{带电体}\frac{\mathrm{d}q}{4\pi\varepsilon_0 r} \tag{12-30}$$

用电势叠加原理计算电势需要预先知道点电荷电场的电势分布情况，然后在带电体上选取合适的电荷元，最后计算每个电荷元在场点电势的代数和。电势的叠加是标量的叠加，只涉及量值大小的加减，而没有方向问题。

例题 12-12 试求均匀带电球面内外电势的分布。设球面半径为 R，带电量为 q。

解 由例题 12-9 可知，均匀带电球面内外场强的分布情况为

$$E=0(r<R)$$

$$E=\frac{q}{4\pi\varepsilon_0 r^2}(r\geqslant R)$$

球面外场强方向为沿球的径向向外，选择从场点 P 沿径向指向无穷远为积分路径，根据电势定义式，得球面外一点的电势为

$$V=\int_P^{\infty}\boldsymbol{E}\cdot \mathrm{d}\boldsymbol{l}=\int_r^{\infty}\frac{q}{4\pi\varepsilon_0 r^2}\mathrm{d}r=\frac{q}{4\pi\varepsilon_0 r}(r\geqslant R)$$

球面内一点的电势为

$$V=\int_P^{\infty}\boldsymbol{E}\cdot \mathrm{d}\boldsymbol{l}=\int_r^{R}0\mathrm{d}r+\int_R^{\infty}\frac{q}{4\pi\varepsilon_0 r^2}\mathrm{d}r=\frac{q}{4\pi\varepsilon_0 R}(r<R)$$

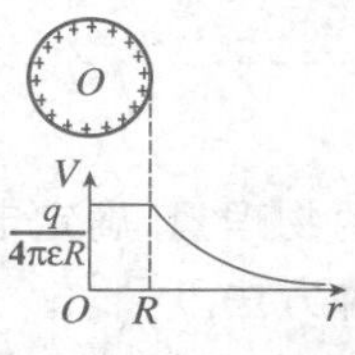

图 12-16 均匀带电球面的电势

可见，均匀带电球面外各点的电势与电荷全部集中在球心时的点电荷电势相同；球面内各点的电势相同，且等于球面处的电势。电势随场点到球心距离变化的关系如图 12-16 所示。

例题 12-13 如图 12-17 所示，在边长为 10cm 的等边三角形的两个顶点 A、B 处分别放置电量都为 $q=5.0\times10^{-9}$C 的点电荷。试求：(1)C 点的电势；(2)若把一点电荷 $q'=2.0\times10^{-9}$C 从无穷远处移至 C 点，电场力作的功。

解 (1)设无穷远处为电势零点,根据点电荷电场电势 $V=\frac{q}{4\pi\varepsilon_0 r}$,得 A、B 两点处点电荷在 C 点处的电势都为

$$V_A=V_B=\frac{q}{4\pi\varepsilon_0 r}=9\times10^9\times\frac{5.0\times10^{-9}}{10\times10^{-2}}=450\text{V}$$

根据电势叠加原理,得 C 点处的电势为

$$V=V_A+V_B=2\times450=900\text{V}$$

(2)无穷远处为电势零点,因此 C 点与无穷远处电势差为

$$U=V-0=900\text{V}$$

由无穷远处移动电荷 q' 至 C 点,电势能增量为

$$\Delta W=q'U=2.0\times10^{-9}\times900=1.8\times10^{-6}\text{J}$$

根据电场力作功等于电势能增量负值,有电场力作功为

$$A=-\Delta W=-1.8\times10^{-6}\text{J}$$

电场力作负功,电势能增加。

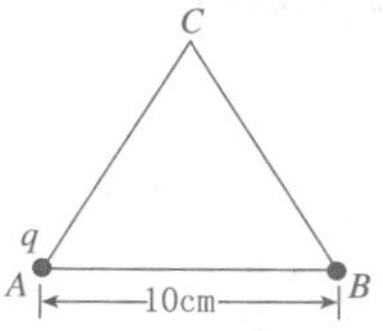

图 12-17 例 12-13 用图

练习题

1. 试用两种方法计算均匀带电圆环轴线上距环心 x 处一点的电势,设圆环的半径为 R,带电量为 q。

2. 半径分别为 R_A、R_B($R_A<R_B$)的两个同心的均匀带电球面,所带电量分别为 q_A 和 q_B。试求:(1)两个球面的电势;(2)球面间的电势差。

12.6 场强与电势的关系

电场强度和电势都是描述电场性质的重要的物理量,场强从电场力的角度描述电场性质,电势从作功的角度描述电场性质,它们具有相同的描述对象,因此二者之间有着不可分割的关系,本节主要介绍二者之间的关系。

12.6.1 等势面 电场线和等势面的关系

前面曾借用假想的电场线来形象地描述电场中场强的分布,类似地,可借用假想的等势面来形象地描述电场中电势的分布。电场中电势相等的点构成的面称为等势面。例如在正点电荷电场中,电势分布情况为

$$V=\frac{q}{4\pi\varepsilon_0 r}$$

式中 r 为场点到场源的距离,由此式可知,在点电荷电场中,到场源距离相同的点电势相等,而到场源距离相同的点构成的面为以场源为球心的球面,所以,在正的点电荷电场中等势面的形状为球面,而且距离场源越远的地方等势面对应的电势越低,如图 12-18(a)所示。图中,虚线表示等势面,实线表示场强线,由此图可看出,点电荷电场中电场线和等势面之间处处正交,且电场线指向电势

降落方向。可以证明,电场线和等势面之间的这种关系存在于任何带电体电场中,图 12-18 还给出了几种常见电场中电场线和等势面分布情况。

同电场线一样,为了描述场的强弱,我们也可以对等势面的疏密进行规定:在电场中画一系列的等势面时,使任何两个相邻的等势面间的电势差都相等。图12-18中各等势面即是按此规定画出的,从图中可看出,等势面越密处场强越大,等势面越疏处场强越小(原因将在下面问题中给予说明)。

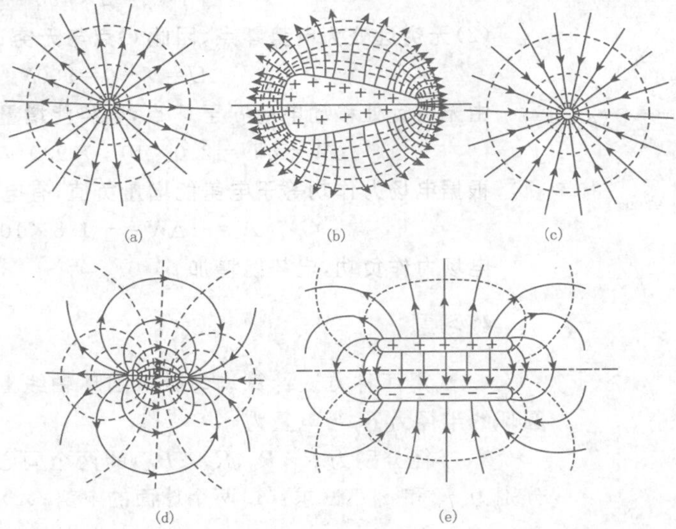

图 12-18　等势面

12.6.2　场强和电势的关系

场强和电势的关系除了可以通过场强线和等势面之间的几何关系加以形象描述外,还可以通过代数表达式给予准确描述。二者之间的关系可以从两个不同的角度反映:一是积分关系,二是梯度关系。

1. 电势与场强的积分关系

由电势的定义式 $V_P=\int_P^{\infty}\boldsymbol{E}\cdot \mathrm{d}\boldsymbol{l}$,可以看出,电场中某点的电势在量值上等于场强沿任意路径从该点到无穷远处的积分,这即是电势与场强的积分关系。根据积分关系,可以由电场场强的分布来确定电势的分布,在前面我们已经做过相应的练习,这里不再赘述。

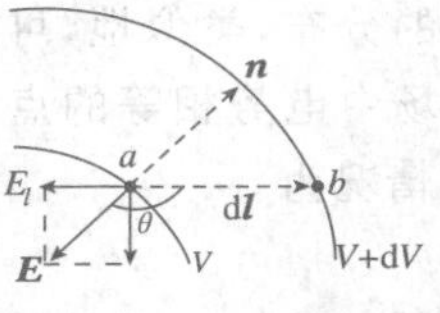

图 12-19　场强与电势的梯度关系

*2. 场强与电势的梯度关系

在任意静电场中,取两个十分邻近的等势面,设它们对应的电势分别为 V 和 $V+\mathrm{d}V$,且 $V+\mathrm{d}V>V$,该处场强线方向如图 12-19 所示。现移动一正的点电荷 q,使其从电势为 V 的等势面上的 a 点沿一微小位移 $\mathrm{d}\boldsymbol{l}$ 到电势为 $V+\mathrm{d}V$ 的等势面上的 b 点,根据电场力的功等于电势能增量负值,可求此过程电

场力的功为

$$dA=-q(V_b-V_a)=-q(V+dV-V)=-qdV \qquad (12\text{-}31)$$

此过程中电场力的功也可以通过力作功的方式求得，由于位移 $d\boldsymbol{l}$ 很小，可以认为在此位移上场强为常量，则电场力 $q\boldsymbol{E}$ 作功为

$$dA=qE\cos\theta dl$$

式中 θ 是场强 $\boldsymbol{E}$ 与位移 $d\boldsymbol{l}$ 之间的夹角，令场强 $\boldsymbol{E}$ 在 $d\boldsymbol{l}$ 方向上的分量为 E_l，则

$$E_l=E\cos\theta$$

带入上式，有

$$dA=qE_l dl \qquad (12\text{-}32)$$

比较式(12-31)和式(12-32)，可得

$$E_l=-\frac{dV}{dl}$$

此式表明，电场中某点电势沿某个方向变化率的负值等于场强在该方向上的分量。若考虑一般情况下在直角坐标系中场强含有 x、y、z 三个方向的分量，电势是 x、y、z 的函数，则有

$$E_x=-\frac{\partial V}{\partial x} \qquad E_y=-\frac{\partial V}{\partial y} \qquad E_z=-\frac{\partial V}{\partial z}$$

场强 $\boldsymbol{E}$ 的矢量表达式可写成

$$\boldsymbol{E}=E_x\boldsymbol{i}+E_y\boldsymbol{j}+E_z\boldsymbol{k}=-(\frac{\partial V}{\partial x}\boldsymbol{i}+\frac{\partial V}{\partial y}\boldsymbol{j}+\frac{\partial V}{\partial z}\boldsymbol{k}) \qquad (12\text{-}33)$$

在数学上有向量微分算子 $\nabla=\frac{\partial}{\partial x}\boldsymbol{i}+\frac{\partial}{\partial y}\boldsymbol{j}+\frac{\partial}{\partial z}\boldsymbol{k}$，对某个量运用此算子即得到该量的梯度，把此算子写入式(12-33)，此式改写为

$$\boldsymbol{E}=-(\frac{\partial V}{\partial x}\boldsymbol{i}+\frac{\partial V}{\partial y}\boldsymbol{j}+\frac{\partial V}{\partial z}\boldsymbol{k})=-\nabla V=-\mathrm{grad}V \qquad (12\text{-}34)$$

式中：∇V、$\mathrm{grad}V$ 称为电势的梯度。此式表明：电场中某点的电场强度等于该点处电势的负梯度，这就是场强和电势的梯度关系。场强与电势对空间的变化率成正比，说明电场中场强越大的地方电势的变化率也越大，因此等势面越密；由此关系还可以得到另外一个场强常用单位：伏特/米($V\cdot m^{-1}$)。

根据场强与电势的梯度关系，可以由电场中电势的分布情况来确定场强的分布情况。由于电势是标量，计算相对比较简便，所以在实际中，往往先确定电势的分布，再根据二者间的梯度关系确定场强，这样可以避免比较复杂的矢量运算。

例题 12-14 真空中有一电场，电势在空间分布的函数为 $V=bx$，式中 b 为常量，x 为场点的 x 轴坐标。试求：此场中场强的分布情况。

解 根据场强与电势的梯度关系，$\boldsymbol{E}=-\mathrm{grad}V$，则

$$\boldsymbol{E}=-(\frac{\partial V}{\partial x}\boldsymbol{i}+\frac{\partial V}{\partial y}\boldsymbol{j}+\frac{\partial V}{\partial z}\boldsymbol{k})=-(\frac{\partial(bx)}{\partial x}\boldsymbol{i}+\frac{\partial(bx)}{\partial y}\boldsymbol{j}+\frac{\partial(bx)}{\partial z}\boldsymbol{k})=-b\boldsymbol{i}$$

场强是恒量，这种电场称为均匀电场，也称匀强电场。在均匀电场中场强恒定不变，电势随空间线性变化。

练习题

试根据点电荷 q 电场的电势 $\frac{q}{4\pi\varepsilon_0 r}$ 确定该场的场强。

12.7 静电场中的导体

前面我们研究的都是真空中的电场,即电场中除了电荷之外再没有其它物质。然而,真空中的电场只是一种理想情况,实际的电场中总是存在着这样或那样的物质,这些物质按导电能力的强弱分为两大类,即导电能力强的导体和导电能力弱的电介质。无论是导体,还是电介质,在静电场中都会受到电场的影响,反过来也都会对电场产生影响。本节和12.8节、12.9节我们集中讨论静电场中的导体和电介质。

12.7.1 静电场中的导体

金属导体由大量带负电的自由电子和带正电的晶格点阵组成。在不受外电场作用时,自由电子的负电荷与与晶格点阵的正电荷处处等量分布,互相中和,导体内部自由电子只作无规则的热运动,而没有宏观的定向移动,整个导体或其中任意一部分对外不显电性。如果将导体放在外电场中,导体中的自由电子在电场力的作用下将作宏观的运动,从而引起导体中电荷的重新分布,导体的一端带上负电荷,另一端带上正电荷。在外电场的作用下,导体内部或表面电荷重新分布的现象称为静电感应现象,由于静电感应现象而使导体两端所带的电荷称为感应电荷。感应电荷也会在空间激发电场,称为附加电场。附加电场也会给金属导体内的电子电场力的作用,附加电场施加给自由电子的电场力 $\boldsymbol{F}'$ 总是与原电场施加的电场力 $\boldsymbol{F}$ 方向相反,如图12-20(a)所示。随着静电感应现象的加剧,附加电场越来越强,经过短暂的时间后,$\boldsymbol{F}'$ 就会与 $\boldsymbol{F}$ 大小相同,二力平衡,自由电子的宏观定向运动停止下来。导体内部及表面电荷都无宏观定向运动的状态称为静电平衡状态。如果用 $\boldsymbol{E}'$ 表示附加电场场强,$\boldsymbol{E}_0$ 表示原电场场强,则静电平衡时导体内部应有 $\boldsymbol{E}'=-\boldsymbol{E}_0$,如图12-22(b)所示,此时导体内部场强为

$$\boldsymbol{E}=\boldsymbol{E}'+\boldsymbol{E}_0=0$$

即静电平衡时,导体内部的场强处处为零。

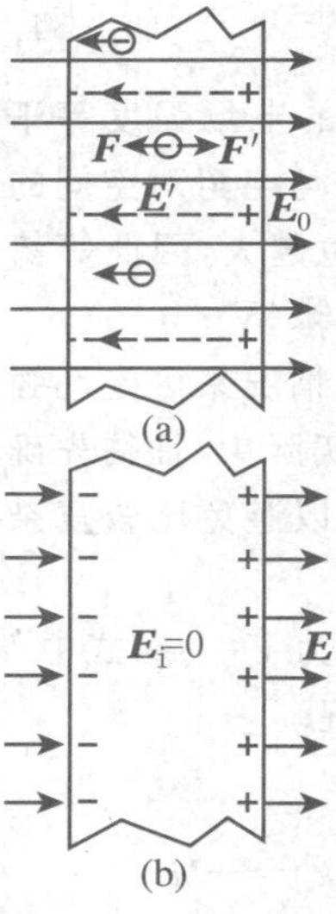

图 12-20 导体的静电平衡

一般地,静电平衡时,导体表面的场强并不为零,但导体表面的场强必与导体表面垂直。此点可以用反证法给予说明:若导体表面场强不与导体表面垂直,则场强有平行于表面的分量,那么电荷就会在此分量的作用下沿导体表面移动,这与静电平衡时导体内部及表面都没有电荷的定向运动相矛盾,因此,静电平衡时导体表面场强必与导体表面垂直。

根据场强与电势的梯度关系，及静电平衡时导体内部场强处处为零可知，此时导体内部各处电势的变化率为零，即导体内部是个等势体。又根据电场中场强线与等势面处处正交，及导体表面场强与表面垂直，可知导体表面应是个等势面。

总结以上，静电平衡状态时，导体内部及表面的场强和电势具有如下性质：

(1)导体内部场强处处为零，导体表面场强垂直于导体表面；

(2)导体是等势体，导体表面是等势面。

12.7.2 导体对静电场的影响

导体处于静电平衡状态时，其上的电荷将重新分布，电荷的重新分布必然会影响导体内外的电场分布。导体内部电场的分布情况前面已经讨论，下面重点讨论电荷如何重新分布以及导体外电场的分布情况。

1. 静电平衡时导体上的电荷分布

一个与大地绝缘的导体在静电平衡时，其上的电荷分布有如下特点：实心导体，及内部有空腔但空腔内无电荷的导体，无论是导体上原有的电荷，还是感应产生的电荷，将全部分布于导体的外表面，其内部无电荷；若导体内部有空腔，且空腔内有电荷，则导体内壁上带有与腔内电荷等量异号的电荷，其余电荷分布于导体外表面，导体内部无电荷。此结论利用高斯定理证明如下：

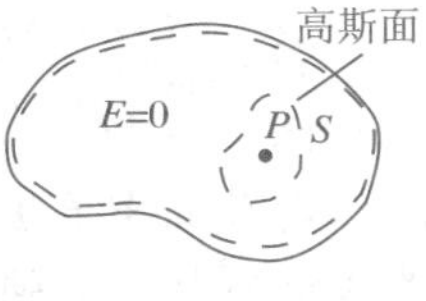

图 12-21 实心导体电荷分布

对于实心导体，或导体有空腔但空腔内无电荷的情况，如图 12-21 所示。在导体内部任取一高斯面，根据静电平衡时导体内部场强处处为零，可知此高斯面的电通量为

$$\Phi_e = \oiint_S \boldsymbol{E} \cdot \mathrm{d}\boldsymbol{S} = 0$$

根据高斯定理 $\Phi_e = \oiint_S \boldsymbol{E} \cdot \mathrm{d}\boldsymbol{S} = \frac{1}{\varepsilon_0} \sum q_i$，可知，高斯面内电荷代数和 $\sum q_i = 0$。由于高斯面可以任意取，且可以任意小，因此可得静电平衡时实心导体内部无电荷，电荷应全部分布于导体的外表面。

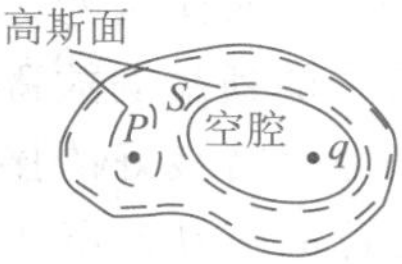

图 12-22 内部有空腔的导体

对于导体有空腔，且空腔内有电荷的情况，如图 12-22 所示。同样在导体内部任作高斯面，同样可以得出导体内部无电荷，电荷只能分布于导体表面。有空腔的导体，导体表面分内表面和外表面，对于导体内表面，我们做一个包围内表面的高斯面，根据导体内部场强处处为零，可得此高斯面的电通量为零，即

$$\Phi_e = \oiint_S \boldsymbol{E} \cdot \mathrm{d}\boldsymbol{S} = 0$$

根据高斯定理 $\Phi_e = \oiint_S \boldsymbol{E} \cdot \mathrm{d}\boldsymbol{S} = \frac{1}{\varepsilon_0} \sum q_i$，可知，高斯面内电荷代数和 $\sum q_i = 0$。

由于空腔内有电荷 q，则导体内表面必然带等量异号电荷，即导体内表面分布的电荷为 $-q$，导体上其余的电荷分布于导体的外表面。

电荷在导体表面的分布与导体本身的形状和外界条件都有关，这个问题

的定量研究比较复杂。大致上有如下规律:一个孤立的带电导体,其表面的电荷面密度 σ 与导体表面的曲率有密切的关系,导体表面凸出而尖锐处曲率较大,σ 也较大;导体表面平坦处曲率较小,σ 也较小;表面凹陷处 σ 更小。根据这一分布规律,可知,孤立带电导体球面的电荷分布应是均匀的。

2. 静电平衡时导体表面外侧的场强

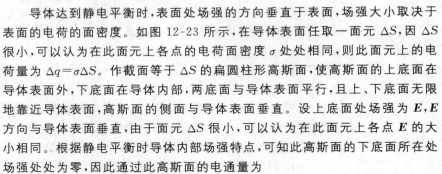

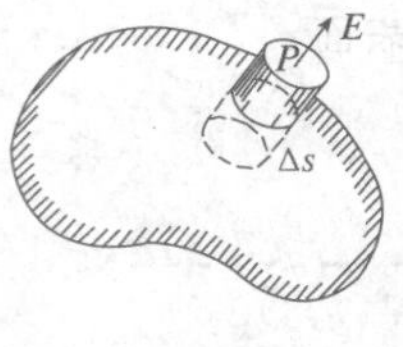

图 12-23　导体表面附近的场强

导体达到静电平衡时,表面处场强的方向垂直于表面,场强大小取决于表面的电荷的面密度。如图 12-23 所示,在导体表面任取一面元 ΔS,因 ΔS 很小,可以认为在此面元上各点的电荷面密度 σ 处处相同,则此面元上的电荷量为 $\Delta q=\sigma\Delta S$。作截面等于 ΔS 的扁圆柱形高斯面,使高斯面的上底面在导体表面外,下底面在导体内部,两底面与导体表面平行,且上、下底面无限地靠近导体表面,高斯面的侧面与导体表面垂直。设上底面处场强为 $\boldsymbol{E}$,$\boldsymbol{E}$ 方向与导体表面垂直,由于面元 ΔS 很小,可以认为在此面元上各点 $\boldsymbol{E}$ 的大小相同。根据静电平衡时导体内部场强特点,可知此高斯面的下底面所在处场强处处为零,因此通过此高斯面的电通量为

$$\Phi_e=\oint_S \boldsymbol{E}\cdot d\boldsymbol{S}=\iint_{\text{上底}} \boldsymbol{E}\cdot d\boldsymbol{S}+\iint_{\text{侧面}} \boldsymbol{E}\cdot d\boldsymbol{S}+\iint_{\text{下底}} \boldsymbol{E}\cdot d\boldsymbol{S}=E\Delta S$$

高斯面内包围的电荷代数和为 $\sum q_i=\sigma\Delta S$

根据高斯定理 $\Phi_e=\oint_S \boldsymbol{E}\cdot d\boldsymbol{S}=\frac{1}{\varepsilon_0}\sum q_i$,有 $E\Delta S=\frac{1}{\varepsilon_0}\sigma\Delta S$,即

$$E=\frac{\sigma}{\varepsilon_0} \tag{12-35}$$

可见,导体表面外侧附近的场强与该处电荷的面密度成正比。

根据式(12-35)可知,孤立导体表面凸而尖的地方曲率大,电荷面密度也大,因而此处场强也大。如果一个导体有一个尖端,则尖端的地方将是场强最大的地方,如果场强大到足以使其周围的空气发生电离,就会引起放电,这种现象称为尖端放电现象。夏天的积雨云常带有大量的电荷,当积雨云离地面很近时,由于静电感应,地面上会出现等量异号的电荷,这些电荷在大树、烟囱和高大建筑物等高而尖的地方密度很大,因而这些地方场强大,容易产生尖端放电现象,尖端放电时会有非常大的电流流过放电处,因而建筑物等就有被击毁的危险。为了避免这种危险,一般我们要在建筑物的顶端安放避雷针(长而尖的金属),避雷针的尖端伸向空中,下端则与大地保持良好的接触,当有积雨云接近建筑物时,避雷针为地面电荷和云中电荷的流动开辟了一条通路,从而保护了建筑物。不过,通过长期的观测发现,如果接地不好,这种避雷针不但不能避雷反而还常常能引来雷电,被戏称为“引雷针”,所以,近些年人们开始研究其他更为科学的避雷措施。

尖端放电现象也是高压输电技术中需要考虑的问题。由于高压或超高压输电线的截面半径小,曲率大,因此导线的表面场强很大,也容易出现尖端放电现象,在黑夜时经常能看到有的输电线被一层蓝色的光晕笼罩着(俗称电晕现象),即是尖端放电现象导致的。电晕现象会造成电能的损耗,为了节

约电能，高压输电线表面通常要做的很光滑，还常常将每根电线分股排成圆柱面配置。另外，为保护高压输电设备，避免尖端放电现象的发生，在高压设备中的电极通常要做成直径较大的光滑圆球形。

尖端放电现象也有为人类所用的一面，静电除尘即是有代表性的一例。静电除尘装置的核心是一个金属管道及在其轴线处悬挂的直径为几毫米的细导线，金属管道与电源的正极连接，细导线与电源的负极连接。在管道和导线间加上 40～100kV 的电压，则管道内产生强电场，细导线产生尖端放电现象，使空气分子电离为自由电子和正离子，自由电子能够附着在空气中的氧分子上形成负氧离子。当废气和烟尘通过管道时，负氧离子能够被它们俘获，在电场的作用下，带负电的废气和烟尘会聚集在电场的正极即金属管壁上，然后通过振动使其落下，达到除尘的目的。静电除尘装置不仅能够净化废气和烟尘，而且还能回收许多有价值的金属化合物。

12.7.3 静电屏蔽及其应用

静电平衡状态下，导体上的感应电荷产生的附加电场能够抵销原电场，因此，此时空腔导体能够隔绝内场和外场的相互影响，这种现象称为静电屏蔽现象。根据静电屏蔽现象做成的装置按其功能分为两类。

1. 屏蔽外场

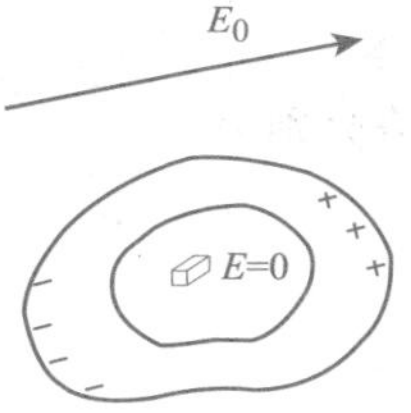

图 12-24 屏蔽外场

把一个有空腔的导体置于电场中，导体发生静电感应现象，最终达到静电平衡状态，此时感应电荷产生的附加电场与导体外的电场相互抵消，从而使导体内部及空腔内总场强为零，在这一区域的物体不受导体外电场的影响，即屏蔽了外场，如图 12-24 所示。

这一点应用很广泛，例如，为了使精密的仪器或电子元件不受外界电场的影响，通常在其外部加上金属的罩，甚至把它们放在专用的屏蔽室里。实际中，如果要求不是特别高，金属罩不一定要求都严格封闭，适当紧密的金属网就能起到很好的屏蔽作用，有的甚至用金属丝编制的外罩作屏蔽装置，比如传输信号的线路，为了避免所传输的电信号受外界电场的影响，就在导线外面包装金属丝套（屏蔽线），还有，在高压输电线路上的工作人员穿的屏蔽服也是用铜丝和纤维编织在一起做成的。

2. 屏蔽内场

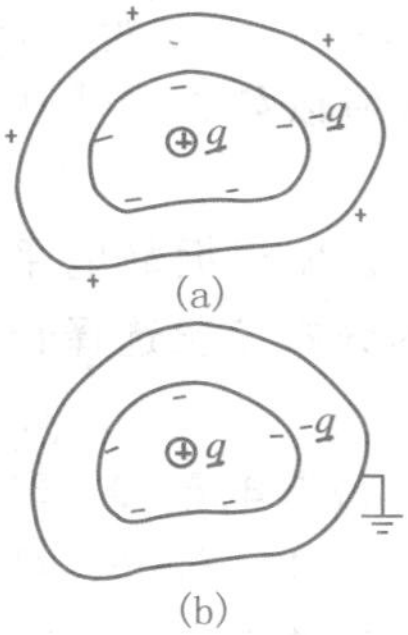

图 12-25 屏蔽内场

如果把一带电体放置在空心导体的空腔内，根据感应现象及静电平衡时导体表面电荷的分布特点可知，导体的内表面带有与带电体等量异号的电荷，其余电荷分布于导体外表面，如图 12-25(a)所示。如果空腔导体原来不带电，则其外表面分布有与带电体等量同号的电荷；如果导体原来带有电荷，则导体外表面的电荷量是原来电荷与空腔内带电体电荷的代数和。无论怎样，如图 12-25(a)所示，导体外表面有电荷，此电荷激发的电场也会影响导体外的其他物体，要想消除这种影响，可以把导体接地，如图 12-25(b)所示，从而使外表面的感应电荷和从大地上来的电荷中和，导体外面的电场就消失了。可见，用接地的带空腔的导体可以屏蔽空腔内电荷的电场。

这一点在实际中应用也很广泛。比如在高压设备的外面经常要罩上金属网栅，就是为了防止高压设备的电场对外界的影响。

例题 12-16 有一内外半径分别为 $R_1=10\text{cm}$、$R_2=30\text{cm}$ 的空心导体球壳，在其球心处放置一点电荷 $q=3.0\times10^{-9}C$，如图 12-16 所示。试求：(1)距球心 $r=20\text{cm}$ 处 A 点的场强和电势；(2)距球心 $r=50\text{cm}$ 处 B 点的场强和电势。

解 根据静电平衡时导体上电荷的分布特点可知，导体球壳的内表面应感应出与空腔内电荷等量异号的电荷 $-q$，球壳原来不带电，则球壳的外表面应感应出与腔内电荷等量同号的电荷 q，且在内外表面电荷都应均匀分布，如图 12-26 所示。

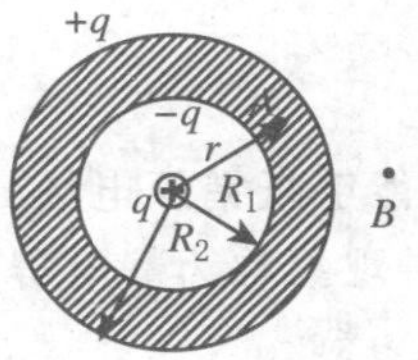

图 12-26 例 12-16 用图

(1)根据均匀带电球面电场的特点，及对应的叠加原理，可得距球心 $r=20\text{cm}$ 处 A 点的场强和电势分别为

$$E_A=\frac{q}{4\pi\varepsilon_0 r^2}+\frac{-q}{4\pi\varepsilon_0 r^2}+0=0$$

$$V_A=\frac{q}{4\pi\varepsilon_0 r}+\frac{-q}{4\pi\varepsilon_0 r}+\frac{q}{4\pi\varepsilon_0 R_2}=\frac{q}{4\pi\varepsilon_0 R_2}$$

$$=9.0\times10^9\times\frac{3.0\times10^{-9}}{30\times10^{-2}}=90\text{V}$$

A 点处场强为零是容易理解的，因为静电平衡状态下，导体内部场强处处为零；由 A 点电势的表达式可知，A 点电势与 r 无关，即导体内部电势处处都为 90V，这也是容易理解的，因为静电平衡时导体是等势体。

(2)用同样的方法可求得 $r=50\text{cm}$ 处 B 点的场强和电势分别为

$$E_B=\frac{q}{4\pi\varepsilon_0 r^2}+\frac{-q}{4\pi\varepsilon_0 r^2}+\frac{q}{4\pi\varepsilon_0 r^2}=\frac{q}{4\pi\varepsilon_0 r^2}$$

$$=9.0\times10^9\times\frac{3.0\times10^{-9}}{(50\times10^{-2})^2}=108\text{V}\cdot\text{m}^{-1}$$

$$V_B=\frac{q}{4\pi\varepsilon_0 r}+\frac{-q}{4\pi\varepsilon_0 r}+\frac{q}{4\pi\varepsilon_0 r}=\frac{q}{4\pi\varepsilon_0 r}$$

$$=9.0\times10^9\times\frac{3.0\times10^{-9}}{50\times10^{-2}}=54\text{V}$$

B 处的场强、电势值与仅有点电荷 q 的情况是一样的，所以如果导体球壳不与大地连接，是无法屏蔽内场的。

由例题 12-16 可知，有导体存在时计算静电场问题，应首先根据静电平衡条件确定导体表明电荷的分布情况，然后再根据电荷新的分布情况选择合适的方法求解场强、电势等问题。

例题 12-17 有一内外半径分别为 R_1、R_2 的导体球壳，带有电量 Q。现在其内放置一个半径为 R、带电量为 q 的同心导体球。试求：(1)导体球、导体球壳内表面、导体球壳外表面的电势；(2)导体球与导体球壳的电势差；(3)若导体球壳接地，各处的电势及导体球与导体球壳的电势差有何改变。

解 根据静电平衡时导体上电荷的分布特点，可知：导体球的电荷 q 应全部均匀地分布于导体球的外表面，其内部无电荷；导体球壳的内表面应均匀地分布与导体球等量异号的电荷，即 $-q$；导体球原来的电荷 Q 及感应出的电荷 q 都应均匀地分布于导体球的外表面。如图 12-27 所示。

(1)根据均匀带电球面电场的电势关系，可得导体球、球壳内表面、球壳外表面的电势分别为

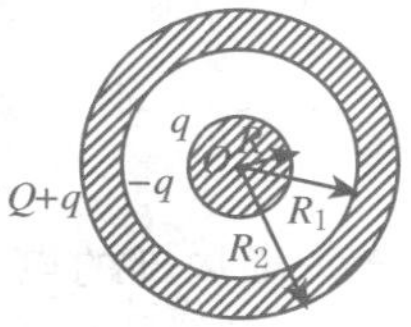

图 12-27 例 12-17 用图

$$V_R=\frac{q}{4\pi\varepsilon_0 R}+\frac{-q}{4\pi\varepsilon_0 R_1}+\frac{q+Q}{4\pi\varepsilon_0 R_2}$$

$$V_{R_1}=\frac{q}{4\pi\varepsilon_0 R_1}+\frac{-q}{4\pi\varepsilon_0 R_1}+\frac{q+Q}{4\pi\varepsilon_0 R_2}=\frac{q+Q}{4\pi\varepsilon_0 R_2}$$

$$V_{R_2}=\frac{q}{4\pi\varepsilon_0 R_2}+\frac{-q}{4\pi\varepsilon_0 R_2}+\frac{q+Q}{4\pi\varepsilon_0 R_2}=\frac{q+Q}{4\pi\varepsilon_0 R_2}$$

导体球壳的内外表面电势相等，这是容易理解的，因为球壳处于静电平衡状态下，球壳应是一个等势体。

(2)根据(1)问结论，可得导体球和球壳的电势差为

$$U=V_R-V_{R_1}=\left(\frac{q}{4\pi\varepsilon_0 R}+\frac{-q}{4\pi\varepsilon_0 R_1}+\frac{q+Q}{4\pi\varepsilon_0 R_2}\right)-\frac{q+Q}{4\pi\varepsilon_0 R_2}$$
$$=\frac{q}{4\pi\varepsilon_0 R}+\frac{-q}{4\pi\varepsilon_0 R_1}$$

(3)若球壳接地，则球壳外表面的电荷由于与从大地上来的电荷中和，球壳外表面不再带有电荷，则导体球和导体球壳的电势分别为

$$V_R=\frac{q}{4\pi\varepsilon_0 R}+\frac{-q}{4\pi\varepsilon_0 R_1}$$
$$V_{R_1}=V_{R_2}=0$$

因此导体球与导体球壳的电势差为

$$U=V_R-V_{R_1}=\frac{q}{4\pi\varepsilon_0 R}+\frac{-q}{4\pi\varepsilon_0 R_1}$$

由(2)、(3)两问的结果一致可知，无论球壳外表面是否接地，导体球和导体球壳间的电势差保持不变。另外，球壳接地时电势为零也可以从另一个角度加以说明：我们认为大地是无限大的，因此球壳与大地连接意味着球壳与无穷远连接在一起，而无穷远处恰是电势的零点，所以球壳此时电势应为零。

练习题

1. 若例 12-16 中，用导线使球壳与大地连接。试求：(1)距球心 $r=20\text{cm}$ 处一点的场强和电势；(2)距球心 $r=50\text{cm}$ 处一点的场强和电势。

2. 已知如例 12-17。试求：(1)距球心 $r(R<r<R_1)$ 处的场强；(2)若用导线把导体球和球壳连接在一起，导体球、球壳内表面、球壳外表面的电势，及此时导体球和球壳间的电势差。

12.8 电容器及其电容

电容器是电路中的一种重要元件，它是根据导体在电场中呈现的特性而做成的具有一定形状的导体或导体组合。本节主要介绍电容器的电容及平行板电容器的电容公式、电场的能量等问题。

12.8.1 导体及电容器的电容

由前面学习我们知道，半径为 R、带电量为 q 的均匀带电球面内部的电势为 $V=\frac{q}{4\pi\varepsilon_0 R}$，可见，孤立导体球面的电势与球面所带电荷量成正比，即 q 越大，V 越大。如果我们从导体带电量的角度加以讨论，这个表达式可以改写成为 $q=4\pi\varepsilon_0 RV$，可见，孤立导体球面的带电量与球面的电势成正比，二者间的比例系数为 $4\pi\varepsilon_0 R$，令 $C=\frac{q}{V}=4\pi\varepsilon_0 R$，则导体电势一定时，比例系数 C 越大，导体所容纳的电量越大，因此可以说，这个比例系数反映了导体容纳电荷的本领，我们把这个反映导体容纳电荷本领的物理量称为电容，用 C 表示。

1. 孤立导体的电容

均匀带电球面可视为孤立导体，由上面分析可知，孤立导体电容的定义式为

$$C=\frac{q}{V} \tag{12-36}$$

在国际单位制中，电容的单位为法拉(F)，法拉是一个比较大的单位，实际工作中常用的单位为微法($1\mathrm{F}=10^6\mu\mathrm{F}$)、皮法($1\mathrm{F}=10^{12}\mathrm{pF}$)。

根据式(12-36)，均匀带电球面的电容值即为前面介绍的比例系数 $C=4\pi\varepsilon_0 R$。虽然电容的定义式中含有电荷、电势这两个物理量，但从具体的均匀带电球面的电容值可看出，导体的电容值仅与导体的形状、大小等因素有关，而与导体是否带电、电势如何无关。

孤立导体在实际中是很难找到的，导体总是要与周围的其他导体有着一定的联系，前面介绍的均匀带电球面实质上也不孤立，因为它的电势是以大地为零电势定义的。另外，为了不让外场影响带电体，我们经常用静电屏蔽的原理把带电体包围起来，这时，导体和外壳就组成了一个系统，导体的电势不仅与自身的因素有关，还与外壳等其他导体的情况有关，我们把导体和外壳所组构成的一对导体系统称为电容器，导体和导体外壳称为电容器的极板。

2. 电容器的电容

$$C=\frac{q}{U_{AB}}=\frac{q}{V_A-V_B} \tag{12-37}$$

式中：q 为电容器一个极板上带电量的绝对值；U_{AB} 表示两个极板间电势差的绝对值；V_A、V_B 分别表示两个极板的电势。

例题 12-18 如图 12-28 所示，两个半径分别为 R_1、R_2 的导体球面组成球形电容器，设两球面带等量异号电荷，电荷绝对值为 q，球面间为真空。试求此电容器的电容。

解 根据均匀带电球面电场的电势，及电势叠加原理，可得两个球面的电势分别为

$$V_{R_1}=\frac{q}{4\pi\varepsilon_0 R_1}+\frac{-q}{4\pi\varepsilon_0 R_2}$$

$$V_{R_2}=\frac{q}{4\pi\varepsilon_0 R_2}+\frac{-q}{4\pi\varepsilon_0 R_2}$$

两球面的电势差为

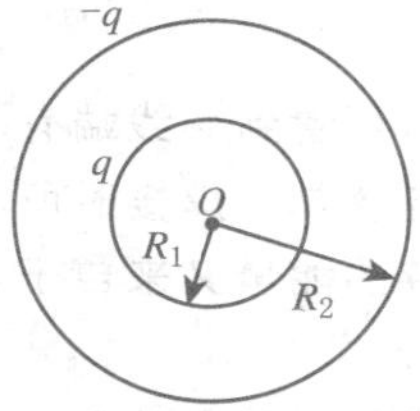

图 12-28 球形电容器

$$U_{12}=V_{R_1}-V_{R_2}=\frac{q}{4\pi\varepsilon_0}\left(\frac{1}{R_1}-\frac{1}{R_2}\right)$$

根据电容器电容的定义式 $C=\frac{q}{U_{AB}}=\frac{q}{V_A-V_B}$，可得球形电容器的电容为

$$C=\frac{q}{U_{12}}=4\pi\varepsilon_0\,\frac{R_1R_2}{R_2-R_1} \qquad (12\text{-}38)$$

从此例的结果也可以看出，电容器的电容也仅与电容器两极板的形状、大小、相对位置以及极板间的介质情况有关，而与极板带有多少电荷无关。因此，即使一个导体没有带电，我们讨论其电容值也是有意义的，这就像我们谈论一个容器的容积与容器内是否盛装物质无关一样。计算一个孤立导体或电容器的电容时，我们可以先假设其极板带电 q，然后依此假设求出孤立导体的电势或电容器极板间的电势差，最后根据电容的定义式求出电容。

例题 12-19 图 12-29 是平行板电容器的示意图。A、B 是两块平行放置、面积都为 S 的金属平板，两板间距为 d，且板间距远小于板面的线度，板间为真空。试求：平板电容器的电容。

解 设 A 板带有正电荷 q，B 板带有负电荷 $-q$。两板在极板间区域产生的场强方向如图所示，根据无限大带电平面的电场场强特点及场强叠加原理，可得两板间场强大小为

$$E=E_A+E_B=2\,\frac{\sigma}{2\varepsilon_0}=\frac{\sigma}{\varepsilon_0}$$

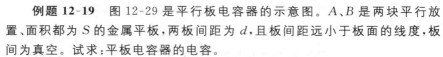

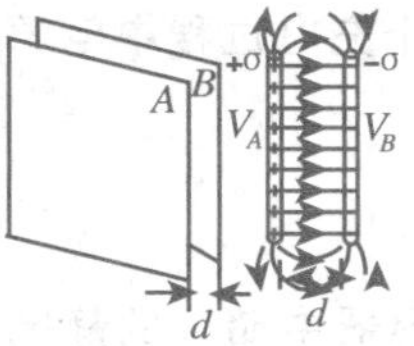

图 12-29 平板电容器

板上电荷面密度 $\sigma=\frac{q}{S}$，代入上式

$$E=\frac{\sigma}{\varepsilon_0}=\frac{q}{S\varepsilon_0}$$

场强大小处处相同，方向从 A 板垂直指向 B 板。则两板间电势差为

$$U_{AB}=Ed=\frac{qd}{S\varepsilon_0}$$

根据电容器电容的定义式，可得平板电容器的电容为

$$C=\frac{q}{U_{AB}}=\varepsilon_0\frac{S}{d} \tag{12-39}$$

可见,平板电容器的电容与平板的面积、介质的介电常数(放入介质时不再是 ε_0,这点将在 12.9 节中介绍)成正比,而与平板之间的距离成反比,如果改变电容器极板的面积,或改变极板间的距离,电容器的电容也随之改变。在实用中,通常通过改变两极板的相对面积或极板间距离来改变电容值,电容值可以改变的电容器称为可变电容器。电容器的种类很多,外形也各不相同,但它们的基本结构是一致的,都是由两个距离很近的导体组成的导体系统,这两个导体分别称为电容器的正极板和负极板,在电路中使用时正极接电源的正极,负极接电源的负极。

12.8.2 平板电容器的能量

如果把一个已经充电的电容器两极板用导线短路连接,可看到导线端有放电火花。这种放电的火花甚至可以用来焊接金属,称为电容焊。焊接时所使用的热能来自于电容器中储存的电场能量,电容器中储存的能量又来自于哪里呢?

给电容器充电的过程,其实质是在电容器中把一个电场从无到有地建立起来的过程,在电场的建立过程中,电源需要克服电容器电场力的作用而作功,电源所作的功即转化为电容器的能量而储存起来。依据上面分析,我们通过电场建立过程中外力(电源力)作功来研究一下平板电容器的储能公式。

为计算方便,我们假设平板电容器电场是这样建立起来的:电源力把电容器负极板的正电荷一点点的移到电容器的正极板,这样电容器正极板多余的正电荷越来越多,负极板所剩的负电荷越来越多,两极板间的电场越来越强,如图 12-30 所示。设电容器的电容为 C,当两个极板上分别带有电荷 $+q$ 和 $-q$ 时,两极板间电势差为 U,则 $U=\frac{q}{C}$,如果将电荷元 $dq(dq>0)$ 匀速地从负极板移到正极板上,由图可知,外力需作功大小为

$$dA=Fd=dEdq=Udq=\frac{q}{C}dq$$

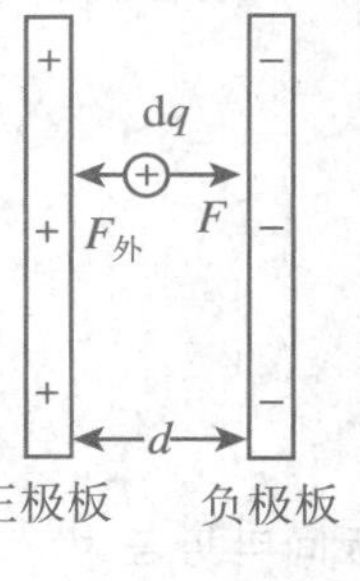

图 12-30 平板电容器的能量

若充电结束时,两极板上电荷分别为 $+Q$ 和 $-Q$,则整个充电过程中电源力作功

$$A=\int dA=\int_0^Q\frac{q}{C}dq=\frac{1}{2}\frac{Q^2}{C}$$

位移与力的方向一致,外力作正功,根据功能原理,电容器中储存的静电能量应等于充电过程中电源力作的功,即电容器电场的能量公式为

$$W=\frac{1}{2}\frac{Q^2}{C} \tag{12-40}$$

考虑 $Q=CU$,平板电容器还有两个常用的储能公式

$$W=\frac{1}{2}CU^2=\frac{1}{2}QU \qquad (12\text{-}41)$$

在实际电路中，极板间的电势差常被称为两极板的电压。从式(12-40)及式(12-41)可知，在电压一定时，电容值大的电容器储存的能量也多，这也说明电容也是电容器储存能量本领大小的量度。

例题 12-20 有一平板电容器，极板面积为 S，极板间距为 d，使电容器与电压为 U 的电源保持良好的接触，并把电容器两极板间距离变为原来的两倍。试求：(1)极板间距变化后电容器的电容；(2)电容器能量的增量。

解 (1)根据平板电容器电容的表达式，及变化后极板间距 $d'=2d$，可得

$$C=\varepsilon_0\frac{S}{2d}$$

是变化前电容器的电容 $C_0=\varepsilon_0\frac{S}{d}$ 的一半；

(2)与电源保持接触，则极板间电势差不变，间距改变前后电容器的能量 W_0、W 分别为

$$W_0=\frac{1}{2}C_0U^2 \qquad W=\frac{1}{2}CU^2=\frac{1}{4}C_0U^2$$

电容器能量的增量为

$$\Delta W=W-W_0=\frac{1}{4}C_0U^2-\frac{1}{2}C_0U^2=-\frac{1}{4}C_0U^2=-\frac{\varepsilon_0SU^2}{4d}$$

式中的负号说明：电压一定时，极板间距变大，电容减小，电容器容储存的能量减少。

例题 12-21 有一平板电容器，极板面积为 S，极板间距为 d，使电容器充电达两极板间电势差为 U，然后使电容器与电源断开，并把一面积也为 S，厚度为 d' 的金属板平行于极板插入两极板之间，如图 12-31 所示。试求：(1)插入金属板后电容器的电容；(2)插入金属板前后电容器能量的变化。

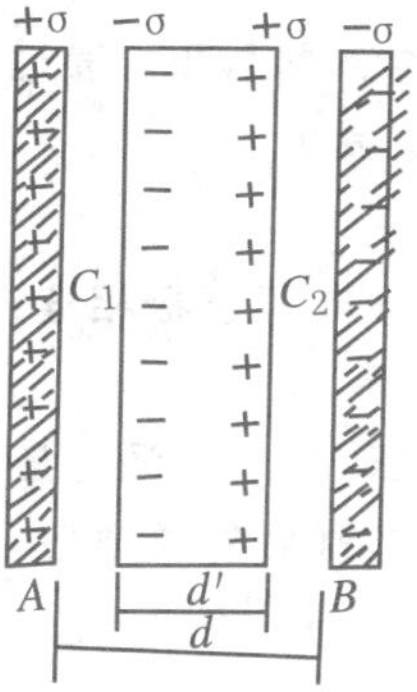

图 12-31 例 12-21 用图

解 (1)设电容器两个极板 A、B 上电荷面密度分别为 $+\sigma$ 和 $-\sigma$，插入金属板后，金属板处于静电平衡状态，可以证明(证明从略，读者自己可利用高斯定理证出)金属板两侧分别感应出面密度为 $-\sigma$、$+\sigma$ 的电荷。金属板内部场强为零，两侧电场与插入金属板前相同。则两极板间电势差为

$$U_{AB}=E(d-d')=\frac{\sigma}{\varepsilon_0}(d-d')$$

根据电容器电容的公式，可得插入金属板后电容器的电容为

$$C=\frac{q}{U_{AB}}=\frac{\sigma S}{U_{AB}}=\frac{\varepsilon_0S}{d-d'}$$

可见，插入金属板后电容器的电容变大了，与原电容 $C_0=\frac{\varepsilon_0S}{d}$ 比较，相当于极板间距缩小了 d' 的距离。另外，由结果看出，此时电容器的电容值与金属板离极板距离无关。

(2)充电后与电源断开，极板上电荷保持不变，即极板上电荷仍为 $q=C_0U$。则插入金属板前后电容器的能量 W_0、W 分别为

$$W_0=\frac{1}{2}\frac{q^2}{C_0}=\frac{1}{2}C_0U^2=\frac{\varepsilon_0 SU^2}{2d}$$

$$W=\frac{1}{2}\frac{q^2}{C}=\frac{1}{2}\frac{c_0^2U^2}{C}=\frac{\varepsilon_0 SU^2(d-d')}{2d^2}$$

电容器能量的增量为

$$\Delta W=W-W_0=-\frac{\varepsilon_0 SU^2 d'}{2d^2}$$

12.8.3 电容器的串联和并联

在实际使用时，除了要考虑电容器的电容值之外，还要考虑它的耐压值。实际电容器中两极板间都会充入电介质，如果加在两极板上的电压超出电容器的耐压值，电容器中的电介质就会被击穿，电容器就会被损坏。

如果单独一个电容器的电容值或耐压值不能满足电路需要时，我们常常把几个电容器连接起来使用，按照连接的方式不同，可分为电容器的串联和并联。

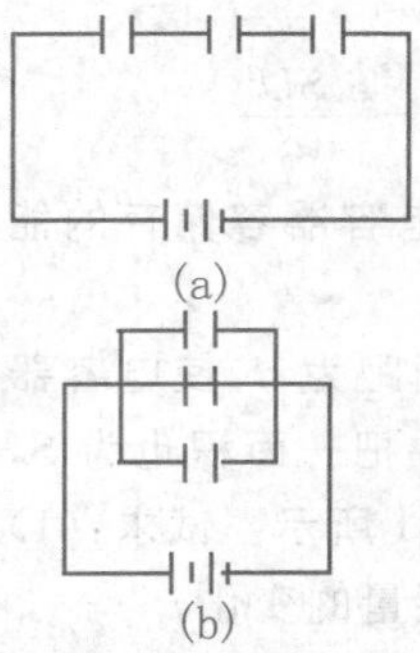

图 12-32 电容器的串、并联

1. 电容器的串联

电容器的串联是指电容器的正极板和下一个电容器的负极板连接，形成首尾相连的形式，两端的电容器分别与电源的正、负极连接，如图 12-32(a)所示。

根据静电平衡原理，电容器串联时，串联的每一个电容器的极板都有相同的电量 q，每个电容器上电压的和等于电源电压。设 C 为串联后的总电容，则有

$$\frac{1}{C}=\frac{U}{q}=\frac{U_1+U_2+\cdots+U_n}{q}=\frac{1}{C_1}+\frac{1}{C_2}+\cdots+\frac{1}{C_n}=\sum\frac{1}{C_i} \quad (12\text{-}42)$$

即串联等效电容器电容的倒数等于每个电容器电容的倒数之和。通过电容器的串联可用提高电容器的耐压值，但电容器的电容值减小。

2. 电容器的并联

电容器的并联是指电容器的正极板和正极板连接，并与电源正极相连，负极板与负极板连接，并与电源负极相连，如图 12-32(b)所示。

电容器并联时，并联的每一个电容器都具有相同的电压，并与电源电压相同，每个电容器极板上的电量和等于总电量 q。设 C 为并联后的总电容，则有

$$C=\frac{q}{U}=\frac{q_1+q_2+\cdots+q_n}{U}=C_1+C_2+\cdots+C_n=\sum C_i \quad (12\text{-}43)$$

即并联等效电容器电容等于每个电容器电容之和。通过电容器的并联可以增大电容器的电容，每个电容器承受的电压与单独使用时相同。

练习题

1. 例 12-20 中，若保持与电源接触的同时把电容器两极板间距离变为原来的一半。试求：(1)极板间距变化后电容器的电容；(2)电容器能量的增量。

2. 例 12-21 中，若 $U=300\mathrm{V}$，$S=3.0\times10^{-2}\mathrm{m}^2$，$d=3.0\times10^{-3}\mathrm{m}$，$d'=1.0\times10^{-3}\mathrm{m}$。试求：(1)插入金属板后电容器的电容；(2)插入金属板前后电容器能量的变化。

12.9 静电场中的电介质

除导体外，电场中其他一切能与电场发生相互影响的物质都可以称为电介质。电介质与导体相比较，突出的特点是电介质中没有可以自由移动的电子。电介质的这一特点是由其微观分子结构决定的，在电介质内，原子核对核外电子的束缚力很强，原子中的电子、分子中的离子只能在原子的范围内移动，因此电介质不具备导电能力。本节主要研究电场对电介质的影响及电介质中静电场的特点。

12.9.1 静电场中的电介质

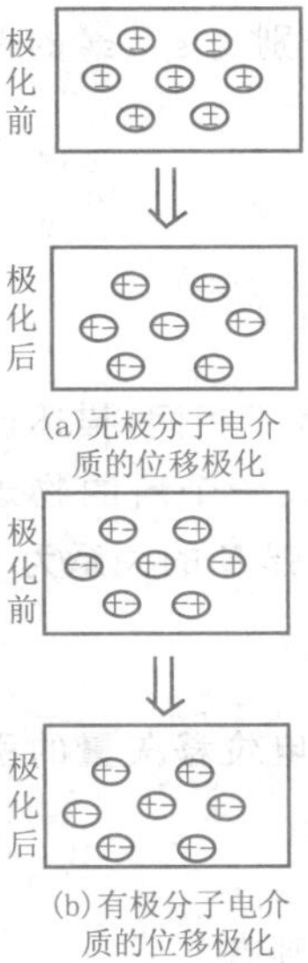

(a)无极分子电介质的位移极化

(b)有极分子电介质的位移极化

图 12-33 电介质的极化

1. 电介质的种类

电介质的分子内部有两类电荷，即正电荷和负电荷，从分子中电荷在外电场中受力的角度来看，可以将所有正电荷(分子一般由多个原子组成，每个原子核内都有正电荷)看作集中在一点上，将所有的负电荷(所有的电子都带有负电荷)看作集中在另一点上，这两个点分别称为正、负电荷的中心，这样，一个分子在外电场中可以等效为一个电偶极子。

试验表明，电介质分子有两类，一类分子的正、负电荷的中心相互重合，即电偶极子的电矩为零，这类分子称为无极分子；另一类分子的正、负电荷的中心不重合，称为有极分子。相应地，按照组成电介质分子的特点把电介质分为两大类，一类是由无极分子构成的电介质，称为无极分子电介质，如 He、O_2 等；另一类是由有极分子构成的电介质，称为有极分子电介质，如 Hcl、SO_2 等。

虽然电介质分子中有正、负电荷的中心，正、负电荷的中心也不完全重合，从微观上看，分子对外呈现电性，但由于分子的电矩方向杂乱无序，所以在宏观上看，整个电介质并不表现出电性。

2. 电介质的极化

如果把电介质放入电场中，分子中正、负电荷的中心会在外电场的作用下产生新的分布，从而使电介质表面呈现出电性，这种现象称为电介质的极化现象。由于电介质极化而使表面带的电荷称为极化电荷，因极化电荷被束缚在分子范围内，所以极化电荷也称束缚电荷。

有极分子和无极分子在极化时，微观机制并不相同，如图 12-33 所示。在外场的作用下，无极分子的正、负电荷中心产生了微小的位移，从而使分子显现出电性，这种由于正、负电荷中心的移动而产生的极化现象称为位移极化；在外场的作用下，有极分子的电偶极子的电矩方向发生偏转，取向趋于一致，从而使介质表面显现出电性，这种由于分子电矩取向转变而产生的极化现象称为转向极化。

从图 12-33 可看出，无论是哪种极化方式，其宏观效应是相同的，即在介质的表面能够显现出电性，产生极化电荷。

12.9.2 电介质中的静电场

1. 电介质中的场强

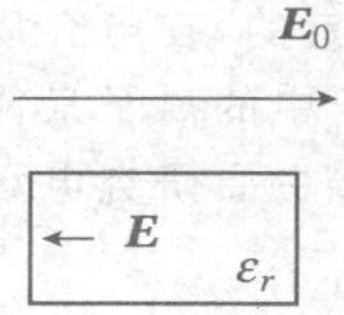

图 12-34 电介质中的电场

介质极化时产生的极化电荷同样能够激发电场，也可称为附加电场，附加电场的方向总是与原电场的方向相反，如图 12-34 所示。电介质中的电场是原电场和附加电场的叠加，用 $\boldsymbol{E}_0$ 表示原电场，用 $\boldsymbol{E}'$ 表示附加电场，试验表明，介质中电场的场强 $\boldsymbol{E}$ 为

$$\boldsymbol{E}=\boldsymbol{E}_0+\boldsymbol{E}'=\frac{1}{\varepsilon_r}\boldsymbol{E}_0 \tag{12-44}$$

式中，ε_r 称为电介质的相对介电常数，其值等于介质的介电常数 ε 除以真空中的介电常数 ε_0，即 $\varepsilon_r=\frac{\varepsilon}{\varepsilon_0}$。一般的，$\varepsilon_r>1$，所以，介质中电场的场强大小要小于原电场场强的大小，即 $|\boldsymbol{E}|<|\boldsymbol{E}_0|$。

2. 电位移矢量

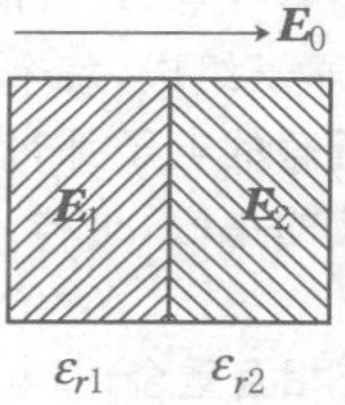

图 12-35 电位移矢量

如图 12-35 所示，设原电场场强为 $\boldsymbol{E}_0$，相对介电常数分别为 ε_{r1}、ε_{r2} 的两个介质中电场的场强分别为 $\boldsymbol{E}_1$、$\boldsymbol{E}_2$，则有

$$\boldsymbol{E}_1=\frac{1}{\varepsilon_{r1}}\boldsymbol{E}_0$$

$$\boldsymbol{E}_2=\frac{1}{\varepsilon_{r2}}\boldsymbol{E}_0$$

可见，即使在同样的原电场中，不同电介质中的场强也各不相同，描述此时的电场场强分布是比较复杂的，为了避免这点，我们引入一个新的物理量——电位移矢量，用 $\boldsymbol{D}$ 表示，在各向同性的介质中，$\boldsymbol{D}$ 与场强 $\boldsymbol{E}$ 的关系为

$$\boldsymbol{D}=\varepsilon\boldsymbol{E}=\varepsilon_r\varepsilon_0\boldsymbol{E}=\varepsilon_r\varepsilon_0\frac{\boldsymbol{E}_0}{\varepsilon_r}=\varepsilon_0\boldsymbol{E}_0$$

可见，无论是在哪种介质中，电位移矢量是处处相同的，电位移矢量的引入给描述电介质中静电场的分布情况带来很大的方便。

3. 电介质中的高斯定理

若用电位移矢量代替场强来表达静电场中的高斯定理，则有

$$\oiint_S \boldsymbol{D}\cdot \mathrm{d}\boldsymbol{S}=\oiint_S \varepsilon_0\boldsymbol{E}_0\cdot \mathrm{d}\boldsymbol{S}=\varepsilon_0\oiint_S \boldsymbol{E}_0\cdot \mathrm{d}\boldsymbol{S}=\varepsilon_0\frac{1}{\varepsilon_0}\sum q_i=\sum q_i$$

即
$$\oint\!\!\!\oint_S \boldsymbol{D}\cdot \mathrm{d}\boldsymbol{S}=\sum q_i \tag{12-45}$$

式中，q_i 为激发原电场的电荷，称为自由电荷。式(12-45)表明：在静电场中通过任意闭合曲面的电位移通量等于闭合曲面内包围的自由电荷的代数和，此即是电介质中的高斯定理。

12.9.3 静电场的能量

如平板电容器内部充满介电常数为 ε 的电介质，根据电容器电容的定义，可求得此时的电容

$$C=\frac{q}{U}=\frac{\sigma S}{Ed}$$

根据 $E=\dfrac{E_0}{\varepsilon_r}$ 及 $E_0=\dfrac{\sigma}{\varepsilon_0}$，带入上式化简得

$$C=\varepsilon\frac{S}{d} \tag{12-46}$$

可见，在电容器中充入电介质，电容增加，因此，电介质的介电常数 ε 有时也称为电介质的电容率。电介质不仅能够改变电容器的电容值，还可以改变电容器内储存的能量。例如，对于两板之间充满介电常数为 ε 的电介质的平行板电容器，储存的电场能量公式仍为 $W=\dfrac{1}{2}CU^2$，但式中的 $C=\varepsilon\dfrac{S}{d}$。同时考虑 $U=Ed$，则有

$$W=\frac{1}{2}\varepsilon\frac{S}{d}(Ed)^2=\frac{1}{2}\varepsilon SdE^2 \tag{12-47}$$

平行板电容器的体积为 $V=Sd$，结合式(12-47)，可得单位体积中的电场能，即电场能量密度，用 w_e 表示，则为

$$w_e=\frac{W}{V}=\frac{1}{2}\varepsilon E^2 \tag{12-48}$$

根据电位移矢量大小 $D=\varepsilon E$，并带入上式，可得电场能量密度的另一种形式

$$w_e=\frac{W}{V}=\frac{1}{2}DE \tag{12-49}$$

式(12-48)和式(12-49)都是电场能量密度的计算式，其中式(12-48)仅在各向同性的静电场中适用，而(12-49)是计算电场能量密度的普遍公式，不论电场均匀与否，也不论电场是静电场还是变化电场，都适用。对于任意电场计算其能量时，可以先根据式(12-49)计算电场能量密度，然后再在整个电场中对电场能量密度积分，即

$$W_e=\iiint_V w_e\mathrm{d}v=\frac{1}{2}\iiint_V DE\mathrm{d}v \tag{12-50}$$

例题 12-22 有一平板电容器，极板面积为 S，极板间距为 d，极板间原来为真空，现在两极板间充满相对介电常数为 ε_r 的电介质。试求：(1)充入介

质后电容器的电容;(2)如果电容器一直与电压为 U 的电源连接,试求电容器内电能的增量。

解 (1)根据有电介质时平行板电容器的电容公式,得

$$C=\varepsilon\frac{S}{d}=\varepsilon_r\varepsilon_0\frac{S}{d}$$

(2)根据电容器能量公式,放入介质前电容器的能量 W_0 和放入介质后的电容器能量 W 分别为

$$W_0=\frac{1}{2}C_0U^2=\frac{S\varepsilon_0}{2d}U^2$$

$$W=\frac{1}{2}CU^2=\frac{S\varepsilon_0\varepsilon_r}{2d}U^2$$

能量的增量为 $\Delta W=W-W_0=\frac{S\varepsilon_0}{2d}U^2(\varepsilon_r-1)$

练习题

试用电场能量密度公式及积分运算求例题 12-22(2)的问题。

小 结

相对于观察者静止的电荷激发的电场称为静电场,本章主要介绍了描述静电场的两个重要的物理量——场强和电势的物理意义、定义式、求解办法及有导体和电介质存在时电场的变化情况。

一、电场强度

1. 场强的物理意义:场强是描述电场力学性质的物理量。

2. 定义式:$\boldsymbol{E}=\frac{\boldsymbol{F}}{q_0}$

3. 几种类型电场中场强的求解办法。

(1)点电荷电场中场强

在点电荷电场中,根据库仑定律,$\boldsymbol{F}=\frac{1}{4\pi\varepsilon_0}\frac{q_0q}{r^2}\boldsymbol{r}_0$,可得该处场强为

$$\boldsymbol{E}=\frac{1}{4\pi\varepsilon_0}\frac{q}{r^2}\boldsymbol{r}_0$$

(2)点电荷系电场中场强——场强叠加原理

$$\boldsymbol{E}=\boldsymbol{E}_1+\boldsymbol{E}_2+\cdots+\boldsymbol{E}_n=\sum_{i=1}^{n}\boldsymbol{E}_i$$

(3)电荷连续分布带电体电场中场强

方法一:场强积分法。

$$\boldsymbol{E}=\int\mathrm{d}\boldsymbol{E}=\frac{1}{4\pi\varepsilon_0}\int\frac{\mathrm{d}q}{r^2}\boldsymbol{r}_0$$

方法二:高斯定理法。对于电荷呈对称分布的带电体,由于对应电场中

场强的分布也呈对称性，应用高斯定理求解场强更为简单和便利。高斯定理的内容为：真空中通过任意闭合曲面的电通量等于该曲面内包围的所有电荷的代数和除以真空的介电常数 ε_0。数学表达式为

$$\Phi_e = \oint_S \boldsymbol{E} \cdot d\boldsymbol{S} = \frac{1}{\varepsilon_0}\sum_{i=1}^{m} q_i$$

应用高斯定理求场强适用的静电场的类型有两类：

(1)场源电荷成球对称分布。在这样的电场中，我们可以选择合适的高斯面，使得该高斯面所在处场强大小处处相等，且场强处处与面元法向平行(即场强处处垂直于高斯面)，高斯面所在处场强大小为

$$E = \frac{1}{S}\frac{\sum q_i}{\varepsilon_0}$$

(2)场源电荷呈轴对称或面对称分布。在这样的电场中，我们可以选择合适的高斯面，使得高斯面上一部分面积元的法向与场强平行且场强大小处处相等，而其他部分面元都与场强垂直(此区域对应通量为零)，则可求得平行部分面元所在处的场强为

$$E = \frac{1}{S_{/\!/}}\frac{\sum q_i}{\varepsilon_0}$$

二、电势

1. 电势的物理意义：描述静电场作功性质的物理量。

2. 电势的定义式：$V_P = \dfrac{W_P}{q_0} = \int_P^{\infty} \boldsymbol{E} \cdot d\boldsymbol{l}$

3. 几种类型电场中电势的求解方法

(1)点电荷电场中电势

$$V_P = \frac{q}{4\pi\varepsilon_0 r}$$

(2)点电荷系电场中电势——电势叠加原理

$$V = \sum V_i$$

(3)电荷连续分布带电体电场中电势

方法一：电势积分法。电荷连续分布带电体可视为由许多个电荷元组成，带电体在空间某处产生的电势等于电荷元在该处产生电势的积分，即

$$V = \int_{\text{带电体}} dV = \int_{\text{带电体}} \frac{dq}{4\pi\varepsilon_0 r}$$

方法二：场强积分法。若已知带电体电场中场强的分布情况，根据电势定义式可知，场中某处电势等于从该处到无穷远场强沿任意路径的积分，即

$$V_P = \int_P^{\infty} \boldsymbol{E} \cdot d\boldsymbol{l}$$

三、静电场中的导体和电介质

1. 静电场中的导体

静电平衡状态时导体内部和表面电荷及电场分布情况为：

(1)导体内部场强处处为零，导体表面场强垂直于导体表面；

(2)导体是等势体，导体表面是等势面；

(3)导体与大地绝缘时，导体上电荷分布有如下特点：实心导体及内部有空腔但空腔内无电荷的导体，电荷全部分布于导体的外表面，其内部无电荷；若导体内部有空腔，且空腔内有电荷，则导体内壁上带有与腔内电荷等量异号的电荷，其余电荷分布于导体外表面，导体内部无电荷。导体与大地接触，则接触处所在的表面无电荷。

2. 静电场中的电介质

放入静电场中的电介质在静电场的作用下发生极化现象，介质中的场强为

$$\boldsymbol{E}=\boldsymbol{E}_0+\boldsymbol{E}'=\frac{1}{\varepsilon_r}\boldsymbol{E}_0$$

电介质中的高斯定理数学表达式为

$$\oiint_S \boldsymbol{D}\cdot \mathrm{d}\boldsymbol{S}=\sum q_i$$

式中，$\boldsymbol{D}$ 称为电位移矢量，$\boldsymbol{D}$ 与场强 $\boldsymbol{E}$ 的关系为 $\boldsymbol{D}=\varepsilon\boldsymbol{E}=\varepsilon_0\boldsymbol{E}_0$。

3. 电容器电容及其能量

(1)电容器的电容：$C=\dfrac{q}{U_{AB}}=\dfrac{q}{V_A-V_B}$

(2)平板电容器电容：$C=\dfrac{q}{U_{AB}}=\varepsilon_0\ \dfrac{S}{d}$

(3)平板电容器的能量：$W=\dfrac{1}{2}\dfrac{Q^2}{C}=\dfrac{1}{2}CU^2=\dfrac{1}{2}QU$

阅读材料七：军人出身的物理学家——库仑

查利·奥古斯丁·库仑(1736—1806)：法国工程师、物理学家。

主要成就：应用力学方面，做了大量的结构力学、梁的断裂、砖石建筑、土力学、扭力等方面实验，是测量人在不同工作条件下做功的第一个尝试者；提出计算出物体上应力和应变分布情况的方法。物理学方面，建立了库仑摩擦定律；建立库仑定律。著有《电气与磁性》等。

1736年6月14日生于法国昂古莱姆。库仑家里很有钱，在青少年时期，他就受到了良好的教育。他后来到巴黎军事工程学院学习，离开学校后，进入西印度马提尼克皇家工程公司工作。工作了八年以后，他又在埃克斯岛瑟堡等地服役，开始从事科学研究工作。他把主要精力放在研究工

程力学和静力学问题上，并在军队里从事了多年的军事建筑工作，这为他1773年发表的有关材料强度的论文积累了材料。在这篇论文里，库仑提出了计算物体上应力和应变的分布的方法，这种方法成了结构工程的理论基础，一直沿用到现在。他还做了一系列的摩擦实验，建立了库仑摩擦定律：摩擦力和作用在物体表面上的正压力成正比；并证明了摩擦因数和物体的材料有关。由于这些卓越成就，他被认为是18世纪欧洲伟大工程师之一。

库仑在物理方面的主要贡献是他对电荷间相互作用力的测量，他提出的库仑定律使人类对电学现象的研究从定性进入定量阶段，具有划时代的意义。值得一提的是，他用来测量电荷间相互作用力的精巧扭秤装置最初并非为此实验而设计。1777年法国科学院悬赏，征求改良航海指南针中磁针的方法。库仑认为磁针支架在轴上，必然会带来磨擦，要改良磁针，必须从这根本问题着手，于是他提出用细头发丝或丝线悬挂磁针。他又发现线扭转时的扭力和针转过的角度成比例关系，于是可以根据角度测量扭转力的大小。这就是他设计的扭秤雏形，扭秤能以极高的精度测出非常小的力。由于成功地设计了新的指南针结构以及在研究普通机械理论方面作出的贡献，1782年，他当选为法国科学院院士。为了保持较好的科学实验条件，他仍在军队中服务，但他的名字在科学界已为人所共知。1785年，库仑改良了自己发明的扭秤，他在细金属丝的下端悬挂一根秤杆，秤杆的一端有一个小球A，另一端有一平衡体P，在A旁放置一个同它一样大小的固定小球B。为了研究带电体间的作用力，先使A和B都带一定电荷，这时秤因A端受力而偏转。扭转悬丝上端的旋钮，使小球A回到原来的位置，平衡时悬丝的扭力矩等于电力施在A上的力矩。如果悬丝的扭转力矩同扭角间的关系已知，并测得秤杆的长度，就可以求出在此距离下AB之间的作用力。实验中，库仑使两小球均带同种等量的电荷，互相排斥。他作了三次数据记录：

第一次，两球相距36个刻度，测得银线的旋转角度为36度。

第二次，两球相距18个刻度，测得银线的旋转角度为144度。

第三次，两球相距8.5个刻度，测得银线的旋转角度为575.5度。

实验表明，两个电荷之间的距离为4∶2∶1时，扭转角为1∶4∶16。由于扭转角的大小与扭力成反比，所以得到：两电荷间的斥力的大小与距离的平方成反比（库仑认为第三次的些微偏差是由漏电所致）。经过了这们巧妙的安排，仔细实验，反复的测量，并对实验结果进行分析，找出误差产生的原因，进行修正，库仑终于测定了带等量同种电荷的小球之间的斥力。但是，对于异种电荷之间的引力，用扭秤来测量就遇到了麻烦。因为金属丝的扭转的回复力矩仅与角度的一次方成比例，这就不能保证扭秤的稳定。经过反复的思考，库仑发明了电摆。他利用与单摆相类似的方法测定了异种电荷之间的引力也与它们的距离的平方成反比。最后库仑终于找出了在真空中两个点电荷之间的相互作用力与两点电荷所带的电量及它们之间的距离的定量关系，这就是静电学中的库仑定律。库仑定律是电学发展史上的第一个定量规律，它使电学的研究从定性进入定量阶段，是电学史中的一块重要的里程碑。电荷的单位库仑就是以他的姓氏命名的。

1789 年法国大革命爆发，库仑隐居在自己的领地里，每天全身心地投入到科学研究的工作中去。同年，他的一部重要著作问世，在这部书里，他对有两种形式的电的认识发展到磁学理论方面，并归纳出类似于两个点电荷相互作用的两个磁极相互作用定律。库仑以自己一系列的著作丰富了电学与磁学研究的计量方法，将牛顿的力学原理扩展到电学与磁学中，连续在皇家科学院备忘录中发表了很多相关的文章。他还给我们留下了不少宝贵的著作，其中最主要的有《电气与磁性》一书，共七卷，于 1785～1789 年先后公开出版发行。库仑的研究为电磁学的发展、电磁场理论的建立开拓了道路。

需要说明的是，在当时没有公认的测量电量方法的情况下，库仑根据对称性，采用一个巧妙的方法来比较两个金属小球所带电量大小的关系。库仑认识到两个大小相同的金属球，一个带电，一个不带电，两者互相接触后，电量被两个球等分，各自带原有总电量的一半。库仑用这个方法依次得到了带有原来电量的 1/2、1/4、1/8、1/16 等的电荷。

1806 年 8 月 23 日，库仑因病在巴黎逝世，终年七十岁。

库仑是十八世纪最伟大的物理学家之一，他的杰出贡献是永远也不会磨灭的。

习题 12

A 类题目：

12-1　在正方形的两个对角上各放置一个点电荷 $Q=2\times10^{-8}$C，在其余的两个对角上各放置一个点电荷 q。试求：q 为多大能使得电荷 Q 受的合力为零。

12-2　有三个带同种电荷的小球 A、B、C，它们的电量之比为 1∶3∶5，三个小球放置在同一直线上，相互间的距离远大于小球的半径。试求：若 A、C 位置固定不动，B 球受力为零时 B 球到 A、C 的距离之比。

12-3　三个半径相同的金属小球，其中甲、乙两球带有等量异号电荷，丙球不带电。甲、乙两球的距离远大于二者的半径，它们之间的静电力大小为 F。现用带绝缘柄的丙球先与甲球接触，然后再与乙球接触。试求：移走丙球后，甲、乙两球之间的作用力大小。

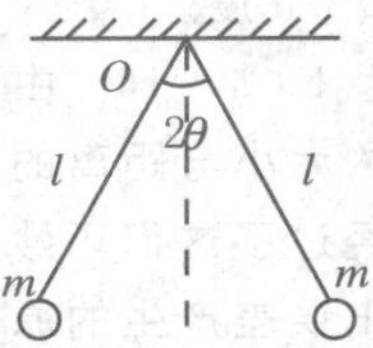

图 12-36　习题 12-4 用图

12-4　如图 12-36 所示，两个质量均为 m 的小球，带等量同种电荷，用长度为 l 的丝线悬挂于 O 点。当小球受力平衡时，两丝线间的夹角为 2θ（θ 值很小）。小球的半径和丝线的质量可以忽略不计。试求：小球所带电量。

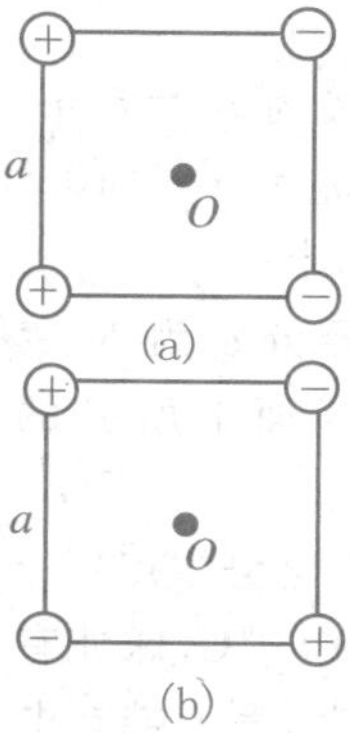

图 12-37 习题 12-5 用图

12-5 电量都为 q 的四个点电荷两正两负分别放置于边长为 a 的正方形的四个角上，如图 12-37 所示。试求：图示两种情况中正方形中心 O 处的场强。

12-6 如图 12-38 所示，边长为 0.3m 的正三角形的顶点 A 处放置一电量为10^{-8}C 的正点电荷，B 处放置一电量为10^{-8}C 的负点电荷。试求：顶点 C 处的场强和电势。

12-7 如图 12-39 所示，真空中一长为 10cm 均匀带正电的玻璃棒 AB，带电量为 $Q=1.5\times10^{-8}$C。试求：在棒延长线上距棒的端点 5cm 处 P 点的电场强度。

12-8 如图 12-40 所示，有一半径为 R 均匀带电的四分之一圆弧，带电量为 Q，另有一个点电荷 Q 置于 A 点。试求：(1)O 点的场强；(2)O 点的电势。

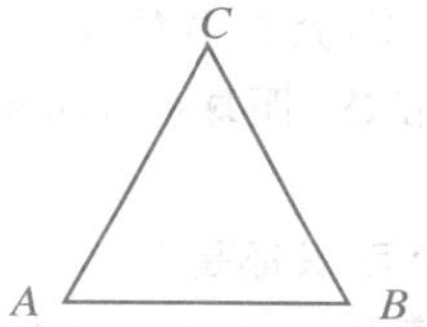

图 12-38 习题 12-6 用图

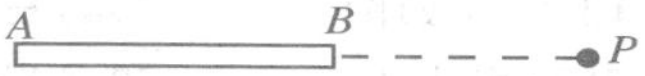

图 12-39 习题 12-7 用图

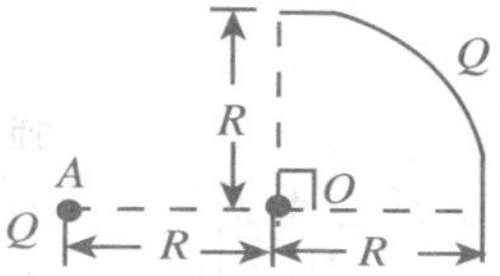

图 12-40 习题 12-8 用图

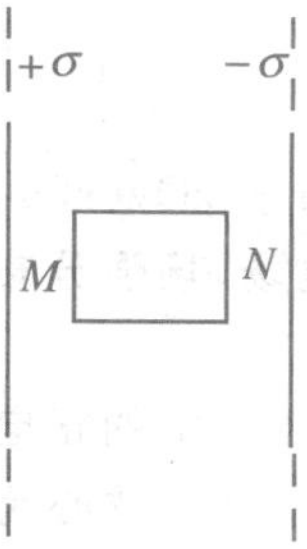

图 12-41 习题 12-9 用图

12-9 如图 12-41 所示，真空中两无限大均匀带电平面，电荷面密度分别为$+\sigma$、$-\sigma$。在两板间取一立方体形的高斯面，设每一面的面积都为 S，立方体的两个面 M、N 与平板平行。试求：(1)通过 M 面的电通量；(2)通过 N 面的电通量。

12-10 图 12-42 所示为一立方体形的高斯面，立方体边长为 $a=0.1$m。空间场强的分布为 $E=1\,000x\boldsymbol{i}$N·C^{-1}。试求：该高斯面中包含的净电荷。

12-11 真空中，一半径为 R 均匀带电的球体，电荷体密度为 ρ。试求：场强分布情况。

12-12 真空中，一均匀带电的球壳，球壳内外半径分别为 R_1、R_2，带电量为 Q。试求：场强分布情况。

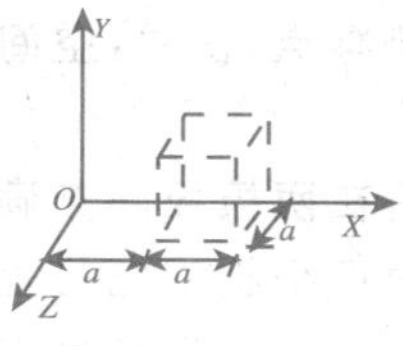

图 12-42 习题 12-10 用图

12-13 真空中，一无限长均匀带电圆柱面，单位长度带电为 λ，截面半径为 R。试求：场强分布情况。

12-14 一电量为 Q 的点电荷固定在空间某点上，现将另一电量为 q 的点电荷放在与Q 相距 d 处。若设无限远处为电势零点。试求此时的电势能。

12-15 一质量为 m、电量为 q 的粒子，在电场力的作用下从电势为 V_A 的A 点运动到电势为 V_B 的 B 点。若粒子到达 B 点时的速率为 v_B。试求：粒子在 A 点时的速率。

12-16 如图 12-43 所示，A、B、O、D 在同一直线上，且相邻点间距都为 R。A 点放置一电量为 q 的点电荷，O 点放置有一电量为 $-q$ 的点电荷。试求：将一单位正电荷从 B 点沿半圆弧轨道 BCD 移动到 D 点过程中静电场力

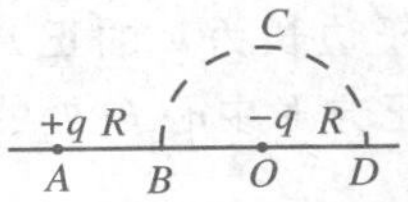

图 12-43　习题 12-16 用图

作的功。

12-17　如图 12-44 所示,两个同心带电球面,内球面半径为 $R_1=5$cm,带电量为 $q_1=3\times10^{-8}$C;外球面半径为 $R_2=20$cm,带电量为 $q_2=-6\times10^{-8}$C。设无穷远处为电势零点,试求:空间另一电势为零的球面的半径。

12-18　两个带等量异号电荷的均匀带电同心球面,半径分别为 $R_1=3$cm、$R_2=10$cm。已知两者的电势差为 450V。试求:每个球面上所带的电量。

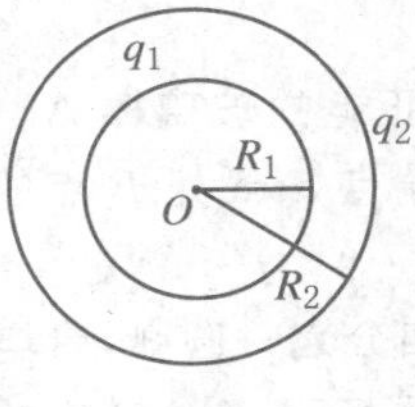

图 12-44　习题 12-17 用图

12-19　已知如习题 12-7。试求:P 点电势(以无限远处为电势零点)。

12-20　半径为 $R=1.0$cm 的金属球,带有电荷 $q=1.0\times10^{-10}$C,球外有一个内、外半径分别为 $R_1=3.0$cm、$R_2=4.0$cm 的同心金属球壳,壳上带有电荷$Q=11.0\times10^{-10}$C。试求:(1)球和球壳的电势;(2)二者的电势差;(3)若把外球接地,则二者的电势分别为多少,电势差又为多少?

12-21　点电荷 $q=4.0\times10^{-10}$C,处在导体球壳的中心,壳的内、外半径分别为 $R_1=2.0$cm、$R_2=4.0$cm。试求:距球心 1.0cm、3.0cm、5.0cm 处的场强和电势。

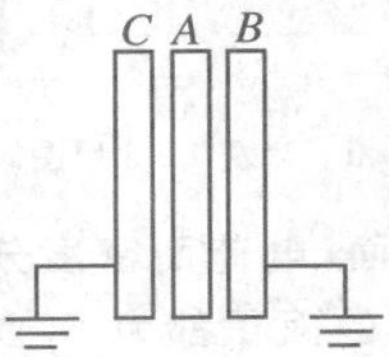

图 12-45　习题 12-22 用图

12-22　如图 14-45 所示,三个面积都是 200cm^2 的平行金属板 A、B、C,A 和 B 距离为 4.0mm,A 和 C 距离为 2.0mm。A 板带正电荷 3.0×10^{-7}C,B、C 接地。如果略去边缘效应,试求:(1)B、C 两板感应的电荷量;(2)A 板的电势。

B 类题目:

12-23　边长为 $l=0.1$m 的立方体盒子的六个面分别平行于 xOy、xOz、xOz 平面,盒子的一个顶点在坐标原点处。在此区域有一静电场,场强分布为$\boldsymbol{E}=200\boldsymbol{i}+300\boldsymbol{j}$N·C^{-1}。试求:通过各表面的电通量。

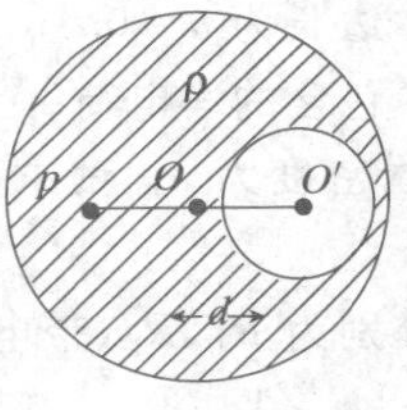

图 12-46　习题 12-24 用图

12-24　如图 12-46 所示,一球体内均匀分布着电荷体密度为 ρ 的正电荷,现保持电荷分布不变,在该球体内挖去半径为 r 的一个小球体,球心为 O',两球心距离为 d。试求:(1)O'处的电场强度;(2)在球体内 P 点处的电场强度(O、O'、P 在同一直线上,且$\overline{OP}=d$)。

12-25　两个带有等量异号电荷的无限长同轴圆柱面,截面半径分别为 R_1、R_2($R_2>R_1$),单位长度上带电量都为 λ。若以轴为电势零点,试求:空间场强和电势的分布情况。

12-26　一空气平行板电容器充电后与电源断开,然后在两极板间充满相对介电常数为 ε_r 的各向同性均匀电介质。试求:(1)此时两极板间电势差与原来的比值;(2)此时极板间电场强度与原来的比值;(3)此时电场能量与原来的比值。

12-27　把两个分别标有“200pF、500V”和“300pF、900V”的电容 C_1、C_2 串联起来。试求:(1)串联后的等效电容值;(2)如果在它们两端加上 1 000V 的电压,能否击穿?

第 13 章　恒定磁场

静止的电荷在其周围激发静电场，运动的电荷在其周围不仅会激发电场，还会激发磁场。电荷的定向运动形成电流，因此运动电荷周围的磁场可以说是电流的磁场，方向、强度都不随时间变化的电流称为恒定电流，恒定电流激发的磁场称为恒定磁场。本章主要研究恒定磁场如何描述，恒定磁场与激发它的电流之间的关系，磁场对放入其中的运动电荷或电流的作用，以及磁场和磁介质之间的相互作用。本章的主要学习方法是与第 12 章的知识进行类比。

13.1　磁感应强度　磁场的高斯定理

磁感应强度是描述磁场强弱的物理量。本节主要介绍磁感应强度的定义及物理意义，然后介绍磁通量的概念，并在此基础上讨论磁场的高斯定理。

13.1.1　磁场　磁感应强度

1. 磁现象　磁场

早在公元前，人们就已观测到天然磁石吸铁的现象，我国是最早认识并应用磁现象的国家。在春秋和战国时期(约公元前 3 世纪)，就有了“慈石”、“司南”等的记载，北宋时期(11 世纪)，我国的科学家沈括发明了航海用的指南针，并发现了地磁偏角。1819 年，丹麦的科学家奥斯特发现放在载流导线附近的磁针会偏转，这个实验表明，在通电导线的周围和磁铁周围一样，存在磁场。1822 年，安培提出了磁性的本质，指出天然磁铁周围的磁场和电流周围的磁场在本质上具有一致性，从而把天然磁铁周围的磁场和电流周围的磁场统一起来。

2. 磁感应强度

电场可以传递电荷间的电力，磁场可以传递磁力，磁场和电场一样，是一种客观存在的特殊物质。为了描述电场的强弱和方向，我们引入电场强度这一物理量；同样，为了描述磁场的强弱和方向，我们也引入一个物理量——磁感应强度，用 $\boldsymbol{B}$ 表示。

电场中，电场强度是根据电荷在电场中受力情况来定义的，场强 $\boldsymbol{E}=\dfrac{\boldsymbol{F}}{q_0}$，同样的，在磁场中磁感应强度也是根据运动电荷在磁场中的受力情况来定义的。

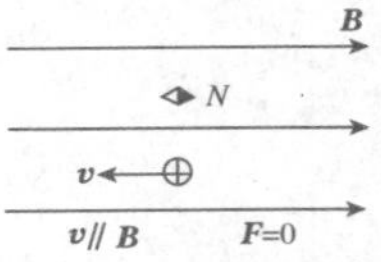

图 13-1　$v \parallel B$

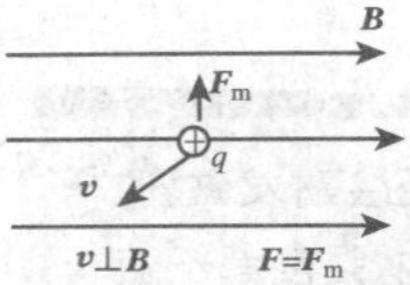

图 13-2　$v \perp B$

首先，根据放入磁场中小磁针的指向来确定磁感应强度的方向。放入磁场中某点的一个可以自由转动的小磁针，因两极受到方向相反的磁场力作用而转动，当小磁针静止时，磁针 N 极(北极)的指向我们规定为磁场中该点的磁感应强度 $\boldsymbol{B}$ 的方向。

然后，确定磁感应强度大小的关系。实验发现：(1)一个电量为 q 的电荷，以速度 v 进入磁场，当该电荷的运动方向与磁感应强度的方向平行时，电荷运动速度不变，这说明电荷此时不受磁场力，如图 13-1 所示；(2)当电荷运动方向和磁感应强度方向不平行时，电荷的运动速度发生变化，这说明电荷受到磁场力的作用。而且磁场力方向总是与电荷的运动方向垂直，大小随电荷的运动方向变化而变化，实验发现，当此电荷运动方向与磁感应强度方向垂直时，磁场力最大，我们用 $\boldsymbol{F}_m$ 表示这个最大的磁场力，如图 13-2 所示；(3)当电荷的运动速度方向与磁感应强度方向垂直时，电荷的受力大小与电荷的电量及运动速率都成正比，即在磁场中的某点，运动电荷所受的最大磁场力 $\boldsymbol{F}_m$ 的大小与电荷电量、运动速率大小乘积 qv 的比值为确定的量值，可见，这个比值只与磁场的性质有关，而与运动电荷无关，所以，我们定义它为反映磁场强弱性质的物理量——磁感应强度的大小即

$$B=\frac{F_m}{qv} \tag{13-1}$$

式(13-1)为磁感应强度大小的定义式。进一步研究还发现，对于正电荷而言，在磁场中某点的 $\boldsymbol{F}_m \times \boldsymbol{v}$ 方向与用小磁针判断的方向是一致的，所以，我们可以用正电荷的 $\boldsymbol{F}_m \times \boldsymbol{v}$ 方向来判断磁场中磁感应强度方向。

在国际单位制(SI)中，磁感应强度的单位为特斯拉，简称特(T)

$$1\text{T}=1\text{N}\cdot\text{s}\cdot\text{C}^{-1}\cdot\text{m}^{-1}=1\text{N}\cdot\text{A}^{-1}\cdot\text{m}^{-1}$$

工程上，还常用高斯(Gs)作为磁感应强度的单位

$$1\text{T}=10^4\text{Gs}$$

特斯拉是个比较大的单位，地球表面的磁场方向是由地球的南极指向北极(地球的南极是地磁场的北极)，地磁场强弱随位置而变化，地球两极磁场最强，磁感应强度大小约为 6×10^{-4} T。赤道的磁场最弱，磁感应强度大小约为 3×10^{-4} T。一般永久性磁铁的磁感应强度约为 10^{-2} T，大型的电磁铁能产生约为 2T 的磁场，由于超导材料的应用，已能获得高达 1 000T 的强磁场。

磁感应强度 $\boldsymbol{B}$ 是描述磁场中各点强弱和方向的物理量，通常 $\boldsymbol{B}$ 是场点位置的函数。若场中各点的磁感应强度 $\boldsymbol{B}$ 都相同，则场称为匀强磁场。恒定磁场中 $\boldsymbol{B}$ 仅随空间位置变化，而不随时间变化。

13.1.2 磁感应线　磁通量

1. 磁感应线

类似于用电场线形象地描述电场一样，磁场中也可以引入磁感应线(也

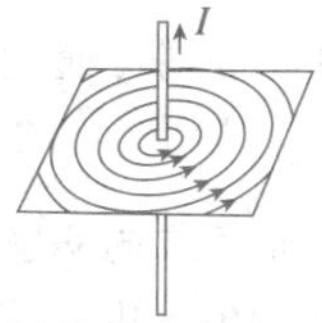

(a)长直电流磁场

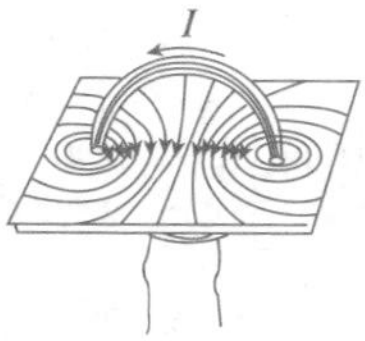

(b)圆电流磁场

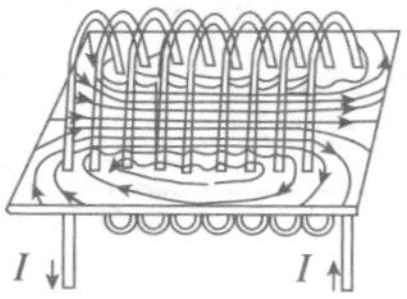

(c)直螺线管磁场

图 13-3 几种电流磁场的磁感应线分布情况

称 **B** 线)来形象地描述磁场的分布情况。磁感应线也是在磁场中所画的假象曲线,同样,我们规定:(1)磁感应线的切线方向与该点磁感应强度的方向一致;(2)通过磁场中某点处垂直于 **B** 的单位面积的磁感应线条数,等于该处磁感应强度大小的量值。因此,磁感应线密的地方磁感应强度大,磁感应线疏的地方磁感应强度小。图 13-3 给出了几种电流磁场的磁感应线分布情况。

从图 13-3 可以看出,磁感应线具有如下几个特点。

(1)任意两条磁感应线不会相交。这点与电场线一致,也是由磁场中某点磁感应强度方向的唯一性决定的。

(2)每条磁感应线都是环绕电流的闭合曲线。这点与电场线不一样,电场线不闭合。磁感应线是闭合曲线说明磁场是涡旋场,磁感应线无头无尾说明磁场是无源场。

(3)磁感应线的环绕方向与电流方向之间可以用右手螺旋表示。若拇指指向为电流方向,则四指环绕方向为磁感应线方向;若四指环绕方向为电流方向,则拇指指向是磁感应线的方向。

2. 磁通量

通过磁场中任一给定面积的磁感应线条数称为通过该面积的磁感应通量,简称磁通量,用 Φ_m 表示。磁通量的计算方法与电通量的计算方法类似:

(1)匀强磁场中,通过与 **B** 方向垂直、面积为 S 平面的磁通量,如图 13-4(a)所示

$$\Phi_m = BS \tag{13-2}$$

(2)匀强磁场中,通过法向与 **B** 方向夹角为 θ、面积为 S 平面的磁通量,如图13-4(b)所示

$$\Phi_m = \boldsymbol{B}\cdot\boldsymbol{S} = BS\cos\theta \tag{13-3}$$

(3)非匀强磁场中,或者通过面积为 S 曲面的磁通量,如图 13-4(c)所示

在曲面上任取面积元 d**S**,面积元所在处磁感应强度 **B** 与面元法向夹角 θ,由于面积元很小,可以认为面元所在处为匀强磁场,面元可以认为是平面。根据式(13-3),可得此面元的磁通量为

$$\mathrm{d}\Phi_m = \boldsymbol{B}\cdot\mathrm{d}\boldsymbol{S} = B\cos\theta\mathrm{d}S$$

整个曲面的磁通量应为所有面元磁通量的和,即

$$\Phi_m = \iint_S \boldsymbol{B}\cdot\mathrm{d}\boldsymbol{S} = \iint_S B\cos\theta\mathrm{d}S \tag{13-4}$$

在国际单位制中,磁通量的单位为韦伯(Wb),$1\mathrm{Wb}=1\mathrm{T}\cdot\mathrm{m}^{-2}$。

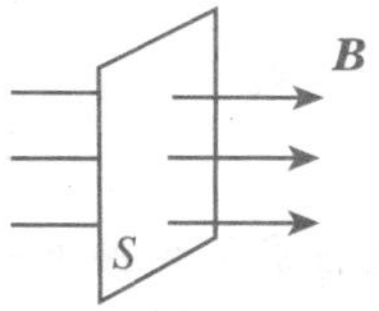

(a)

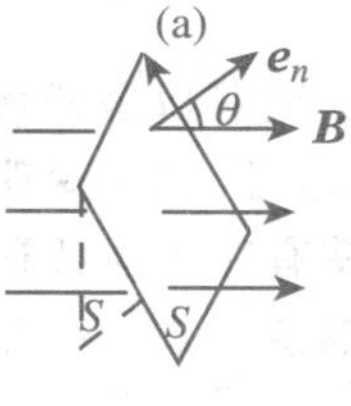

(b)

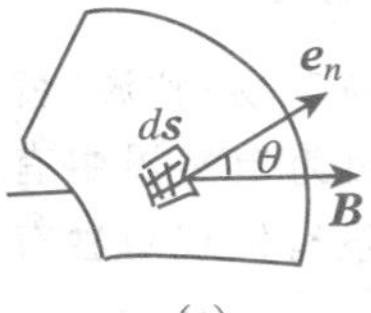

(c)

图 13-4 磁通量

例题 13-1 真空中有一垂直纸面向里的匀强磁场,磁感应强度的大小为 $B=0.02\mathrm{T}$。试求:图 13-5 中所示平面 $abcd$ 的磁通量。

解 由题意可知,这属于匀强磁场,平面与磁感应强度方向垂直的情况,设平面法向为垂直纸面向里,则有

$$\Phi_m = BS = 0.02\times(0.25-0.1)\times(0.3-0.1) = 6.0\times10^{-4}\,\mathrm{Wb}$$

例题 13-2 若在图 13-5 中,磁感应强度方向仍为垂直纸面向里,但

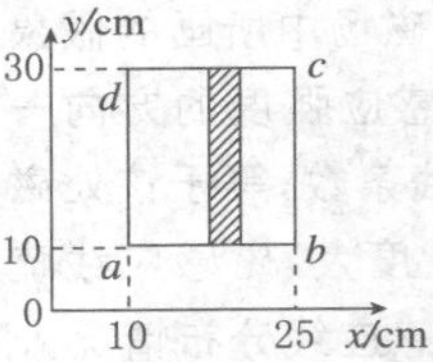

图 13-5　例 13-1 用图

磁场不是匀强磁场,大小随坐标的变化关系为 $B=\frac{0.02}{x}\mathrm{T}$。试求:通过平面 $abcd$ 的磁通量。

解　由题意可知,这属于非匀强磁场,且平面与磁感应强度方向垂直的情况。根据磁感应强度的变化特点,在平面上取面元 d$\boldsymbol{S}$ 如图 13-5 中阴影所示,设面元法向为垂直纸面向里,通过此面元的磁通量为

$$\mathrm{d}\Phi_{\mathrm{m}}=\boldsymbol{B}\cdot\mathrm{d}\boldsymbol{S}=B\mathrm{d}S=\frac{0.02}{x}\times0.2\mathrm{d}x$$

通过整个平面的磁通量为

$$\Phi_{\mathrm{m}}=\iint_S B\cos\theta\mathrm{d}S=4\times10^{-3}\int_{0.1}^{0.25}\frac{1}{x}\mathrm{d}x$$
$$=4\times10^{-3}\ln 2.5=3.67\times10^{-3}\,\mathrm{Wb}$$

13.1.3 磁场中的高斯定理

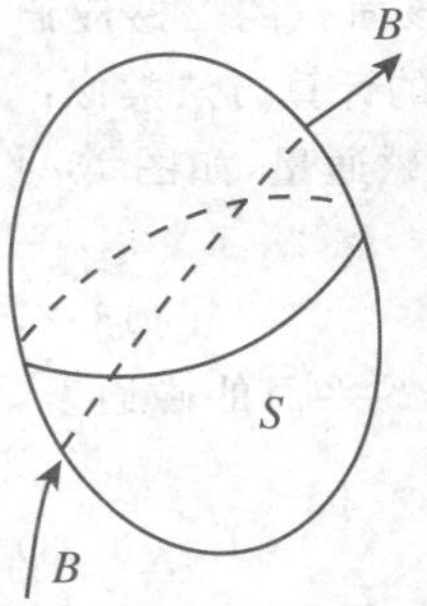

图 13-6　磁场高斯定理

由于磁感应线是闭合的曲线,因此对于磁场中任一闭合曲面,若有磁感应线从闭合曲面上某处穿入,该线必定会从闭合曲面的另一处穿出,如图 13-6 所示。同计算电场中闭合曲面的通量类似,我们规定曲面的法向指向曲面的外侧,因此磁感应线穿入曲面时磁通量为负,磁感应线穿出曲面时磁通量为正。对于磁场中闭合曲面,穿入和穿出曲面的磁感应线条数一样多,因此,通过此闭合曲面的磁通量为零。即

$$\oiint_S \boldsymbol{B}\cdot\mathrm{d}\boldsymbol{S}=0 \tag{13-5}$$

式(13-5)称为磁场高斯定理,此式说明,在磁场中,穿过任意闭合曲面的总磁通量等于零。

磁场的高斯定理是描述磁场性质的重要定理,由于闭合曲面可以是任意形状,任意大小,而这任意形状、任意大小的闭合曲面的磁通量都为零,说明磁场中任意一个小的区域,要么没有磁感应线通过,要么即使有磁感应线通过,则该线也必定是闭合的,因此,磁场的高斯定理说明了磁感应线是无头无尾的闭合线,这说明磁场是无源场;相对应的,静电场中的高斯定理 $\oiint_S \boldsymbol{D}\cdot\mathrm{d}\boldsymbol{S}=\sum q_i$ 说明了静电场的场强线不闭合,静电场是有源场,静电场的"源"就是电场线发出的地方,即电荷。静电场之所以是有源场,是因为自然界中有单独存在的自由正电荷和自由负电荷;而在自然界中至今还没有发现单独存在的磁极,所以磁场是无源场。

练习题

在例 13-2 题中,若磁感应强度随坐标变化的函数关系为 $B=\frac{0.02}{y}\mathrm{T}$,题目中其它已知条件不变。试求:通过平面 $abcd$ 的磁通量。

13.2 毕奥-萨伐尔定律

从 13.1 节我们知道，磁感应强度是描述磁场强弱的物理量。那么，磁感应强度的大小和方向与哪些因素有关呢？本节即介绍反映这一规律的定律——毕奥-萨伐尔定律。

13.2.1 磁场叠加原理

在电场中，任意形状的带电体所激发的电场场强，可以看作是许多个电荷元单独存在时在该点激发场强的叠加，称为电场场强叠加原理。同样，实验证明，在磁场中也存在叠加原理。为求任意一个电流在其周围激发磁场中某点的磁感应强度，我们可以把电流分割成一个个首尾相连的小线元，称为电流元，用 $I\mathrm{d}\boldsymbol{l}$ 表示(其中，I 为电流元中的电流强度；$\mathrm{d}\boldsymbol{l}$ 是矢量，其大小为在载流导线上所取的线元长度，方向与电流的流向一致)，电流元在场点激发的磁感应强度用 $\mathrm{d}\boldsymbol{B}$ 表示，则整个电流在该点激发的磁感应强度为

$$\boldsymbol{B}=\int_L \mathrm{d}\boldsymbol{B} \tag{13-6}$$

式(13-6)称为磁场叠加原理，此式表明：整个载流导线在场点激发的磁感应强度等于每段电流元在该点激发的磁感应强度的矢量和。式中积分号下面的 L 表示对整个载流导线进行积分。

13.2.2 毕奥-萨伐尔定律

由磁场叠加原理可知，电流元在磁场中激发的磁感应强度 $\mathrm{d}\boldsymbol{B}$ 是很重要的物理量。19 世纪 20 年代，毕奥和萨伐尔对电流产生的磁场分布情况作了大量的实验，并和数学家拉普拉斯一起研究和分析了大量的实验资料，最终归纳出电流回路中任一电流元产生磁场的公式，该公式给出了电流元与它产生磁场的磁感应强度之间的关系，称为毕奥-萨伐尔定律，具体内容为：真空中，电流元 $I\mathrm{d}\boldsymbol{l}$ 在给定点 P 处产生的磁感应强度 $\mathrm{d}\boldsymbol{B}$ 的大小与电流元 $I\mathrm{d}\boldsymbol{l}$ 的大小成正比，与电流元和它到场点 P 的矢径 $\boldsymbol{r}$ 间的夹角 θ 的正弦成正比，与 $\boldsymbol{r}$ 大小的平方成反比。$\mathrm{d}\boldsymbol{B}$ 的方向垂直于 $I\mathrm{d}\boldsymbol{l}$ 与 $\boldsymbol{r}$ 所组成的平面，且指向矢积 $I\mathrm{d}\boldsymbol{l}\times\boldsymbol{r}$ 的方向。若各量采用国际单位制中单位，毕奥-萨伐尔定律的数学表达式为

$$\mathrm{d}\boldsymbol{B}=\frac{\mu_0}{4\pi}\frac{I\mathrm{d}\boldsymbol{l}\times\boldsymbol{r}}{r^3} \tag{13-7}$$

式中，$\mu_0=4\pi\times10^{-7}\,\mathrm{T\cdot m\cdot A^{-1}}$(或 $\mathrm{H\cdot m^{-1}}$)，称为真空中的磁导率。此式为矢量式，由此式可以写出 $\mathrm{d}\boldsymbol{B}$ 的大小为

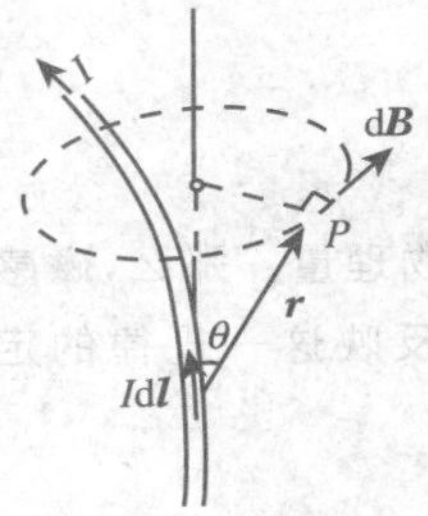

图 13-7 毕奥-萨伐尔定律

$$dB=\frac{\mu_0}{4\pi}\frac{Idl\sin\theta}{r^2} \tag{13-8}$$

式中，θ 为电流元方向与它到场点 P 的矢径 $\boldsymbol{r}$ 间的夹角，如图 13-7 所示。$d\boldsymbol{B}$ 的方向由 $Id\boldsymbol{l}\times\boldsymbol{r}$ 的方向确定，具体确定方法为：右手四指由 $Id\boldsymbol{l}$ 的方向沿小于 180°角的方向绕向 $\boldsymbol{r}$ 方向，拇指指向即为 $d\boldsymbol{B}$ 的方向，如图 13-7 所示。

把毕奥-萨伐尔定律的表达式带入到磁场叠加原理，则任意载流导线激发的磁场中任一点的磁感应强度为

$$\boldsymbol{B}=\int_L\frac{\mu_0}{4\pi}\frac{Id\boldsymbol{l}\times\boldsymbol{r}}{r^3} \tag{13-9}$$

由于在实验中无法得到单独的电流元，因此毕奥-萨伐尔定律正确与否无法通过实验来直接验证，但是，根据此定理计算出的通电导线在磁场中某点产生的磁感应强度与实验测得的值吻合得很好，这间接地证实了毕奥-萨伐尔定律的正确性。

13.2.3 毕奥-萨伐尔定律的应用

理论上讲，应用毕奥-萨伐尔定律与磁场叠加原理相结合，可以求解任意形状载流导线所产生磁场的磁感应强度，但实际上，由于式(13-9)是一个矢量积分式，计算比较复杂，所以仅可以计算形状规则的载流导线所产生磁场的磁感应强度。在具体应用时，一般的步骤为：

(1)在载流导线上取电流元，写出电流元的表达式及电流元在场点产生的磁感应强度 $d\boldsymbol{B}$ 的大小表达式；

(2)判断各电流元对应的 $d\boldsymbol{B}$ 方向是否在同一条直线上，如果各 $d\boldsymbol{B}$ 方向不在同一条直线上，则建立合适的坐标系，写出 $d\boldsymbol{B}$ 在各坐标轴上的分量 dB_x、dB_y、dB_z；

(3)对各分量积分求得整个磁感应强度在该方向的分量 $B_x=\int_L dB_x$、$B_y=\int_L dB_y$、$B_z=\int_L dB_z$；

(4)写出整个载流导线在场点磁感应强度的矢量表达形式 $\boldsymbol{B}=B_x\boldsymbol{i}+B_y\boldsymbol{j}+B_z\boldsymbol{k}$。

例题 13-3 试求真空中载流直导线(也称直电流)在其延长线上一点 P 处的磁感应强度。设导线中通有电流 I，直导线长度为 L。如图 13-8 所示。

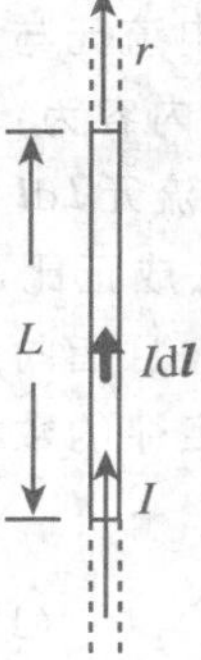

图 13-8 例 13-3 用图

解 在载流导线上取电流元 $Id\boldsymbol{l}$，根据毕奥-萨伐尔定律，电荷元在 P 点产生磁感应强度大小 $dB=\frac{\mu_0}{4\pi}\frac{Idl\sin\theta}{r^2}$，由图 13-8 可知，电流元 $Id\boldsymbol{l}$ 方向与它到场点 P 的矢径 $\boldsymbol{r}$ 间的夹角 $\theta=0°$，则

$$dB=\frac{\mu_0}{4\pi}\frac{Idl\sin\theta}{r^2}=\frac{\mu_0}{4\pi}\frac{Idl\sin 0°}{r^2}=0$$

根据场强叠加原理 $\boldsymbol{B}=\int_L \mathrm{d}\boldsymbol{B}$，可得整个直电流在其延长线上各点的磁感应强度为

$$B=\int_L \mathrm{d}B=0$$

容易证明，在直导线的反向延长线上磁感应强度仍然为零，即，载流直导线在自己的延长线上产生的磁感应强度处处为零。

例题 13-4 试求真空中通电长直导线附近一点 P 处的磁感应强度。设导线中通有电流 I，P 点到长直导线的垂直距离为 d，P 点与直导线两端的连线与直导线电流方向夹角分别为 β_1、β_2。如图 13-9 所示。

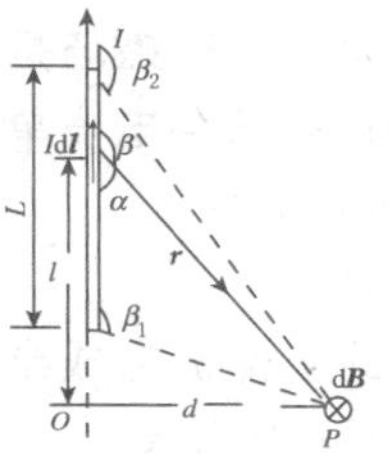

图 13-9 例 13-4 用图

解 在长直导线上任取一电流元 $I\mathrm{d}\boldsymbol{l}$，此电流元在 P 点产生的磁感应强度 $\mathrm{d}\boldsymbol{B}$ 的大小为

$$\mathrm{d}B=\frac{\mu_0}{4\pi}\frac{I\mathrm{d}l\sin\beta}{r^2}$$

$\mathrm{d}\boldsymbol{B}$ 的方向为垂直纸面向里，我们用⊗表示。由于各 $\mathrm{d}\boldsymbol{B}$ 的方向相同，所以，整个载流导线在 P 点的磁感应强度 $\boldsymbol{B}$ 方向也为垂直纸面向里。根据磁场叠加原理，$\boldsymbol{B}$ 的大小为

$$B=\int_L \frac{\mu_0}{4\pi}\frac{I\mathrm{d}l\sin\beta}{r^2}$$

由图 13-9 可知，$\sin\beta=\sin\alpha=\dfrac{d}{r}$，所以 $r=\dfrac{d}{\sin\beta}=d\csc\beta$；由 $\tan\alpha=\dfrac{d}{l}$，有 $l=-\mathrm{d}\cot\beta$，则 $\mathrm{d}l=\mathrm{d}\csc^2\beta\mathrm{d}\beta$。带入上式，并统一积分变量，得

$$B=\int_L \frac{\mu_0}{4\pi}\frac{I\mathrm{d}l\sin\beta}{r^2}=\frac{\mu_0 I}{4\pi}\int_{\beta_1}^{\beta_2}\frac{\mathrm{d}\csc^2\beta\mathrm{d}\beta}{\mathrm{d}^2\csc^2\beta}\sin\beta=-\frac{\mu_0 I}{4\pi d}\cos\beta\Big|_{\beta_1}^{\beta_2}$$

$$=\frac{\mu_0 I}{4\pi d}(\cos\beta_1-\cos\beta_2)$$

如果载流导线为“无限长”，或者导线的长度 L 远大于 P 点到直导线的垂直距离 d，则 $\beta_1\to 0$，$\beta_2\to\pi$，代入上式，得无限长直导线附近磁感应强度大小为

$$B=\frac{\mu_0 I}{4\pi d}(1+1)=\frac{\mu_0 I}{2\pi d}$$

方向都是沿着以直导线为轴线的圆周的切线方向，且与直电流成右手螺旋关系。从此式可看出，在无限长直导线的磁场中，磁感应强度的大小与直导线内通有的电流强度成正比，与场点到直电流的距离成反比，电流强度越大，场点距离直电流越近，磁感应强度越大。到直导线垂直距离相同的点磁感应强度的大小是相同的，这些相同的点构成的面为以直导线为轴线的圆柱面，因此我们说，无限长直导线的磁场具有轴对称性。

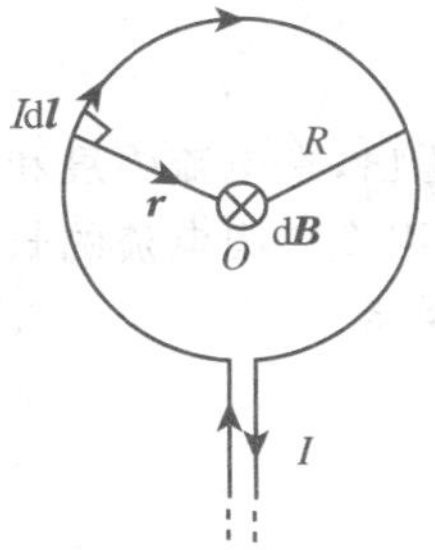

图 13-10 例 13-5 用图

例题 13-5 试求真空中载流圆线圈(也称圆电流)在其环心处磁感应强度。设圆电流的半径为 R，通有电流 I。如图 13-10 所示。

解 在圆电流上任取一电流元 $I\mathrm{d}\boldsymbol{l}$，根据毕奥-萨伐尔定律，此电流元在 P 的产生的磁感应强度 $\mathrm{d}\boldsymbol{B}$ 的大小为

$$dB=\frac{\mu_0}{4\pi}\frac{Idl\sin\beta}{r^2}=\frac{\mu_0}{4\pi}\frac{Idl\sin 90°}{R^2}=\frac{\mu_0 I}{4\pi R^2}dl$$

d$\boldsymbol{B}$ 的方向为垂直纸面向里,我们用⊗表示。由于各 d$\boldsymbol{B}$ 的方向相同,所以,整个圆电流在 P 点的磁感应强度 $\boldsymbol{B}$ 方向也为垂直纸面向里。根据磁场叠加原理,$\boldsymbol{B}$ 的大小为

$$B=\int_L\frac{\mu_0 I}{4\pi R^2}dl=\frac{\mu_0 I}{4\pi R^2}\int_0^{2\pi R}dl=\frac{\mu_0 I}{4\pi R^2}\cdot 2\pi R=\frac{\mu_0 I}{2R}$$

磁感应强度的大小与电流强度成正比,与圆电流的半径成反比。

从以上三例可以看出,电流磁场中的磁感应强度仅与产生磁场电流的电流强度、电流形状及场点的位置有关,所以磁感应强度是描述磁场性质的物理量。

磁场叠加原理不仅适用于单个电流的磁场,实验表明,如果一个磁场是由几个电流共同激发而产生的,则该磁场中某点的磁感应强度等于各电流单独存在时在该点产生的磁感应强度的矢量和,即

$$\boldsymbol{B}=\sum\boldsymbol{B}_i$$

例题 13-6 真空中一无限长直导线,通有电流 I,导线的中部被弯成半径为 R 半圆形状,如图 13-11 所示。试求:半圆圆心 O 处的磁感应强度。

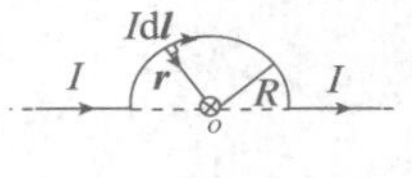

图 13-11 例 13-6 用图

解 由图 13-11 可知,无限长直导线可以分成三部分,即两个半无限长直导线和一个半圆环,根据磁场叠加原理,圆心 O 处的磁感应强度由三部分叠加而成,即

$$\boldsymbol{B}=\boldsymbol{B}_1+\boldsymbol{B}_2+\boldsymbol{B}_3$$

式中 $\boldsymbol{B}_1$、$\boldsymbol{B}_2$ 分别表示两段半无限长直电流在 O 点的磁感应强度。由于 O 点在两段直电流的延长线上,根据例题 13-3 结果可知 $\boldsymbol{B}_1=\boldsymbol{B}_2=0$,则 $\boldsymbol{B}=\boldsymbol{B}_3$。

在圆电流上任取一电流元 $Id\boldsymbol{l}$,根据毕奥-萨伐尔定律,此电流元在 $\boldsymbol{O}$ 的产生的磁感应强度 d$\boldsymbol{B}$ 的大小为

$$dB=\frac{\mu_0}{4\pi}\frac{Idl\sin\beta}{r^2}=\frac{\mu_0}{4\pi}\frac{Idl\sin 90°}{R^2}=\frac{\mu_0 I}{4\pi R^2}dl$$

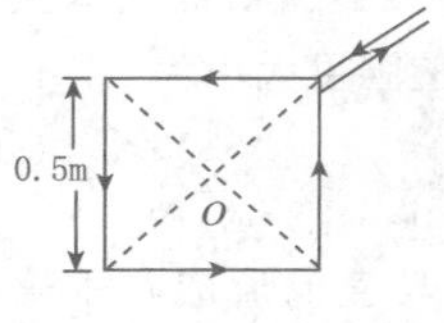

图 13-12 练习(1) 用图

d$\boldsymbol{B}$ 的方向为垂直纸面向里,我们用⊗表示。由于各 d$\boldsymbol{B}$ 的方向相同,所以,整个圆电流在 O 点的磁感应强度 $\boldsymbol{B}_3$ 方向也为垂直纸面向里。根据磁场叠加原理,$\boldsymbol{B}$ 的大小为

$$B=B_3=\int_L\frac{\mu_0 I}{4\pi R^2}dl=\frac{\mu_0 I}{4\pi R^2}\int_0^{\pi R}dl=\frac{\mu_0 I}{4\pi R^2}\cdot\pi R=\frac{\mu_0 I}{4R}$$

$\boldsymbol{B}$ 的方向为垂直纸面向里。

比较例题 13-5 结果和例题 13-6 中 $\boldsymbol{B}_3$ 的结果,可以看出,在电流强度和圆环半径相同的情况下,通电圆电流在其圆心处的磁感应强度与圆电流的长度成正比。磁感应强度的方向与圆电流间符合右手螺旋关系。

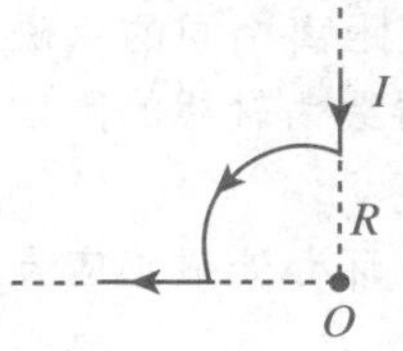

图 13-13 练习(2) 用图

练习题

1. 真空中,一通有电流强度为 $I=10$A 的直导线被弯成如图 13-12 所示的边长为 1m 的正方形形状。试求:正方形中心处的磁感应强度的大小和方向。

2. 真空中一无限长直导线,通有电流 $I=5$A,导线的中部被弯成半径为

$R=0.5\text{m}$ 的四分之一圆环形状，如图 13-13 所示。试求：圆心 O 处的磁感应强度。

13.3 安培环路定理及其应用

在静电场中，有两个重要的定理：静电场中的高斯定理 $\oiint_S \boldsymbol{D}\cdot \mathrm{d}\boldsymbol{S}=\sum q_i$，此定理反映了静电场为有源场；静电场的环路定理 $\oint \boldsymbol{E}\cdot \mathrm{d}\boldsymbol{l}=0$，此定理反映了静电场为无旋场，保守力场。同样，在磁场中也有这样两个重要的定理：磁场高斯定理 $\oiint_S \boldsymbol{B}\cdot \mathrm{d}\boldsymbol{S}=0$，此定理反映了磁场为无源场；那么，磁场中的环路定理形式是什么样的，它又反映了磁场的什么性质呢？这是本节我们主要研究的问题。

13.3.1 安培环路定理

环路定理研究的是描述场的物理量沿任意回路的线积分情况。静电场的环路定理研究场强 $\boldsymbol{E}$ 沿环路的积分 $\oint \boldsymbol{E}\cdot \mathrm{d}\boldsymbol{l}$，即 $\boldsymbol{E}$ 的环流规律；相应地，磁场中的环路定理研究磁感应强度 $\boldsymbol{B}$ 沿闭合环路的积分 $\oint \boldsymbol{B}\cdot \mathrm{d}\boldsymbol{l}$，即 $\boldsymbol{B}$ 的环流规律。我们以无限长直导线磁场为例研究 $\boldsymbol{B}$ 的环流。

如图 13-14(a)所示，由前面分析可知，长直导线周围的磁感应线是一族以导线为中心的同心圆，在同一条磁感应线上磁感应强度的大小相同，都为

$$B=\frac{\mu_0 I}{2\pi r}$$

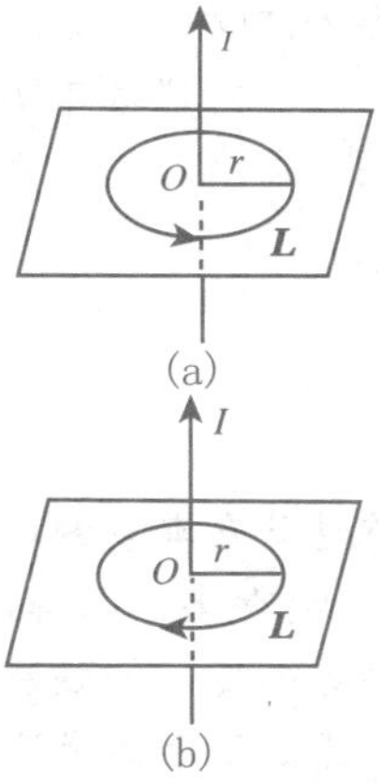

图 13-14 环路定理

式中：I 为直电流的电流强度；r 为场点到直电流的距离，也就是场点所在处磁感应线的半径。我们选取此条磁感应线为闭合回路，在此回路上计算 $\boldsymbol{B}$ 的环流，在此环路上任意点磁感应强度的方向与回路的线元方向一致，则

$$\oint \boldsymbol{B}\cdot \mathrm{d}\boldsymbol{l}=\oint_L \boldsymbol{B}\cos 0^\circ \mathrm{d}\boldsymbol{l}=\oint_L \frac{\mu_0 I}{2\pi r}\mathrm{d}l=\frac{\mu_0 I}{2\pi r}\cdot 2\pi r=\mu_0 I$$

如果积分回路方向选择与磁感应线绕行方向相反的方向，如图 13-14(b)所示。则

$$\oint \boldsymbol{B}\cdot \mathrm{d}\boldsymbol{l}=\oint_L B\cos \pi \mathrm{d}l=-\oint_L \frac{\mu_0 I}{2\pi r}\mathrm{d}l=-\frac{\mu_0 I}{2\pi r}\cdot 2\pi r=\mu_0(-I)$$

以上两种情况的结论可以概括为：磁感应强度 $\boldsymbol{B}$ 沿闭合路径的线积分等于穿过该回路的电流乘以 μ_0，当回路绕行方向与电流流向之间符合右手螺旋关系时电流值为正，当回路绕行方向与电流流向之间不符合右手螺旋关系时电流值为负。

可以证明(证明从略),如果选取的积分回路不是上述的同心圆,而是任意的一条包围电流的闭合曲线,上述结果仍然成立,也就是说,环流$\oint \boldsymbol{B} \cdot \mathrm{d}\boldsymbol{l}$的量值,仅与积分回路内所包围的电流强度 I 和 μ_0 有关,而与积分回路的形状无关。而且经过进一步的仔细研究,物理学家安培发现,上述结论可以推广到任意形状的恒定电流产生的磁场中,如果积分回路中没有包围电流,则令 $I=0$ 即可;如果积分回路中包围多个电流,则 I 为回路内包围电流的代数和(电流流向与积分回路方向符合右手螺旋关系时电流值为正,电流流向与积分回路方向不符合右手螺旋关系时电流值为负)。总结以上,即为磁场中的安培环路定理:真空中,磁感应强度 $\boldsymbol{B}$ 沿闭合路径的环流,等于此闭合路径内包围电流代数和的 μ_0 倍。数学表达式为

$$\oint \boldsymbol{B} \cdot \mathrm{d}\boldsymbol{l} = \mu_0 \sum I_i \tag{13-10}$$

对于安培环路定理的理解,需要注意以下几点。

(1)式(13-10)表述的安培环路定理仅适用于恒定电流产生的恒定磁场。恒定电流总是闭合的,因此安培环路定理仅适用于闭合电流或无限长电流产生的磁场,而对于任意的一段有限长不闭合的电流产生的磁场此式不成立,如果不是恒定磁场,此式需进行修改。

(2)静电场中 $\boldsymbol{E}$ 的环流为零,说明电场线不闭合,静电场是无旋场。磁场中 $\boldsymbol{B}$ 的环流不为零,说明磁场中磁感应线是闭合的,因此磁场是有旋场。其实,反过来讲,静电场中 $\boldsymbol{E}$ 的环流之所以为零正是因为电场线不闭合,而磁场中 $\boldsymbol{B}$ 的环流不为零也正是因为磁感应线闭合。另外,$\boldsymbol{B}$ 的环流不为零,说明磁场不是保守力场,在磁场中不能引入势能的概念,磁场和静电场是本质上不同的两种场。

(3)式(13-10)中等式右侧的 I_i 为闭合曲线包围的电流代数和,当电流与回路方向符合右手螺旋关系时电流为正,否则为负。此式表明,磁场中 $\boldsymbol{B}$ 的环流仅与回路内包围的电流有关,而与回路外的电流无关。回路外的电流会影响回路上的 $\boldsymbol{B}$,但不会影响 $\boldsymbol{B}$ 的环流。

13.3.2 安培环路定理的应用

在静电场中,我们应用高斯定理可以计算一些具有对称性分布电场的场强,而且应用高斯定理计算问题往往比应用叠加原理计算容易得多。同样,在磁场中,我们可以应用安培环路定理计算一些具有对称性分布磁场的磁感应强度,而且应用安培环路定理计算问题也要比应用毕奥-萨伐尔定律及磁场叠加原理要容易一些。

与应用高斯定理计算场强分布一样,在磁场中应用安培环路定理计算磁感应强度也是有适用情况的,即仅适用于磁感应强度分布具有对称性的磁场。应用时大致可以按如下步骤进行:

(1)分析问题中磁感应强度分布的对称性,明确 $\boldsymbol{B}$ 的大小和方向分布的特点,选取合适的闭合积分回路。回路的"合适"体现在两方面,一是待求磁感应强度的场点应该在回路上;二是回路切线方向与 $\boldsymbol{B}$ 方向平行或垂直,且在平行的那部分回路上,$\boldsymbol{B}$ 的大小要处处相等(如果能够实现回路切向处处与 $\boldsymbol{B}$ 方向平行,则属于适用情况的第一种,无限长直电流的磁场即是这种情况;如果仅能实现回路切向在部分区域与 $\boldsymbol{B}$ 方向平行,其他区域二者为垂直关系,则属于适用情况的第二种,直螺线管内部的磁场即属于这种情况)。只有选取了这样的回路,才能在定理左侧积分化简时把 B 从积分号中提出来,从而把积分方程变为代数方程,以方便运算。如果所讨论的磁场中无法选择满足上述要求的积分回路,则该磁场中无法应用环路定理求解磁感应强度 $\boldsymbol{B}$。

(2)计算积分式 $\oint_L \boldsymbol{B}\cdot \mathrm{d}\boldsymbol{l}$。

(3)计算回路内包围电流的代数和,即 $\sum I_i$。

(4)根据安培环路定理 $\oint_L \boldsymbol{B}\cdot \mathrm{d}\boldsymbol{l}=\mu_0\sum I_i$,带入上面(2)、(3)两步的结果,写出含有 $\boldsymbol{B}$ 大小的代数方程,并解方程求 $\boldsymbol{B}$。

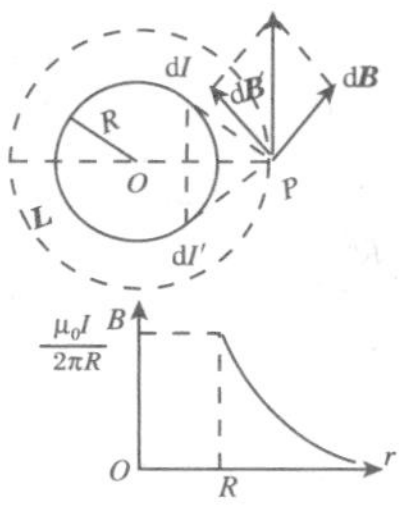

图 13-15 圆柱面电流的磁场

例题 13-7 试求真空中无限长圆柱面电流的磁场分布情况。设圆柱面的截面半径为 R,电流在圆柱截面上均匀分布,电流强度为 I,如图 13-15 所示。

解 根据圆柱面的截面图分析磁场的对称性。如图,连接场点 P 与截面的圆心 O,则直线 OP 将电流分成关于 OP 对称的两部分。在圆柱面上取细长的直电流 $\mathrm{d}I$,$\mathrm{d}I$ 在 P 点产生的磁感应强度为 $\mathrm{d}\boldsymbol{B}$,在圆柱面上取另一直电流 $\mathrm{d}I'$ 与 $\mathrm{d}I$ 关于 OP 对称,$\mathrm{d}I'$ 在 P 点产生的磁感应强度为 $\mathrm{d}\boldsymbol{B}'$。根据图 13-15 可知,$\mathrm{d}\boldsymbol{B}$ 与 $\mathrm{d}\boldsymbol{B}'$ 在平行于 OP 方向上相互抵销,二者的矢量和垂直于 OP,即沿圆周的切线方向。由于整个圆柱面电流都可以取如 $\mathrm{d}I'$ 和 $\mathrm{d}I$ 一样的成对细长电流,所以整个圆柱面电流在 P 点的磁感应强度方向沿圆周的切线方向。由于电流分布的对称性,容易得出,到 O 点距离与 P 点到 O 点距离相同各点的磁感应强度 $\boldsymbol{B}$ 的大小相同,即磁感应强度的分布关于圆柱面的轴成轴对称。选择过 P 点,且以 O 点为圆心的圆周为闭合的积分回路,且使积分路径方向与该处磁感应线的绕行方向一致。则

$$\oint_L \boldsymbol{B}\cdot \mathrm{d}\boldsymbol{l}=\oint_L B\cos\theta \mathrm{d}l=B\oint_L \mathrm{d}l=B\cdot 2\pi r$$

如果 P 点在圆柱面的外侧,则回路内包围电流的代数和为 $\sum \boldsymbol{I}_i=I$;如果 P 点在圆柱面的内侧,则回路内包围电流的代数和为 $\sum \boldsymbol{I}_i=0$。

根据安培环路定理 $\oint_L \boldsymbol{B}\cdot \mathrm{d}\boldsymbol{l}=\mu_0\sum I_i$,并代入上述结果,得

$$B\cdot 2\pi r=\mu_0 I \qquad (r\geqslant R)$$

$$B\cdot 2\pi r=0 \qquad (r<R)$$

解方程,得圆柱面内外的磁感应强度的大小为

$$B=\frac{\mu_0 I}{2\pi r} \qquad (r \geqslant R)$$

$$B=0 \qquad (r<R)$$

磁感应强度的方向为:迎着电流的流向看去,磁感应线绕行方向沿逆时针方向。

磁感应强度随场点到轴线距离变化的关系曲线如图 13-15 所示。从图中可知,圆柱面以内没有磁场,圆柱面以外,磁感应强度的大小与圆柱面中电流强度成正比,与场点到轴线距离的平方成反比,磁场的分布情况与无限长直电流的磁场情况一样。

例题 13-8 试求真空中无限长载流圆柱体内外的磁场分布情况。设圆柱体截面半径为 R,电流在圆柱截面上均匀分布,电流强度为 I,如图 13-16 所示。

解 采取与例题 13-7 类似的取成对电流的方法,可得载流圆柱体内外的磁场分布也具有轴对称性,在以截面圆心为圆心的圆周上,各点磁感应强度的大小相同,方向都沿圆周的切线方向。选取这样的过场点 P、半径为 r 的圆周为闭合的积分路径,并设积分路径的绕行方向与电流成右手螺旋关系,即积分路径与该处磁感应线方向一致,则有

$$\oint_L \boldsymbol{B} \cdot \mathrm{d}\boldsymbol{l}=\oint_L B\cos\theta \mathrm{d}l=B\oint_L \mathrm{d}l=B \cdot 2\pi r$$

回路内包围电流的代数和为

$$\sum \boldsymbol{I}_i=I \qquad (r \geqslant R)$$

$$\sum \boldsymbol{I}_i=\frac{\pi r^2}{\pi R^2}I=\frac{Ir^2}{R^2} \qquad (r<R)$$

根据安培环路定理 $\oint_L \boldsymbol{B} \cdot \mathrm{d}\boldsymbol{l}=\mu_0 \sum I_i$,代入上述结果,得

$$B \cdot 2\pi r=\mu_0 I \qquad (r \geqslant R)$$

$$B \cdot 2\pi r=\frac{Ir^2}{R^2} \qquad (r<R)$$

解方程,得圆柱体内外磁感应强度的大小为

$$B=\frac{\mu_0 I}{2\pi r} \qquad (r \geqslant R)$$

$$B=\frac{\mu_0 Ir}{2\pi R^2} \qquad (r<R)$$

磁感应强度的方向为:迎着电流的流向看去,磁感应线绕行方向沿逆时针方向。

在圆柱体内,磁感应强度的大小与场点到轴线的距离成正比,在圆柱体外,磁感应强度的大小与场点到轴线距离的平方成反比,$B-r$ 关系曲线如图 13-16 所示。

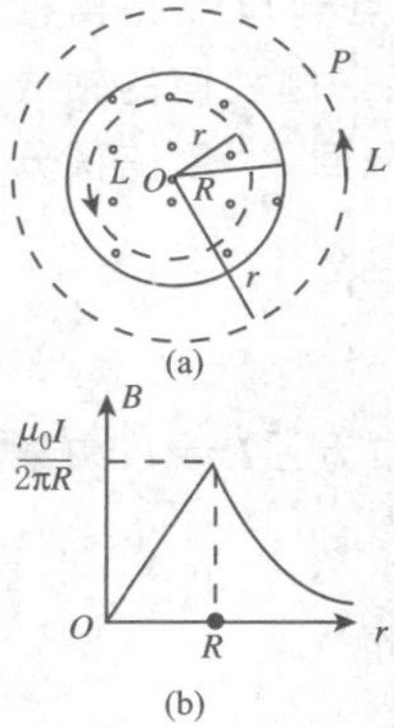

图 13-16 载流圆柱体的磁场

例题 13-9 试求真空中长直载流螺线管内部的磁场分布情况,设螺线管长度为 L,截面半径为 R,且 $L \gg R$,螺线管每单位长度绕有 n 匝线圈,每匝

线圈中的电流强度都为 I。如图 13-17 所示。

解 根据图 13-3(c)可知，长直螺线管内部磁感应线是平行且等间距的，即长直螺线管内部为匀强磁场，磁感应强度大小处处相等，磁感应强度方向处处与螺线管的轴线平行。螺线管磁场的截面图如图 13-17 所示。

根据磁场分布的对称性，我们选择如图所示的矩形 $abcda$ 为积分回路，回路的绕行方向在 ab 段与磁感线方向一致。回路的 bc 和 da 段与磁感应线垂直，cd 段在螺线管外部，对应的磁感应强度为零，则沿此回路 $\boldsymbol{B}$ 的环流为

$$\oint_L \boldsymbol{B}\cdot \mathrm{d}\boldsymbol{l} = \int_a^b B\cos\theta \mathrm{d}l + \int_b^c B\cos\theta' \mathrm{d}l + \int_c^d B\cos\theta'' \mathrm{d}l + \int_d^a B\cos\theta''' \mathrm{d}l$$

$$= \int_a^b B\cos\theta \mathrm{d}l = B\overline{ab}$$

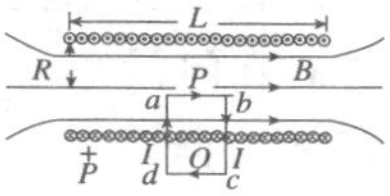

图 13-17 长直螺线管的磁场

回路内包围电流的代数和为

$$\sum I_i = n\overline{ab}I$$

根据安培环路定理 $\oint_L \boldsymbol{B}\cdot \mathrm{d}\boldsymbol{l} = \mu_0 \sum I_i$，代入上述结果，得

$$B\overline{ab} = \mu_0 n\overline{ab}I$$

解方程，得螺线管内磁感应强度的大小为

$$B = \mu_0 nI$$

根据结果中没有场点位置的因素可知，螺线管内部任意一点的 B 值确实大小相同，磁场为匀强磁场。利用长直螺线管获得匀强磁场是实验室中常采用的方法。

练习题

1. 试用安培环路定理计算真空中无限长直载流导线周围的磁场分布情况。设电流强度为 I。

2. 在例题 13-9 中，若已知 $n=10$ 匝/cm，$I=10\mathrm{A}$。试求长直螺线管内部的磁感应强度的大小。

13.4 磁场对运动电荷的作用

前面，在引入磁感应强度时我们曾经介绍，放入磁场中的运动电荷会受到磁场力的作用。本节我们主要研究运动电荷所受的磁场力与哪些因素有关，在这种磁场力作用下，运动电荷在磁场中的运动有什么规律。

13.4.1 洛伦兹力

荷兰的物理学家洛仑兹首先指出了磁场对运动电荷的作用力，因此我们把这种力称为洛伦兹力，其数学表达式为

$$\boldsymbol{F}=q\boldsymbol{v}\times\boldsymbol{B} \tag{3-11}$$

可见,洛伦兹力的方向垂直于电荷运动速度 $\boldsymbol{v}$ 和磁感应强度 $\boldsymbol{B}$ 确定的平面。洛伦兹力方向与电荷的运动速度方向垂直,说明洛伦兹力不作功,它只能改变电荷运动速度的方向,而不能改变电荷运动速度的大小。

由式(3-11)可以写出洛仑兹的大小为

$$F=qvB\sin\theta \tag{3-12}$$

式中,θ 为电荷运动速度 $\boldsymbol{v}$ 方向与磁感应强度 $\boldsymbol{B}$ 方向的夹角。由式(3-12)可知,当电荷的运动速度方向与磁感应强度方向平行($\theta=0°$)或反平行($\theta=180°$)时,洛伦兹力的大小 $F=0$,即电荷不受磁场力的作用;当电荷的运动速度方向与磁感应强度方向垂直($\theta=90°$或 $\theta=270°$)时,洛伦兹力有最大值 $F_m=qvB$。

由式(3－11)可知,洛伦兹力方向根据右手定则来判定:当电荷为正电荷时,四指由运动速度 $\boldsymbol{v}$ 方向沿小于 180°角绕向磁感应强度 $\boldsymbol{B}$ 方向,拇指指向即为洛伦兹力 $\boldsymbol{F}$ 方向;当电荷为负电荷时,四指由运动速度 $\boldsymbol{v}$ 方向沿小于 180°角绕向磁感应强度 $\boldsymbol{B}$ 方向,拇指指向的反向即为洛伦兹力 $\boldsymbol{F}$ 方向。

例题 13-11 试判断图 13-18 中(a)、(b)两图洛伦兹力的方向,(c)、(d)两图电荷的性质。

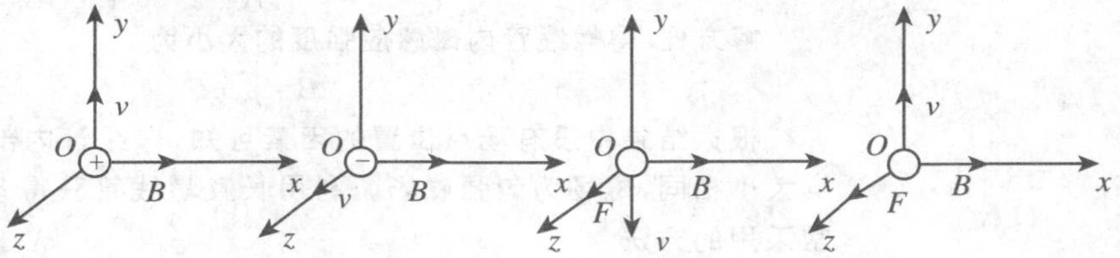

图 13-18 例 13-11 用图

解 根据洛伦兹力 $\boldsymbol{F}=q\boldsymbol{v}\times\boldsymbol{B}$,可知

(a)图中电荷受力方向为 z 轴负向;(b)图中电荷受力方向为 y 轴负向;(c)图中电荷为正电荷;(d)图中电荷为负电荷。

13.4.2 带电粒子在匀强磁场中的运动

质量为 m、带电量为 q 的粒子以速度 $\boldsymbol{v}_0$ 进入磁场中,当速度方向与磁感应强度方向夹角不同时,带电粒子的运动情况不同,下面分几种情况讨论。

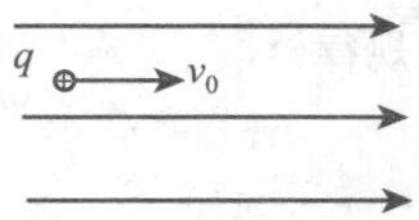

图 13-19 $\boldsymbol{v}_0 /\!/ \boldsymbol{B}$

1. $\boldsymbol{v}_0$ 方向与 $\boldsymbol{B}$ 平行

$\boldsymbol{v}_0 /\!/ \boldsymbol{B}$ 时,$\theta=0°$(或者 $\theta=180°$),有 $F=0$。电荷不受磁场影响,如果再忽略重力的影响,则带电粒子将保持原来的速度方向和大小作匀速直线运动,如图 13-19 所示。

2. $\boldsymbol{v}_0$ 方向与 $\boldsymbol{B}$ 垂直

$\boldsymbol{v}_0 \perp \boldsymbol{B}$ 时,$\theta=90°$(或者 $\theta=270°$),有 $F=qv_0B$,力 $\boldsymbol{F}$ 的方向垂直于 $\boldsymbol{v}_0$ 方

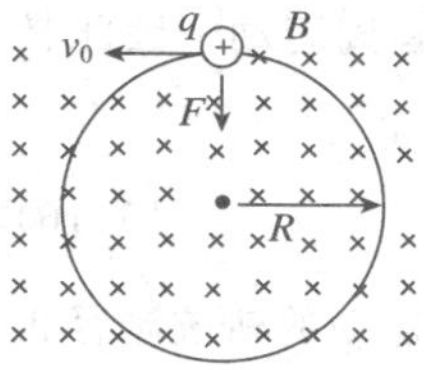

图 13-20　$v_0 \perp B$

向，带电粒子在洛伦兹力的作用下，在垂直于磁场方向的平面内作匀速圆周运动，如图13-20所示。

洛伦兹力为圆周运动提供向心力，设圆周运动的半径为 R，则有

$$F=qv_0B=m\frac{v_0^2}{R}$$

则

$$R=\frac{mv_0}{qB} \tag{13-13}$$

式中，$\frac{q}{m}$为带电粒子的电量与质量比，称为荷质比。由式(13-13)可以看出，对于荷质比给定的带电粒子，其运动的轨道半径与粒子的初速度的大小成正比，而与磁感应强度的大小成反比，粒子的运动速度越小，磁场越强，轨道半径越小。

带电粒子沿圆周运动一周的时间称为运动周期，用 T 表示，则有

$$T=\frac{2\pi R}{v_0}=\frac{2\pi m}{qB} \tag{13-14}$$

带电粒子单位时间内沿圆周运动的圈数称为频率，用 γ 表示，则有

$$\gamma=\frac{1}{T}=\frac{qB}{2\pi m} \tag{13-15}$$

由式(13-14)和式(13-15)可以看出，对于同一类的带电粒子(即荷质比相同的粒子)，无论其初速度如何，在同一磁场中，其运动的周期和频率是相同的。

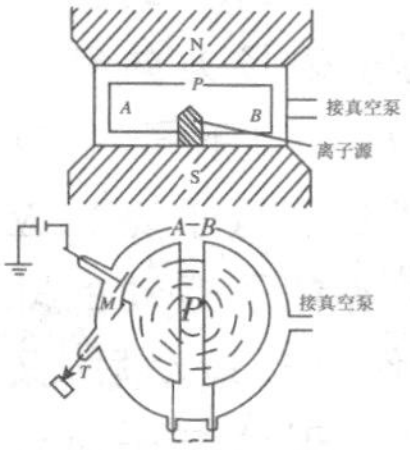

图 13-21　回旋加速器

带电粒子在匀强磁场中作匀速圆周运动的规律是回旋加速器的理论基础。回旋加速器是原子核物理、高能物理等试验研究的一种基本设备，常用来加速质子($^1_1$H)、氘核($^2_1$D)或氦核(α 粒子)等带电粒子。回旋加速器的结构如图 13-21 所示，A、B 是高度真空室中的两个半圆形的电极，常称为 D 形电极，在两极之间接上频率可调的交变电源，从而使两个电极的狭缝处能产生一定频率的交变电场(根据静电屏蔽原理，电场仅存在于狭缝处，其他区域无电场)。D 形电极被置于匀强磁场中间，磁场方向垂直于电极的平面。从离子源 P 处发射出来带电粒子，在 D 形电极的狭缝电场处被加速，然后以垂直方向进入磁场区域，在洛伦兹力的作用下粒子作圆周运动，然后再进入电场区域开始第二次加速，如此反复。粒子每通过狭缝一次速率就会增大，粒子在磁场中回旋圆的半径 R 也就增大，但无论半径如何，根据式(13-15)可知，都不会影响粒子的回旋频率，所以，只要交变电场的变化频率与粒子的回旋频率严格一致，就可以保证粒子通过狭缝电场时总是被加速的。当粒子的速率达到所需要求时，即可从 T 处射出。

3. $\boldsymbol{v}_0$ 方向与 $\boldsymbol{B}$ 方向夹角为 θ

如图 13-22 所示。将 $\boldsymbol{v}_0$ 沿平行和垂直于 $\boldsymbol{B}$ 方向进行分解，得

$$v_{//}=v_0\cos\theta$$

$$v_{\perp}=v_0\sin\theta$$

其中：平行分量不受磁场影响，因此粒子保持该分量的大小在平行于 $\boldsymbol{B}$ 方向

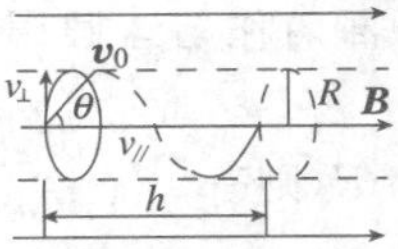

图 13-22 v_0 方向与 B 方向夹角为 θ

作匀速直线运动;垂直分量使粒子在垂直于 $\boldsymbol{B}$ 方向作匀速圆周运动。因此带电粒子合运动的轨迹是一条螺旋线,螺旋线的半径 R 为

$$R=\frac{mv_\perp}{qB}=\frac{mv_0\sin\theta}{qB} \tag{13-16}$$

可见,即使是同一类粒子,若进入磁场的速度方向不同,运动的轨迹半径也就不同。

粒子在垂直于磁场方向运动一周的时间——周期为

$$T=\frac{2\pi R}{v_\perp}=\frac{2\pi m}{qB} \tag{13-17}$$

可见,虽然粒子进入磁场的速度方向不同,但运动周期仍然相同,周期仅与粒子的种类和磁场的情况有关。

一个周期内粒子在平行磁场方向前进的距离,称为螺距,用 h 表示,则

$$h=v_{//}T=\frac{2\pi m}{qB}v_0\cos\theta \tag{13-18}$$

可见,粒子进入磁场的速度方向不同时,螺距不同,即相同的时间内粒子在平行方向前进的距离不同。

图 13-23 磁聚焦原理

带电粒子在磁场中作螺旋线运动的规律是磁聚焦的理论基础。图13-23是电子射线磁聚焦装置的示意图,图中 K 为阴极,A 为阳极,K、A 组成加速电场,CC' 为能够产生匀强磁场的螺线管。由 K 极发射的电子束经加速电场到达阳极 A,然后以不同的较小的偏转角 θ 进入匀强磁场(电子束中各粒子的运动速度方向不是严格一致,因此才需要磁聚焦)。由于电子束中的粒子带电量都为 q,速率也基本相同,尽管各粒子速度方向相对于磁场方向有不同的偏转角,使电子在垂直磁场方向的速度分量 $v_\perp=v_0\sin\theta\approx v_0\theta$ 不同,各电子沿不同的半径作螺旋线运动,但由于 θ 角很小,因此速度在平行于磁感应强度方向的分量 $v_{//}=v_0\cos\theta\approx v_0$ 基本相同,因此电子束中各粒子运动的螺距 $h=v_{//}T$ 基本相同,即各粒子从 A 点开始沿不同的半径作螺旋运动后,又会在相同的周期内重新汇聚于一点 P,如图 3-23 所示。这一现象与一束光线经过透镜后聚焦的现象类似,因此这种现象称为磁聚焦。磁聚焦技术在真空技术(如电子显微镜、显像管等)中有着非常广泛的应用。

例题 13-12 一电量为 $q=2.0\times10^{-7}\,\mathrm{C}$、质量为 $m=2\times10^{-14}\,\mathrm{kg}$ 的带电粒子,以 $v=3.0\times10^4\,\mathrm{m\cdot s^{-1}}$ 的速率进入磁感应强度大小为 $5.0\times10^{-2}\,\mathrm{T}$ 的匀强磁场中,粒子的速度与磁感应强度的方向成 30°角。试求:(1)粒子受的洛伦兹力大小;(2)粒子运动周期;(3)轨迹的螺距。

解 (1)根据洛伦兹力公式,有

$$F=qv_0B\sin\theta=2.0\times10^{-7}\times3.0\times10^4\times5.0\times10^{-2}\sin30^\circ$$
$$=1.5\times10^{-4}\,\mathrm{N}$$

根据周期公式 $T=\dfrac{2\pi m}{qB}$,有

$$T=\frac{2\pi m}{qB}=\frac{2\pi\times2.0\times10^{-14}}{2.0\times10^{-7}\times5.0\times10^{-2}}=1.3\times10^{-5}\,\mathrm{s}$$

根据螺距公式，有

$$h=v_{//}T=Tv_0\cos\theta=1.3\times10^{-5}\times3.0\times10^4\cos30°=0.34\text{m}$$

13.4.3 带电粒子在非匀强磁场中的运动

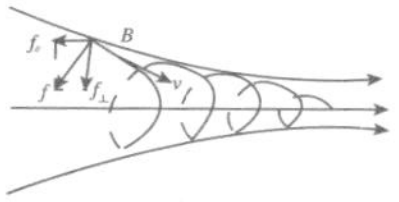

图 13-24 带电粒子在非匀强磁场中的运动

由式(13-15)可知，当带电粒子以一个角度进入到磁场中时，粒子所做的螺旋线运动的半径 R 与磁场的磁感应强度的大小 B 成反比。因此，当带电粒子在非匀强磁场中向着磁场较强的方向运动时，螺旋线的半径将越来越小，如图 13-24 所示。同时，由于洛伦兹力总是要与磁感应强度的方向垂直，因此在非匀强场中，带电粒子受的力总是有指向磁场较弱方向的分力，所以带电粒子的运动速率将越来越小，以致最后使粒子沿平行磁场方向的速率变为零，从而迫使粒子调转方向向回运动。如果在一个长直圆柱形真空室中形成一个两端磁场很强，中间磁场很弱的非匀强磁场(如图 13-25 所示，两个平行放置的通电方向相同的线圈即可在空间形成这样的磁场)，在这样的磁场中，带电粒子运动到线圈所在的强磁场区就会被阻挡回去，因此，粒子被约束在两个线圈间的磁场内来回运动而无法逃脱，这种现象称为“磁约束”。在宇宙空间也存在着磁约束现象，地球磁场即是一个两端强而中间弱的非匀强磁场，因此地球磁场是一个天然的磁约束装置。宇宙射线中大量的带电粒子进入地球磁场后，受地磁场的作用，被限制在地磁场的区域，绕地磁场的磁感应线作来回的螺旋线运动，而不能穿过这一区域到达地球的表面，因此地磁场对于保护人类和地球表面的其他生物不受到宇宙射线中高能粒子的伤害有很重要的作用。这些宇宙射线中的带电粒子在地磁场中形成一个带电粒子区域，称为范艾仑辐射带，范艾仑辐射带相对于地球轴对称分布，共有两层，内层在赤道上空 3 000km 处，是地磁场俘获的来自宇宙射线和太阳风的质子层，外层是电子层，在赤道上空 15 000km 处，如图 13-26 所示。有时，由于太阳表面情况的变化(如太阳黑子活动剧烈)，范艾仑辐射带中的带电粒子受到来自太阳的高能激励，运动变得剧烈，甚至会在地球北极附近进入大气层，使大气激发辐射发光，形成光彩绚丽的北极光。

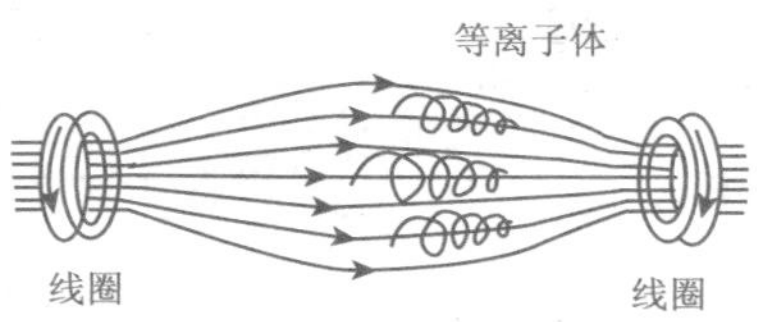

图 13-25 磁约束

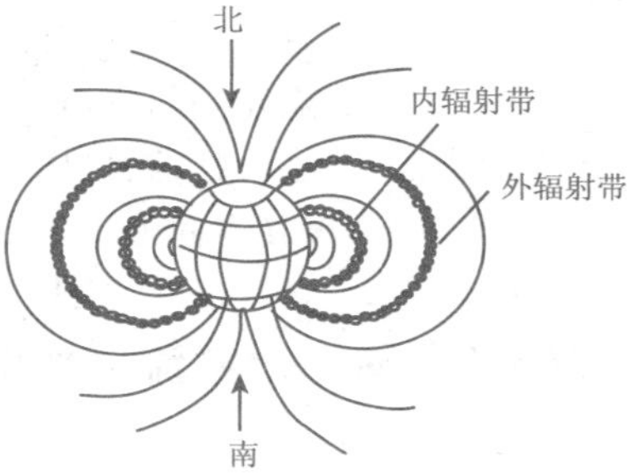

图 13-26 范艾仑辐射带

练习题

1. 宇宙射线中的一个质子以速率 $v=1.0\times10^{7}\,\mathrm{m\cdot s^{-1}}$ 垂直进入地磁场内,设地球赤道附近的磁感应强度大小为 $B=3.0\times10^{-5}\,\mathrm{T}$。试求:质子受的磁场力的大小。

2. 已知条件如例 13-12。试求:带电粒子运动的圆周半径和频率。

13.5 磁场对载流导线的作用

运动的电荷在磁场中要受到磁场力的作用,电荷的定向运动形成电流,因此电流在磁场中也会受到磁场力的作用,本节我们主要介绍载流导线在磁场中的受力情况。

13.5.1 安培定律

导体中电流是导体中的自由电子宏观定向运动形成,作定向运动的电子在磁场中受到洛伦兹力作用,并通过碰撞把力传给了导体,因而载流导体在磁场中会受到磁场力的作用。这个力首先是由安培发现并进行了一系列的实验研究后给出了定量的关系,因此这个力称为安培力,反映安培力定量关系的规律称为安培定律:位于磁场中某点处的电流元 $I\mathrm{d}\boldsymbol{l}$ 所受的安培力 $\mathrm{d}\boldsymbol{F}$ 的大小,与电流元中的电流强度 I 成正比,与电流元的长度 $\mathrm{d}l$ 成正比,与磁场的磁感应强度 $\boldsymbol{B}$ 的大小成正比,与 $I\mathrm{d}\boldsymbol{l}$ 方向和 $\boldsymbol{B}$ 方向夹角 θ 的正弦成正比;$\mathrm{d}\boldsymbol{F}$ 的方向垂直于 $I\mathrm{d}\boldsymbol{l}$ 和 $\boldsymbol{B}$ 所确定的平面,与 $I\mathrm{d}\boldsymbol{l}\times\boldsymbol{B}$ 的方向一致。如果各量采用国际单位制中的单位,安培定律的数学表达式为

$$\mathrm{d}\boldsymbol{F}=I\mathrm{d}\boldsymbol{l}\times\boldsymbol{B} \tag{13-19}$$

根据式(13-19)可知,电流元受力 $\mathrm{d}\boldsymbol{F}$ 的大小为

$$\mathrm{d}F=BI\mathrm{d}l\sin\theta \tag{13-20}$$

式中,θ 为 $I\mathrm{d}\boldsymbol{l}$ 方向和 $\boldsymbol{B}$ 方向的夹角。由此式可以看出:当电流元方向与磁场方向平行时,电流元所受的安培力为零;当电流元方向与磁场方向垂直时,电流元受的安培力最大。

根据式(13-19),电流元受力 $\mathrm{d}\boldsymbol{F}$ 方向通过右手定则来判断:右手四指由 $I\mathrm{d}\boldsymbol{l}$ 方向沿小于 180°角方向绕到 $\boldsymbol{B}$ 的方向,拇指指向即为安培力的方向。

13.5.2 磁场对载流导线的作用

安培定律给出的是电流元受的安培力,如果要计算一个给定形状的载流导线在磁场中所受的安培力,则需要对每个电流元所受的安培力沿载流导线求矢量积分,即

$$\boldsymbol{F}=\int_L \mathrm{d}\boldsymbol{F}=\int_L I\mathrm{d}\boldsymbol{l}\times\boldsymbol{B} \tag{13-21}$$

式(13-21)是矢量积分式，在具体使用时，应先判断各电流元所受安培力 $\mathrm{d}\boldsymbol{F}$ 方向是否在同一条直线上，如果各力不在同一条直线上，则需要建立合适的坐标系，把 $\mathrm{d}\boldsymbol{F}$ 在坐标轴上进行分解，然后对各坐标轴上的分量积分得到载流导线受力在该方向的分量，最后再写出整个载流导线受安培力的矢量形式。

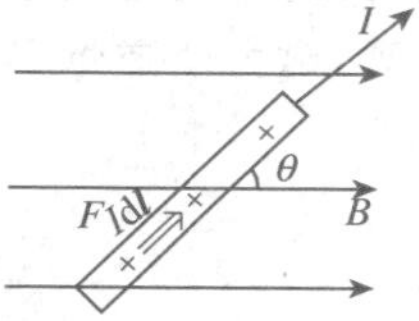

图 13-27　例 13-13 用图

例题 13-13　如图 13-27 所示，在匀强磁场 $\boldsymbol{B}$ 中放置一长度为 L、通有电流强度为 I 的直导线，导线与磁感应强度方向夹角为 θ。试求：直导线受的安培力。

解　在直导线上取电流元 $I\mathrm{d}\boldsymbol{l}$，如图 13-27 所示，各电流元受安培力 $\mathrm{d}\boldsymbol{F}$ 方向一致，都是垂直纸面向里，$\mathrm{d}\boldsymbol{F}$ 大小为

$$\mathrm{d}F=BI\mathrm{d}l\sin\theta$$

整个载流导线受力为

$$F=\int_L \mathrm{d}F=\int_L BI\mathrm{d}l\sin\theta=BI\sin\theta\int_L \mathrm{d}l=BIL\sin\theta$$

如果导线与 $\boldsymbol{B}$ 平行，$\theta=0°$，则 $F=0$；如果导线与 $\boldsymbol{B}$ 垂直，$\theta=90°$，则 $F=BIL$，此结果与中学所学公式相同。

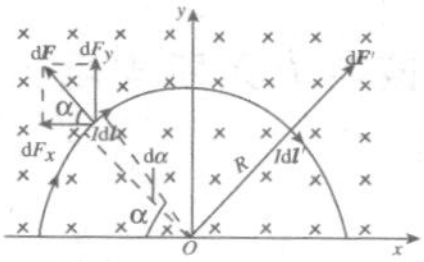

图 13-28　例 13-14 用图

例题 13-14　如图 13-28 所示，一段半径为 R 的半圆形导线，通有电流 I，导线放置于匀强磁场 $\boldsymbol{B}$ 中，且磁场与导线平面垂直。试求：半圆形导线受的安培力。

解　在半圆形导线上取电流元 $I\mathrm{d}\boldsymbol{l}$，电流元受安培力 $\mathrm{d}\boldsymbol{F}$ 方向如图所示，各 $\mathrm{d}\boldsymbol{F}$ 方向不同，建立如图坐标系。在导线上另取与 $I\mathrm{d}\boldsymbol{l}$ 关于 Oy 轴对称的电流元 $I\mathrm{d}\boldsymbol{l}'$，$I\mathrm{d}\boldsymbol{l}'$ 受磁场力 $\mathrm{d}\boldsymbol{F}'$，根据电流元的对称性可知，$\mathrm{d}\boldsymbol{F}$ 与 $\mathrm{d}\boldsymbol{F}'$ 在 Ox 轴的分量由于方向相反，互相抵消。整个载流导线都可以取成这样的成对电流元，因此整个载流导线受力在 Ox 轴方向的分量互相抵消，即 $F_x=0$，则

$$F=F_y=\int_L \mathrm{d}F\sin\alpha$$

根据安培定律 $\mathrm{d}F=BI\mathrm{d}l\sin\theta=BI\mathrm{d}l(\theta=90°)$，及图中几何关系 $\mathrm{d}l=R\mathrm{d}\alpha$，带入上式有

$$F=\int_L BIR\sin\alpha d\alpha=BIR\int_0^{\pi}\sin\alpha\mathrm{d}\alpha=2BIR$$

安培力的方向沿 Oy 轴正向。

在例 13-14 中，半圆形导线受安培力与连接圆弧两端的直径受力相同，此结论可以推广到任意放入匀强磁场中的弯曲导线受力情况，即在匀强磁场中，任意形状的弯曲通电导线受的磁场力，与连接此导线起点和终端的直导线受力相同。

根据通电导体在磁场中受磁场力的原理，可以制作出磁力推动装置，目前处于实验研制阶段的磁力轨道炮就是其中一例。图 13-29 为磁力轨道炮

的工作原理图,图中 A、B 为通电导轨,C 为可以在导轨上自由滑动的滑块(炮弹的模型),整个导轨平面置于垂直方向的匀强磁场中。由图可知,滑块 C 中电流从上而下,根据安培定律,滑块受力为水平向右,C 在安培力的作用下将加速向右滑动,最终以较大的速度脱离轨道发射出去。普通的火炮由于受到材料和结构的限制,发射的弹丸速度一般不超过 $2\mathrm{km\cdot s^{-1}}$,而磁力轨道炮在 20 世纪 90 年代就已经能将质量为 2kg 的弹丸加速到 $3\mathrm{km\cdot s^{-1}}$,因此磁力轨道炮是一种颇具吸引力的武器。当前轨道炮还需要解决的问题是由于强电流而产生的烧蚀等技术问题。随着高温超导材料的实现,磁力轨道炮必将成为一种具有影响力的武器。

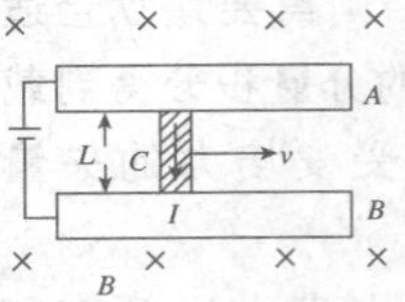

图 13-29 磁力轨道炮

13.5.3 电流单位“安培”的定义

设有两根相互平行放置的无限长直导线 AB、CD,相距为 d,通有分别为 I_1、I_2 同方向的电流,如图 13-30 所示。我们研究这两根直导线之间相互作用的安培力。根据毕奥—萨伐尔定律可知,直导线 AB 在直导线 CD 处产生的磁感应强度的大小为

$$B_1=\frac{\mu_0 I_1}{2\pi d}$$

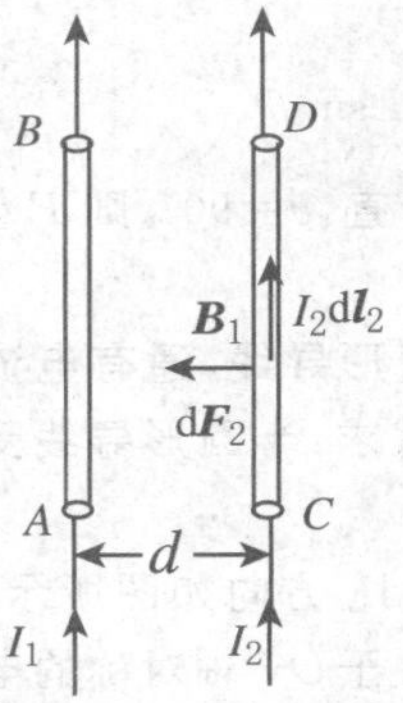

图 13-30 电流单位“安培”的定义

方向垂直纸面向里。在直导线 CD 上取电流元 $I_2\mathrm{d}\boldsymbol{l}_2$,该电流元所安培力 $\mathrm{d}\boldsymbol{F}_2$ 大小为

$$\mathrm{d}F_2=B_1 I_2\mathrm{d}l_2=\frac{\mu_0 I_1}{2\pi d}I_2\mathrm{d}l_2$$

$\mathrm{d}\boldsymbol{F}_2$ 的方向在两平行导线所在的平面内,且垂直指向 AB。载流导线 CD 每单位长度所受的安培力大小为

$$\frac{\mathrm{d}F_2}{\mathrm{d}l_2}=\frac{\mu_0 I_1 I_2}{2\pi d} \tag{13-22}$$

这个力是直导线 AB 产生的磁场施加的力,因此也可以说,此力是载流导线 AB 作用于载流导线 CD 的力。

同理可得直导线 AB 每单位长度所受的安培力的大小也为

$$\frac{\mathrm{d}F_1}{\mathrm{d}l_1}=\frac{\mu_0 I_2 I_1}{2\pi d}$$

此力的方向为垂直指向导线 CD,同样,此力也可以说是载流导线 CD 作用于载流导线 AB 的力。

总结以上可知,两平行直导线通有同向电流时,两导线通过磁场的作用而相互吸引。可以推知,当两直导线通有电流方向相反时,两直导线间的作用力是相互排斥。相互吸引的力与相互排斥的力大小相等,都与电流强度的乘积成正比,与导线间的距离成反比。

在式(13-22)中,若令:两导线间距离 $d=1\mathrm{m}$,两导线通有的电流强度相

同，即 $I_1=I_2=I$，则当导线单位长度上受安培力大小为 $\frac{\mathrm{d}F}{\mathrm{d}l}=2\times10^{-7}\mathrm{N}$ 时，有 $2\times10^{-7}=\frac{\mu_0 I^2}{2\pi}$，可得此时两导线中通有的电流强度应为 $I=1\mathrm{A}$。在国际单位制中，电流强度的基本单位——安培即是根据式(13-22)进行定义的：放在真空中的两条无限长平行直导线，各通有相同的恒定电流，当两导线相距1m，导线上单位长度受力为 $2\times10^{-7}\mathrm{N}$ 时，每条导线中通有的电流强度即为1A。

练习题

1. 如图13-31所示，正方形线圈边长 $a=0.5\mathrm{m}$，通有电流强度 $I=10\mathrm{A}$，匀强磁场 $B=0.2\mathrm{T}$，线圈平面与磁场方向平行。试求：正方形线圈各边受的安培力的大小及方向。

2. 通有电流 I 的长直导线在一个平面内被弯成如图13-32所示形状，放置于磁感应强度大小为 B 的匀强磁场中，磁场方向与导线平面垂直。试求：导线受的安培力（R 已知）。

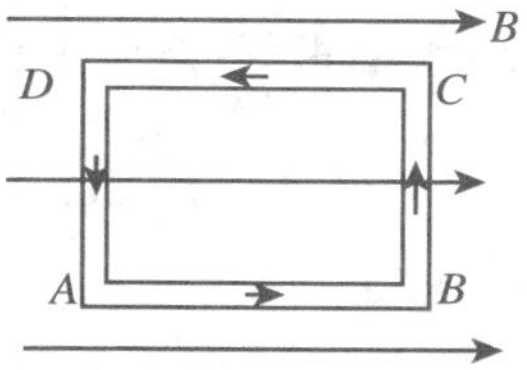

图 13-31 练习题 1 用图

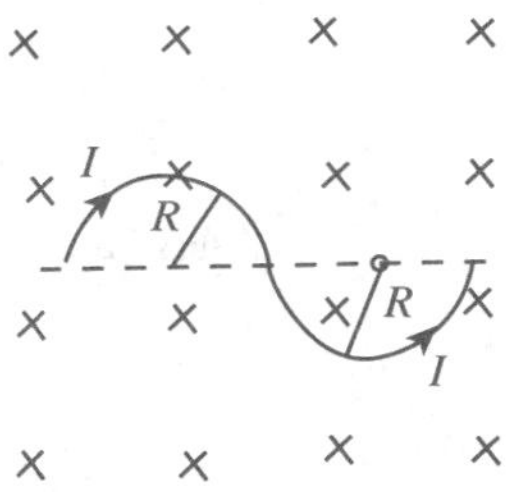

图 13-32 练习题 2 用图

13.6 磁场对载流线圈的作用 磁力的功

载流线圈由几段载流导线组成，载流导线在磁场中受安培力的作用，因此载流线圈在磁场中也会受磁场力的作用，本节我们主要研究载流线圈在匀强磁场中受力的规律，以及载流导线在磁场力的作用下移动时磁力作功、载流线圈在磁场力作用下转动时磁场力矩作功的规律。

13.6.1 磁场对载流线圈的作用

如图13-33所示，在匀强磁场中，有一刚性矩形线圈 $ABCD$，线圈边长分别为 l_1、l_2，通有电流强度为 I，磁场方向水平向右，磁感应强度为 $\boldsymbol{B}$，线圈平面与 $\boldsymbol{B}$ 的方向夹角为 θ。

根据安培定律，导线 BC 和 DA 受安培力大小分别为

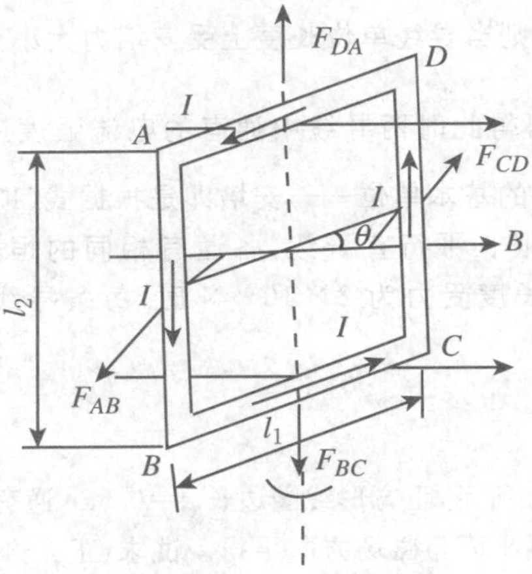

(a) 侧视图

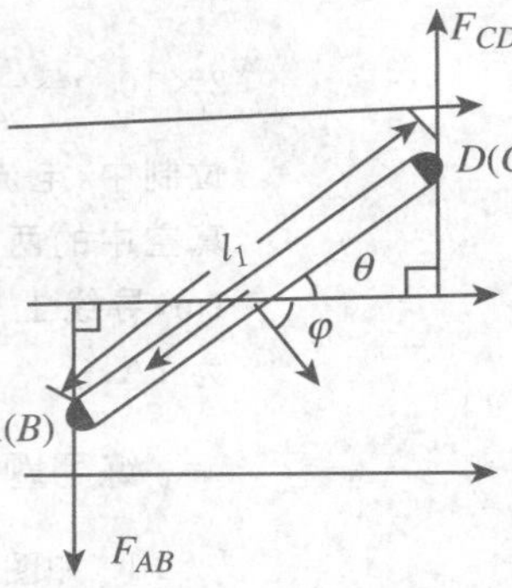

(b) 俯视图

图 13-33 载流线圈在匀强磁场中所受的磁力矩

$$F_{BC}=BIl_1\sin\theta$$

$$F_{DA}=BIl_1\sin(\pi-\theta)=BIl_1\sin\theta$$

这两个力在同一直线上,大小相等,方向相反,二力的合力为零。导线 AB 和 CD 受安培力大小分别为

$$F_{AB}=BIl_2$$

$$F_{CD}=BIl_2$$

这两个力大小相等,方向相反,但不在同一直线上,如图 13-33(b)所示。此二力形成力偶,线圈在此力偶的作用下会发生转动。使线圈转动的磁力矩为

$$M=F_{AB}\frac{l_1}{2}\cos\theta+F_{CD}\frac{l_1}{2}\cos\theta=BIl_1l_2\cos\theta=BIS\cos\theta \tag{13-23}$$

式中 $S=l_1l_2$,为线圈平面的面积。如果用线圈法向与磁感应强度 $\boldsymbol{B}$ 之间的夹角 $\boldsymbol{\varphi}$ 表示上述结果,则有

$$M=BIS\cos\theta=BIS\sin\varphi \tag{13-24}$$

当线圈平面与磁场方向平行时,$\theta=0°$,$\varphi=90°$,$M=BIS$,磁力矩最大,磁力矩的作用使线圈加速转向与磁场垂直的方向;当线圈平面与磁场方向垂直时,$\theta=90°$,若 $\varphi=0°$,$M=0$,磁力矩为零,若此时外界有轻微的扰动使线圈偏离这个位置,则磁场对线圈的磁力矩会使线圈回归到此位置,因此此时线圈所处的状态称为稳定的平衡状态;若 $\varphi=180°$,$M=0$,磁力矩也为零,但此时如果外界稍有一点扰动使线圈偏离这一位置,磁场对线圈的磁力矩就会使线圈继续转动,直至线圈达到稳定的平衡位置,因此,此时线圈所处的状态称为非稳定的平衡状态。

如果线圈有 N 匝,则 N 匝线圈受的磁力矩为

$$M = NBIS\cos\theta = NBIS\sin\varphi \tag{13-25}$$

式(13-23)、式(13-24)及式(13-25)不仅对矩形线圈成立，对于放置于匀强磁场中的任意形状的载流平面线圈也同样成立。甚至，对于有带电粒子沿闭合回路运动及带电粒子自旋时所形成的等效电流，同样可以应用上述公式。

13.6.2 磁力的功

载流导线在磁场力的作用下运动时，磁场力会对载流导线作功；载流线圈在磁力矩的作用下转动时，磁力矩会对载流线圈作功。

1. 载流导线在磁场中运动时，磁力的功

如图 13-34 所示，有一垂直纸面向里的匀强磁场，磁感应强度为 **B**，载流导线 AB 可以在通有电流 I 的导轨上自由滑动，电流方向如图所示。根据安培定律，导线 AB 受安培力大小为

$$F = BI\overline{AB}$$

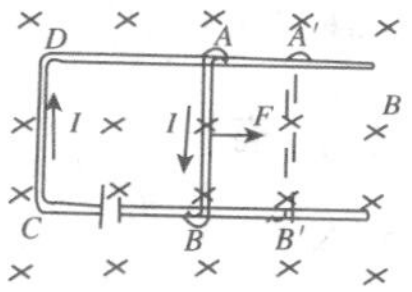

图 13-34 磁力的功

力的方向水平向右。在力 **F** 的作用下，导线 AB 将向右滑动，设一段时间后导线运动到 A′B′位置，在此过程中，磁场力作功为

$$A = F\overline{AA'} = BI\overline{AB}\cdot\overline{AA'} = BI\Delta S$$

式中，ΔS 为导线运动过程中回路包围面积的变化量，相应的，乘积 $B\Delta S$ 为导线运动过程中，回路中磁通量的增量，用 $\Delta\Phi_m$ 表示，则上式可写为

$$A = I\Delta\Phi_m \tag{13-26}$$

式(13-26)说明，载流导线在磁场中运动时，磁场力作功等于导线中通有的电流与导线所在回路磁通量增量的乘积，或者说，磁力的功等于电流乘以载流导线切割的磁感应线条数，此结论可以推广到任意形状导体切割磁感应线的情况。

2. 载流线圈在磁场中转动时，磁力矩的功

如图 13-35 所示，有一水平向右的匀强磁场，磁感应强度为 **B**，载流线圈的面积为 S，线圈可以绕轴自由转动，线圈中通有电流 I。由前面分析可知，载流线圈在磁场中受的磁力矩大小为

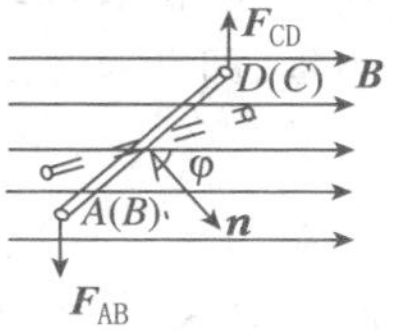

图 13-35 磁力矩的功

$$M = BIS\sin\varphi$$

在此力矩作用下，线圈在磁场中逆时针转动，磁力矩作正功，如图 13-35 所示，但转动过程中，线圈法向与磁感应强度 **B** 的夹角 φ 减小($d\varphi<0$)，属于变力矩作功情况，因此当线圈转动时磁力矩的功可以写成

$$dA = -Md\varphi = -BIS\sin\varphi d\varphi$$

线圈从 φ_1 转到 φ_2 过程中，磁力矩作功为

$$A = \int dA = -\int_{\varphi_1}^{\varphi_2} BIS\sin\varphi d\varphi = I(BS\cos\varphi_2 - BS\cos\varphi_1)$$

$$= I(\Phi_{m2} - \Phi_{m1}) = I\Delta\Phi_m \tag{13-27}$$

式中 Φ_{m1}、Φ_{m2} 分别表示线圈在始、末位置时的磁通量，如果线圈有 N 匝，则磁通量

为 N 匝线圈的总磁通量,称为磁通链数(简称磁链),用 Ψ_m 表示,即 $\Psi_m=N\Phi_m$,相应的磁力矩的功可写为

$$A=I\Delta\Psi_m \tag{13-28}$$

式(13-27)说明,载流线圈在磁场中转动时,磁力矩作功等于线圈中通有的电流与线圈回路磁通量增量的乘积。此式可以推广到任意形状载流线圈的情况,即任意形状的线圈,当通有的电流强度保持不变时,线圈在磁场中转动或者形状发生变化时,磁力矩的功都等于线圈中通有的电流强度与线圈平面磁通量增量的乘积。

总结以上两种情况,可知,无论是载流导线在磁场中切割磁力线,还是载流线圈在磁场中转动,磁力的功都等于其内的电流强度与相应磁通量增量的乘积。

例题 13-15 如图 13-36 所示,通有电流强度为 10A 的矩形线圈,共有 100 匝,放置于磁感应强度大小为 $B=0.5\text{T}$ 的匀强磁场中,磁场方向与线圈平面平行。试求:(1)在此位置时线圈受的磁力矩;(2)在磁力矩的作用下,当线圈平面转到与磁场方向垂直的位置时,磁力矩所作的功。

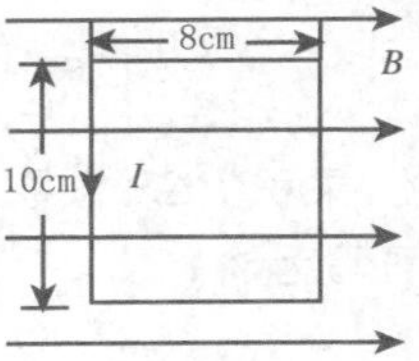

图 13-36 例 13-15 用图

解 (1)根据磁力矩公式,及线圈平面与磁场平行时 $\varphi=\frac{\pi}{2}$,有

$$M=NBIS\sin\varphi=100\times0.5\times10\times0.08\times0.10\times1=4\text{N}\cdot\text{m}$$

磁力矩的方向为沿轴竖直向上。

(2)根据磁力矩作功 $A=I\Delta\Phi_m$,有

$$A=I(\Phi_{m2}-\Phi_{m1})=IN(BS-0)=10\times100\times0.5\times0.08\times0.10=4\text{J}$$

例题 13-16 在长直导线附近平行放置一矩形线圈 $ABCD$,如图 13-37 所示。已知长直导线与矩形线圈在同一平面内,直导线内通有电流 $I_1=10\text{A}$,线圈内通有电流 $I_2=20\text{A}$。线圈的长 $l_1=15\text{cm}$,宽 $l_2=10\text{cm}$,线圈的左端距离直导线 $l=10\text{cm}$。试求:线圈所受的合力和磁力矩。

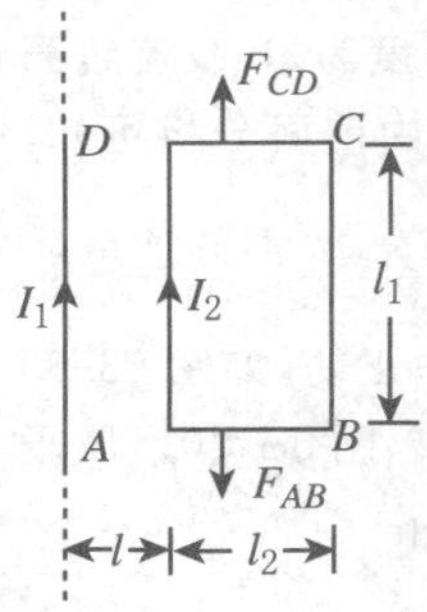

图 13-37 例 13-16 用图

解 长直导线在其周围产生的磁感应强度大小为 $B=\frac{\mu_0 I_1}{2\pi d}$,在线圈所在的区域磁场方向垂直纸面向里。线圈 AB、CD 两边处于磁场的相同位置,二者受力大小相等,方向相反,如图 13-37 所示,因此二者合力为零,即

$$\boldsymbol{F}_{AB}+\boldsymbol{F}_{CD}=0$$

AD 边受力方向水平向左,大小为

$$F_{AD}=B_1I_2l_1=\frac{\mu_0 I_1}{2\pi l}I_2l_1=\frac{4\pi\times10^{-7}\times10}{2\pi\times0.1}\times20\times0.15=6\times10^{-5}\text{N}$$

CB 边受力方向水平向右,大小为

$$F_{CB}=B_2I_2l_1=\frac{\mu_0 I_1}{2\pi(l+l_2)}I_2l_1=\frac{4\pi\times10^{-7}\times10}{2\pi\times(0.1+0.1)}\times20\times0.15=3\times10^{-5}\text{N}$$

则整个线圈各边合力大小为

$$F=F_{AD}-F_{CB}=3\times10^{-5}\text{N}$$

方向水平向左。

根据磁力矩 $M=BIS\sin\varphi$，且图示情况 $\varphi=0$，则线圈所受磁力矩为

$$M=BIS\sin 0=0$$

磁力矩为零也可以从另一个角度加以分析：线圈四边所受力都在线圈平面内，它们的作用不会使线圈发生绕轴的转动，即线圈绕轴转动的角加速度 $\beta=0$，根据刚体定轴转动定律，$M=J\beta$，可知，刚体此时所受力矩 $M=0$。

练习题

1. 通有电流 $I=10\text{A}$ 的半圆形闭合线圈，半径为 $R=10\text{cm}$，放在匀强磁场中，磁感应强度大小为 $B=0.5\text{T}$，方向与线圈平面平行。试求：(1)此时线圈所受的磁力矩；(2)从现在的位置线圈转动到与磁场垂直位置的过程中，磁力矩作的功。

2. 匀强磁场中有一边长为 20cm 的等边三角形载流线圈，通有电流强度 $I=10\text{A}$，设磁场磁感应强度的大小为 $B=0.2\text{T}$。试求：(1)线圈所受的最大磁力矩及对应的线圈位置；(2)线圈所受的最小磁力矩及对应的线圈位置。

13.7 磁介质中的磁场

通过第 12 章的学习我们知道，放入电场中的电介质会受到电场的影响而产生极化现象，反过来，极化的电介质又会影响电场的分布。类似地，放入磁场中的磁介质也会受到磁场的影响而使内部状态发生变化，这种现象称为磁介质的磁化现象，反过来，磁化的磁介质也会影响磁场的分布。本节我们主要研究磁介质的磁化机制及磁介质中磁场的特点。

13.7.1 磁介质及其分类

凡处于磁场中与磁场发生相互作用的物质都可以称为磁介质。磁介质放入磁场中为什么会被磁场磁化呢？这要从磁介质的微观结构谈起。

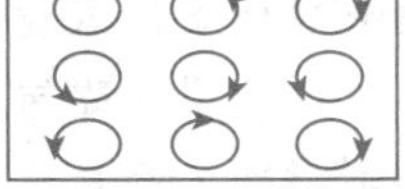

图 13-38 分子电流

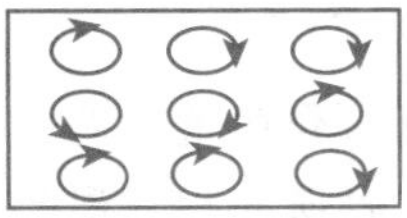

图 13-39 天然磁铁的分子电流

1. 分子电流

物质的基本组成单位是分子或原子，而分子、原子是由原子核及核外电子组成，原子核外电子时刻绕原子核在作高速运动。电荷的定向运动会形成电流，同样电子的绕核运动也会形成等效的圆电流，这个电流存在于原子或分子的内部，称为分子电流。我们知道，圆电流会在其周围激发磁场，同样，分子电流也在其周围激发磁场，每个分子电流相当于一个小磁针，有其对应的 N 极和 S 极。

一般情况下，物质内部大量的分子电流方向是杂乱无章的，相应地，分子电流产生的磁场方向也是随机的，它们的磁场相互抵消，因此，整个物体宏观上对外不显磁性，如图 13-38 所示。研究表明，天然磁铁之所以对外显示出磁性，是其

内部分子电流取向趋于一致所至,分子电流的取向越一致,磁铁显示的磁场越强,如图13-39所示。

2. 磁介质的磁化

由 13.6 节内容可知,放入磁场中的载流线圈在磁力矩的作用下,会发生偏转。同样,当磁介质放入磁场中时,分子电流在外磁场的作用下,也会发生偏转,如图13-40所示,从而使分子电流的方向趋向一致,这相当于在介质内产生了一个宏观的电流,这种宏观的等效电流称为磁化电流,相对应的,激发原磁场的电流称为传导电流。磁化电流也会激发磁场,这个由磁化电流激发的磁场称为附加磁场,附加磁场使磁介质对外显现出磁性。

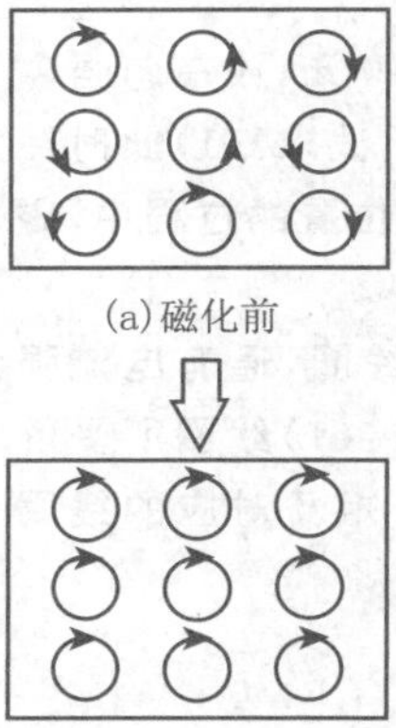

(a)磁化前

(b)磁化后

图 13-40 磁介质的磁化

磁化现象使磁介质宏观上显现出磁性,根据附加磁场与原磁场之间的方向关系,磁介质可以分为以下几类。

(1)抗磁质:磁化后产生附加磁场 $\boldsymbol{B}'$ 的方向与原磁场 $\boldsymbol{B}_0$ 的方向相反的磁介质,称为抗磁质,如汞、铜、铅、锌等。

(2)顺磁质:磁化后产生附加磁场 $\boldsymbol{B}'$ 的方向与原磁场 $\boldsymbol{B}_0$ 的方向相同的磁介质,称为顺磁质,如锰、铬、铂、氧等。

(3)铁磁质:磁化后产生附加磁场 $\boldsymbol{B}'$ 的方向与原磁场 $\boldsymbol{B}_0$ 的方向相同,且附加磁场远大于原磁场的磁介质,称为铁磁质,如铁、钴、镍等。

从以上分析可知,磁介质被磁化时产生的附加磁场不一定总是与原磁场方向相反,磁介质的种类不同,磁化后产生附加磁场的情况也不同。实验表明,不同的物质对磁场的影响差异很大,这与电介质的极化情况有所区别。

13.7.2 磁介质中的磁场

1. 磁介质中的磁感应强度

若均匀磁介质处于磁感应强度为 $\boldsymbol{B}_0$ 的外磁场中,磁介质被磁化而产生磁感应强度为 $\boldsymbol{B}'$ 的附加磁场,则磁介质中磁场的磁感应强度应为原磁场磁感应强度 $\boldsymbol{B}_0$ 与附加磁场磁感应强度 $\boldsymbol{B}'$ 的矢量和,即

$$\boldsymbol{B}=\boldsymbol{B}_0+\boldsymbol{B}' \qquad (13\text{-}29)$$

不同的磁介质,$\boldsymbol{B}'$ 的大小和方向差别很大,为了便于讨论磁介质被磁化的情况,与电场中我们引入电介质的介电常数一样,在磁场中我们引入磁导率这一描述磁介质性质的物理量,用 μ 表示。某种磁介质的磁导率 μ 与真空中的磁导率 μ_0 的比值,称为该介质的相对磁导率,用 μ_r 表示,即

$$\mu_r=\frac{\mu}{\mu_0} \qquad (13\text{-}30)$$

抗磁质和顺磁质的相对磁导率都约等于 1,而且都是只与介质情况有关而与外场无关的常数,其中,抗磁质 $\mu_r<1$,顺磁质 $\mu_r>1$;铁磁质的相对磁导率远大于 1,即 $\mu_r\gg1(\mu_r\approx10^3\sim10^4)$,而且是一个比较复杂的量。

当磁场中充满某种均匀磁介质时,磁介质中的磁场磁感应强度 $\boldsymbol{B}$ 与原磁

场磁感应强度 $\boldsymbol{B}_0$ 之间的大小关系为

$$B=\mu_r B_0 \tag{13-31}$$

由式(13-31)可知：在抗磁质中，$B<B_0$，附加磁场与原磁场方向相反；在顺磁质中，$B>B_0$；附加磁场与原磁场方向相同；在铁磁质中，$B\gg B_0$，附加磁场与原磁场方向相同。其中，由于在抗磁质和顺磁质中，$B\approx B_0$，所以抗磁质和顺磁质又统称为弱磁质；铁磁质对磁场的影响比较复杂，主要表现为：(1)铁磁质放入磁场中后，会使磁场增强$10^3\sim10^4$ 倍；(2)在撤去原磁场后，铁磁质中仍能保留部分磁性。

2. 磁介质中的环路定理

在电场中，为了便于讨论不同电介质中的电场情况，我们引入了电位移矢量$\boldsymbol{D}=\varepsilon\boldsymbol{E}=\varepsilon_r\varepsilon_0\boldsymbol{E}=\varepsilon_0\boldsymbol{E}_0$，引入电位移矢量后，静电场中的高斯定理可以写成

$$\oiint_S \boldsymbol{D}\cdot \mathrm{d}\boldsymbol{S}=\sum q_i$$

同样，在磁场中，为了便于讨论不同磁介质中的磁场情况，我们引入磁场强度这一物理量，并定义磁场强度 $\boldsymbol{H}$ 为

$$\boldsymbol{H}=\frac{\boldsymbol{B}}{\mu}=\frac{\mu_r\boldsymbol{B}_0}{\mu}=\frac{\boldsymbol{B}_0}{\mu_0} \tag{13-32}$$

在国际单位制中，磁场强度的单位为安培/米（$\mathrm{A\cdot m^{-1}}$）。如果用磁场强度表示磁场中的环路定理，则为

$$\oint_L \boldsymbol{H}\cdot \mathrm{d}\boldsymbol{l}=\oint_L \frac{\boldsymbol{B}_0}{\mu_0}\cdot \mathrm{d}\boldsymbol{l}=\frac{1}{\mu_0}\oint_L \boldsymbol{B}_0\cdot \mathrm{d}\boldsymbol{l}$$

式中，$\boldsymbol{B}_0$ 沿闭合回路的积分为真空时磁感应强度的环流，其值应等于环路内包围的传导电流的代数和乘以真空的磁导率，即 $\mu_0\sum I_i$，代入上式，有

$$\oint_L \boldsymbol{H}\cdot \mathrm{d}\boldsymbol{l}=\sum I_i \tag{13-33}$$

式(13-33)表明：在恒定磁场中，磁场强度矢量 $\boldsymbol{H}$ 沿任意闭合回路的线积分（即 $\boldsymbol{H}$ 的环流）等于包围在环路内各传导电流的代数和，而与磁化电流无关，这称为有磁介质时的安培环路定理。

小　结

恒定电流激发的磁场称为恒定磁场。本章主要研究恒定磁场与激发它的电流之间的关系，磁场对放入其中的运动电荷或电流的作用，以及磁场和磁介质之间的相互作用。

一、磁感应强度的求解方法（磁场与激发它的电流间关系）

1. 毕奥-萨伐尔定律

真空中，电流元 $I\mathrm{d}\boldsymbol{l}$ 在给定点 P 处产生的磁感应强度 $\mathrm{d}\boldsymbol{B}$ 为

$$\mathrm{d}\boldsymbol{B}=\frac{\mu_0}{4\pi}\frac{I\mathrm{d}\boldsymbol{l}\times\boldsymbol{r}}{r^3}$$

2. 磁场叠加原理

磁场叠加原理内容为:整个载流导线在场点激发的磁感应强度等于每段电流元在该点激发的磁感应强度的矢量和,即

$$\boldsymbol{B}=\int_L \mathrm{d}\boldsymbol{B}$$

磁场叠加原理不仅适用于单个电流的磁场,也适用于由几个电流共同激发的磁场,该磁场中某点的磁感应强度等于各电流单独存在时在该点产生的磁感应强度的矢量和,即

$$\boldsymbol{B}=\sum \boldsymbol{B}_i$$

3. 安培环路定理

(1)定理的内容:真空中,磁感应强度 $\boldsymbol{B}$ 沿闭合路径的环流,等于此闭合路径内包围电流代数和的 μ_0 倍。数学表达式为

$$\oint \boldsymbol{B}\cdot \mathrm{d}\boldsymbol{l}=\mu_0 \sum I_i$$

(2)应用定理求磁感应强度的适用条件:磁场分布具有对称性,在这样的磁场中我们可以找到合适的闭合回路,使得回路切向方向与 $\boldsymbol{B}$ 方向平行或垂直,且在平行的那部分回路上,$\boldsymbol{B}$ 的大小要处处相等。根据安培环路定理,可得到与 $\boldsymbol{B}$ 平行的那部分回路上的磁感应强度大小为

$$B=\frac{\mu_0 \sum I_i}{L_{/\!/}}$$

二、磁场对运动电荷及载流导线的作用

1. 磁场对运动电荷的作用及电荷在磁场中的运动

(1)电荷受力——洛伦兹力

$$\boldsymbol{F}=q\boldsymbol{v}\times\boldsymbol{B}$$

(2)电荷在磁场中的运动

$\boldsymbol{v}_0 /\!/ \boldsymbol{B}$ 时,电荷受洛伦兹力为零,电荷保持原来的运动状态。

$\boldsymbol{v}_0 \perp \boldsymbol{B}$ 时,电荷受力 $F=qv_0B$,力 $\boldsymbol{F}$ 的方向垂直于 $\boldsymbol{v}_0$ 方向,电荷在垂直于磁场方向的平面内作匀速圆周运动,圆周的半径和周期分布为

$$R=\frac{mv_0}{qB} \qquad T=\frac{2\pi R}{v_0}=\frac{2\pi m}{qB}$$

$\boldsymbol{v}_0$ 方向与 $\boldsymbol{B}$ 方向夹角为 θ 时,电荷做螺旋线运动,运动周期、半径和螺距分别为

$$T=\frac{2\pi m}{qB} \qquad R=\frac{mv_\perp}{qB}=\frac{mv_0\sin\theta}{qB} \qquad h=v_{/\!/}T=\frac{2\pi m}{qB}v_0\cos\theta$$

2. 磁场对载流导线的作用

(1)安培定律:位于磁场中某点处的电流元 $I\mathrm{d}\boldsymbol{l}$ 所受的安培力 $\mathrm{d}\boldsymbol{F}$ 为

$$\mathrm{d}\boldsymbol{F}=I\mathrm{d}\boldsymbol{l}\times\boldsymbol{B}$$

(2)载流导线在磁场中所受的安培力:$\boldsymbol{F}=\int_L \mathrm{d}\boldsymbol{F}=\int_L I\mathrm{d}\boldsymbol{l}\times\boldsymbol{B}$

3. 磁场对载流线圈的作用

N 匝线圈受的磁力矩为：$M=NBIS\cos\theta=NBIS\sin\varphi$

4. 磁力的功

$$A=I\Delta\Psi_{\mathrm{m}}$$

三、磁场与磁介质的相互作用

1. 磁场对磁介质的作用

放入磁场中的磁介质受到磁场的影响而使内部分子电流取向重新分布，从而使磁介质表现出磁性，这种现象称为磁介质的磁化现象。

2. 磁介质对磁场的影响

磁介质磁化后产生附加磁场，磁介质中磁场为原来磁场与附加磁场的叠加，即

$$\boldsymbol{B}=\boldsymbol{B}_0+\boldsymbol{B}'=\mu_r\boldsymbol{B}_0$$

3. 磁介质中的环路定理

引入磁场强度 $\boldsymbol{H}=\dfrac{\boldsymbol{B}_0}{\mu_0}$，磁介质中的环路定理数学表达式为

$$\oint_L \boldsymbol{H}\cdot \mathrm{d}\boldsymbol{l}=\sum I_i$$

阅读材料八：电动力学的先创者——安培

安德烈·玛丽·安培(1775—1836)：法国物理学家，对数学和化学也有贡献。

主要成就：发现了安培定则；发现电流的相互作用规律；发明了电流计；提出分子电流假说；总结了电流元之间的作用规律——安培定律。著作有《电动力学的观察汇编》、《电动力学现象的数学理论》等。

1775 年 1 月 22 日，安培生于里昂一个富商家庭，安培小时候记忆力极强，数学才能出众。他父亲受卢梭的教育思想的影响很深，决定让安培自学，经常带他到图书馆看书。安培自学了《科学史》、《百科全书》等著作。他对数学最着迷，13 岁就发表第一篇数学论文，论述了螺旋线。1799 年安培在里昂的一所中学教数学。1802 年 2 月安培离开里昂去布尔格学院讲授物理学和化学，四月他发表一篇论述赌博的数学理论，显露出极好的数学根底，引起了社会上的注意。后来应聘在拿破仑创建的法国公学任职。1808 年被任命为法国帝国大学总学监，此后一直担任此职 ；1814 年被选为帝国学院数学部成员；1819 年主持巴黎大学哲学讲座。

安培最主要的成就是 1820～1827 年对电磁作用的研究 。1820 年 7 月 ，奥斯特发表了关于电流磁效应的论文。8 月末，法国物理学家阿拉果在瑞士听到奥斯特成功的消息，立即赶回法国，9 月 11 日就向法国科学院报告了奥斯特的实验细节。安培听了报告之后，第二天就重复了奥斯特的实验，并于 9 月 18 月向法国科学院报告了第一篇论文，提出了磁针转动方向和电流方向的关系

服从右手定则，以后这个定则被命名为安培定则。9月25日安培向科学院报告了第二篇论文，提出了电流方向相同的两条平行载流导线互相吸引，电流方向相反的两条平行载流导线互相排斥。10月9日报告了第三篇论文，阐述了各种形状的曲线载流导线之间的相互作用。后来，安培又做了许多实验，并运用高度的数学技巧于1826年总结出电流元之间作用力的定律，描述两电流元之间的相互作用同两电流元的大小、间距以及相对取向之间的关系，后来人们把这个定律称为安培定律，12月4日安培向科学院报告了这个成果。安培并不满足于这些实验研究的成果。1821年1月，他提出了著名的分子电流的假设，他根据磁是由运动的电荷产生的这一观点来说明地磁的成因和物质的磁性。安培的分子电流假说在当时物质结构的知识甚少的情况下无法证实，它带有相当大的臆测成分；在今天已经了解到物质由分子组成，而分子由原子组成，原子中有绕核运动的电子，安培的分子电流假说有了实在的内容，已成为认识物质磁性的重要依据。安培还对比了静力学和动力学的名称，第一个把研究动电的理论称为"电动力学"，并于1822年出版了《电动力学的观察汇编》。此外，安培还发现，电流在线圈中流动的时候表现出来的磁性和磁铁相似，创制出第一个螺线管，在这个基础上发明了探测和量度电流的电流计。1827年安培将他的电磁现象的研究综合在《电动力学现象的数学理论》一书中，这是电磁学史上一部重要的经典论著，对以后电磁学的发展起了深远的影响。

安培的研究范围很广。数学方面，他曾研究过概率论和积分偏微方程。化学方面，他几乎与戴维同时认识元素氯和碘，导出过阿伏伽德罗定律，论证过恒温下体积和压强之间的关系，还试图寻找各种元素的分类和排列顺序关系。他的研究还涉及哲学，甚至植物学上的复杂问题。

安培在他的一生中，只有很短的时期从事物理工作，可是他却能以独特的、透彻的分析，论述带电导线的磁效应，因此我们称他是电动力学的先创者，他是当之无愧的。麦克斯韦称赞安培的工作是"科学上最光辉的成就之一"，还把安培誉为"电学中的牛顿"。安培的钻研精神也是值得我们后人学习的。据说有一次，安培正慢慢地向他任教的学校走去，边走边思索着一个电学问题。经过塞纳河的时候，他随手拣起一块鹅卵石装进口袋。过一会儿，又从口袋里掏出来扔到河里。到学校后，他走进教室，习惯地掏怀表看时间，拿出来的却是一块鹅卵石。原来，怀表已被扔进了塞纳河。还有一次，安培在街上行走，走着走着，想出了一个电学问题的算式，正为没有地方运算而发愁。突然，他见到面前有一块"黑板"，就拿出随身携带的粉笔，在上面运算起来。那"黑板"原来是一辆马车的车厢背面。马车走动了，他也跟着走，边走边写；马车越来越快，他就跑了起来，一心一意要完成他的推导，直到他实在追不上马车了才停下脚步。安培这个失常的行动，使街上的人笑得前仰后合。

1836年，安培以大学学监的身份外出巡视工作，不幸途中染上急性肺炎，医治无效，于6月10日在马赛去世，终年61岁。后人为了纪念安培在电学上的杰出贡献，以他的姓氏命名电流的单位——安培，简称"安"。

习题 13

A 类题目：

13-1 如图 13-41 所示，真空中有两条无限长直电流，一个电流流向为垂直纸面外，一个为垂直纸面向内，电流强度都为 $I=8\text{A}$。试求：磁感应强度沿三个闭合环路的环流。

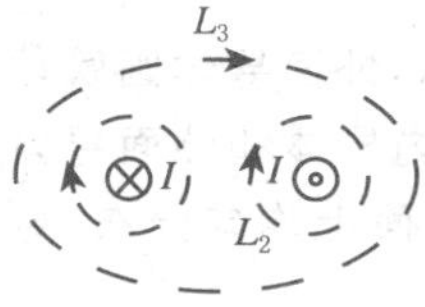

图 13-41 习题 13-1 用图

13-2 如图 13-42 所示，两个半径都为 R 的相同金属圆环在 A、B 两点接触（AB 连线为环的直径），并相互垂直放置。电流 I 由 A 点流入圆环，从 B 点流出。试求：圆环中心 O 点的磁感应强度的大小。

13-3 如图 13-43 所示，四条平行的无限长直导线，垂直通过边长为 $a=0.2\text{m}$ 的正方形的四个顶点。若每条导线中的电流都是 $I=20\text{A}$，试求：正方形中心 O 点的磁感应强度。

13-4 一宽度为 a 的无限长通电扁平铜片，通有电流强度为 I，如图 13-44 所示。若电流在铜片上均匀分布，铜片的厚度忽略不计，试求：与铜片共面、到铜片近端距离为 b 的 P 点的磁感应强度。

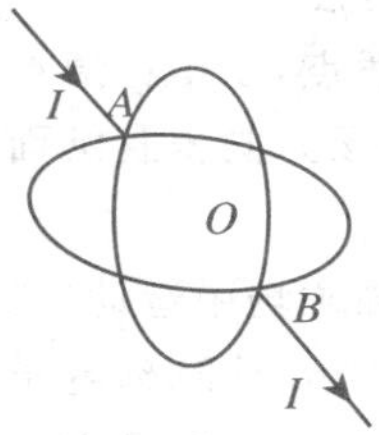

图 13-42 习题 13-2 用图

13-5 在真空中，一通有电流 I 的无限长直导线被弯成图 13-45 所示形状（图中实线表示，在同一平面内），已知大圆弧的半径和小圆弧半径的关系为 $R=2r$。试求：圆弧中心 O 点的磁感应强度。

13-6 如图 13-46 所示，匀强磁场方向沿 x 轴正向，磁感应强度大小为 $B=2.0\text{Wb}\cdot\text{m}^{-2}$。试求图中各面的磁通量：(1) $abcd$ 面；(2) $befc$ 面；(3) $aefd$ 面。

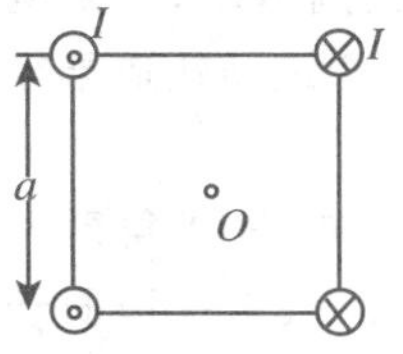

图 13-43 习题 13-3 用图

13-7 如图 13-47 所示，无限长直载流导线右侧有两个面积分别为 S_1、S_2 的矩形回路。回路与直导线在同一平面内，且回路一边与直导线平行。试求：通过两个矩形回路的磁通量之比。

13-8 一根无限长直铜导线通有电流 $I=10\text{A}$，电流在截面均匀分布，截面半径为 R，如图 13-48 所示。试求：通过以轴线和截面半径为邻边的长度为 1m 的矩形（图中阴影所示）的磁通量。

13-9 一个很长的直圆柱管型导体沿轴线方向通有电流 I，电流在导体截面均匀分布，导体截面内、外半径分别为 R_1、R_2。设导体的磁导率为 μ_0，试求：各区域的磁感应强度大小。

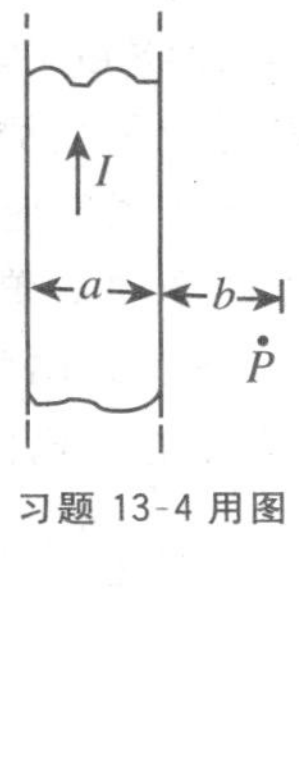

图 13-44 习题 13-4 用图

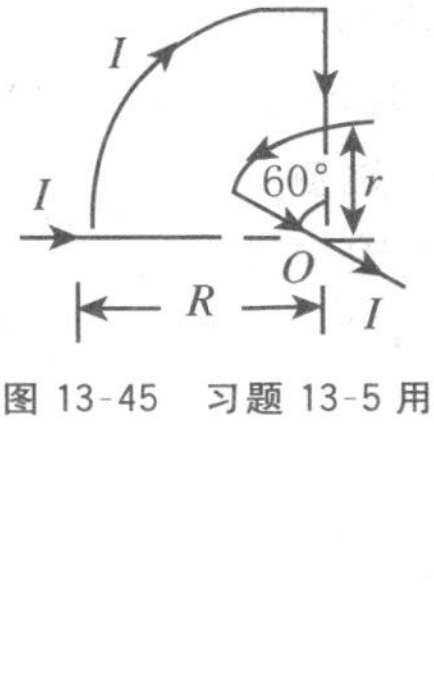

图 13-45 习题 13-5 用图

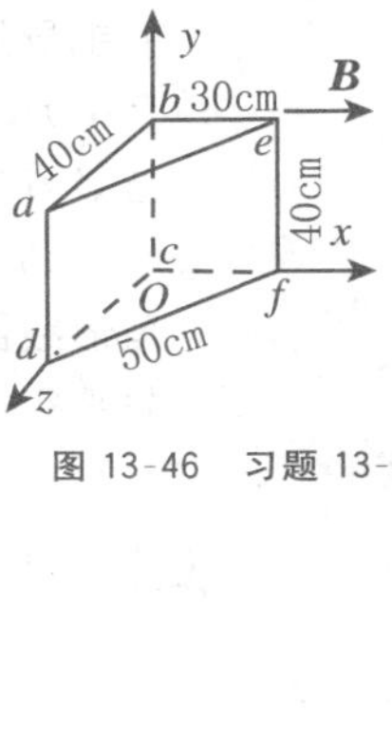

图 13-46 习题 13-6 用图

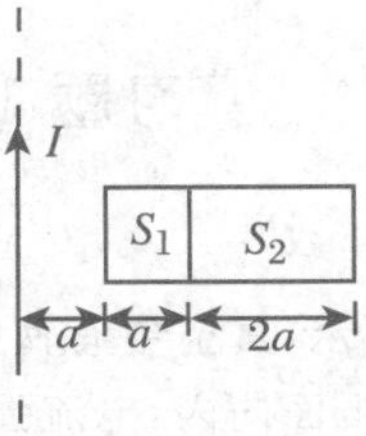

图 13-47　习题 13-7 用图

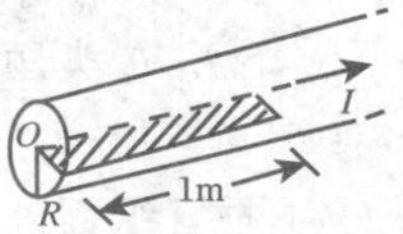

图 13-48　习题 13-8 用图

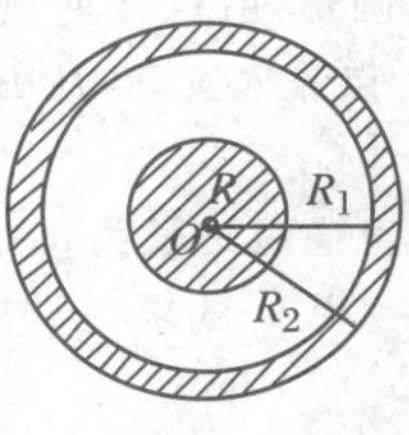

图 13-49　习题 13-10 用图

13-10　一根无限长同轴电缆，内导体的截面半径为 R，外面导体圆管截面的内、外半径分别为 R_1、R_2，如图 13-49 所示。使用时，内导体和外面导体圆管分别通有等量反向电流。设电流强度为 I，电流在截面上均匀分布，导体磁导率为 μ_0。试求：各区域的磁感应强度大小。

13-11　一无限大通电扁平铜片，电流自下而上流过铜片，设单位宽度上电流强度为 I，如图 13-50 所示。若电流在铜片上均匀分布，铜片的厚度忽略不计，试求：铜片附近到铜片垂直距离为 b 的 P 点的磁感应强度。

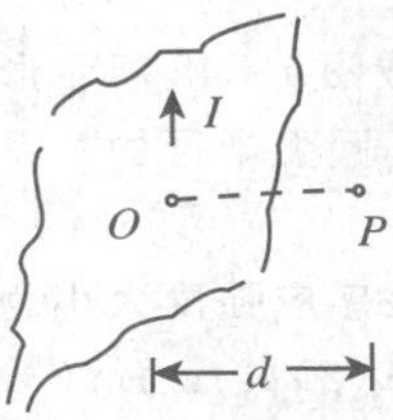

图 13-50　习题 13-11 用图

13-12　如图 13-51 所示，一个电量为 $+q$、质量为 m 的质点，从坐标原点以速度 v 沿 x 轴正向射入磁感应强度为 B 的匀强磁场中，磁场方向垂直纸面向里。试求：质点运动时与 y 轴交点的坐标(忽略重力影响)。

13-13　如图 13-52 所示，电子在 $B=7.0\times10^{-3}\,\text{T}$ 的匀强磁场中运动，磁场方向垂直纸面向外。已知电子运动的轨道半径为 $R=3.0\,\text{cm}$，某时刻电子在 P 点的速度 $\boldsymbol{v}$ 方向竖直向上。试求：(1)电子运动速度大小；(2)电子在 A 点受力大小和方向(电子的荷质比为 $1.76\times10^{11}\,\text{C}\cdot\text{kg}^{-1}$)。

13-14　A、B 两个电子都垂直射入同一均匀磁场并作圆周运动，已知电子 A 的速率是电子 B 速率的二倍。试求：(1)电子 A 与电子 B 运动轨道半径之比；(2)电子 A 与电子 B 运动周期之比。

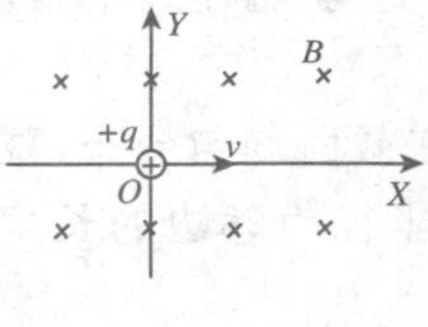

图 13-51　习题 13-12 用图

13-15　一质子以速率 $v=1.0\times10^{7}\,\text{m}\cdot\text{s}^{-1}$ 沿与磁场方向成 30° 角射入匀强磁场中，已知 $B=1.5\,\text{T}$，质子质量为 $m=1.63\times10^{-27}\,\text{kg}$。试求：(1)质子螺旋运动的半径；(2)螺距；(3)旋转频率。

13-16　通有电流 I 的长直导线在一平面内被弯成如图 13-53 所示形状(上侧为半个圆弧，圆弧半径为 R)。已知匀强磁场磁感应强度大小为 B，方向垂直于导线所在平面。试求：整个导线所受的安培力。

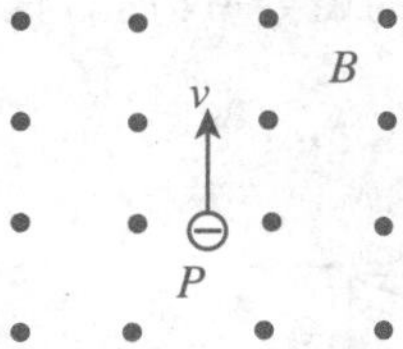

图 13-52　习题 13-13 用图

13-17　如图 13-54 所示，一截面积为 $S=2\,\text{mm}^2$、密度为 $\rho=8.9\times10^{3}\,\text{kg}\cdot\text{m}^{-3}$ 的铜导线被弯成正方形的框，此框可以绕 OO' 轴自由转动。导线内通有电流 $I=10\,\text{A}$，并把线框放置于方向竖直向上的匀强磁场中。若线框受力平衡时与竖直方向夹角为 $\theta=15°$，试求：磁场的磁感应强度大小。

13-18　如图 13-55 所示，匀强磁场中放置一个边长为 $a=0.1\,\text{m}$ 的正三角形线圈，线圈中通有电流 $I=10\,\text{A}$(电流方向为 $ABCA$)，线圈平面与磁场方向平行，$B=1\,\text{T}$。试求：(1)线圈各边受的安培力；(2)对 OO' 轴的磁力矩；(3)

从此位置转动到线圈平面与磁场方向垂直过程中，磁力矩作的功。

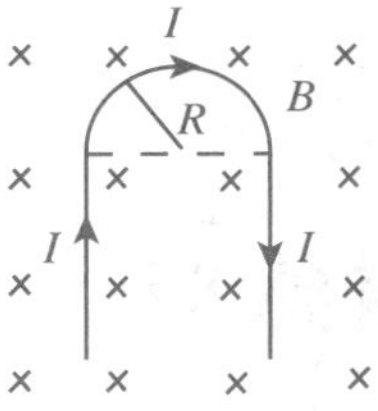

图 13-53 习题 13-16 用图

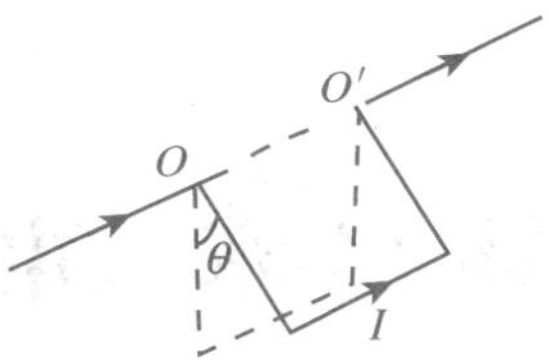

图 13-54 习题 13-17 用图

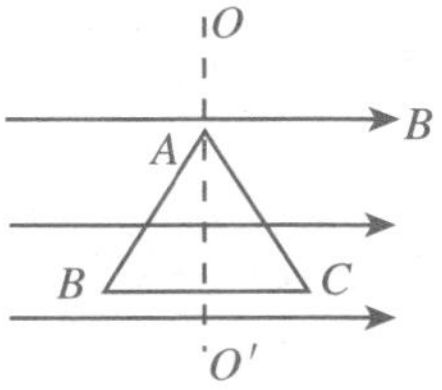

图 13-55 习题 13-18 用图

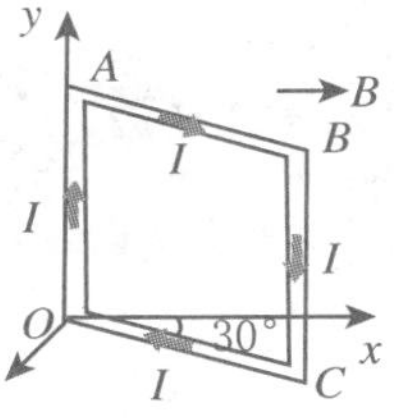

图 13-56 习题 13-19 用图

13-19 矩形线圈 $OABC$ 可绕 Y 轴自由转动，其内通有电流 $I=10\text{A}$，方向如图 13-56 所示，边长 $\overline{AB}=0.06\text{m}$，$\overline{OA}=0.08\text{m}$。匀强磁场方向沿 x 轴正向，磁感应强度大小为 $B=0.02\text{T}$。若磁场方向与线圈平面夹角为 30°，试求：(1)线圈各边受的磁场力；(2)线圈受的磁力矩；(3)线圈由此位置转动到平衡位置过程中，磁力矩的功。

B 类题目：

13-20 真空中，两条无限长通电直导线 A、B，如图 13-57 所示。电流垂直穿过纸面，强度都为 I。试求：(1)x 轴上任意一点 P 处的磁感应强度；(2)P 点位于 x 轴上何处时，取得磁感应强度的最大值？

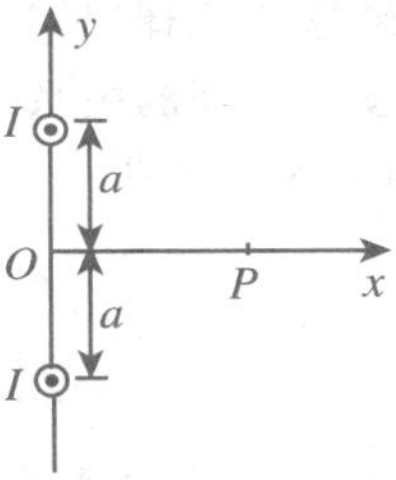

图 13-57 习题 13-20 用图

13-21 如图 13-58 所示，在截面半径为 $R=1\text{cm}$ 的无限长半圆柱面的金属薄片中，自下而上通有电流 $I=5\text{A}$，电流在截面上均匀分布，忽略薄片的厚度。试求：圆柱轴线上一点 P 处的磁感应强度。

13-22 如图 13-59 所示，一圆柱形长直导体截面半径为 R，在其内与轴线平行地挖去一截面半径为 r 的圆柱形空腔，导体轴线与空腔轴线间距离为 $a(a>r)$。现在导体中通有电流 I，电流均匀分布于横截面上。试求：(1)空腔轴线出磁感应强度的大小；(2)导体轴线处磁感应强度的大小。

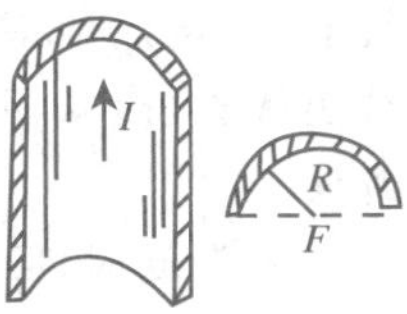

图 13-58 习题 13-21 用图

13-23 与无限长直电流 I_1 垂直平面内有一载流为 I_2 的线圈，如图 13-60 所示。线圈的两直边 AB、CD 的延长线通过 I_1 与线圈平面的交点 O，线圈的 AD、BC 边为以 O 为圆心的圆弧，圆弧对应的圆心角都为 2θ，圆弧半径分别为 R_1、R_2。试求：(1)线圈各边受 I_1 的磁场作用力；(2)线圈受 I_1 磁场的磁力矩。

13-24 螺绕环中心周长为 10cm，共绕 200 匝线圈，线圈中通有电流 0.1A。环内充满相对磁导率为 $\mu_r=4\ 200$ 的磁介质。试求：环内的磁场强度 $\boldsymbol{H}$ 和磁感应强度 $\boldsymbol{B}$。

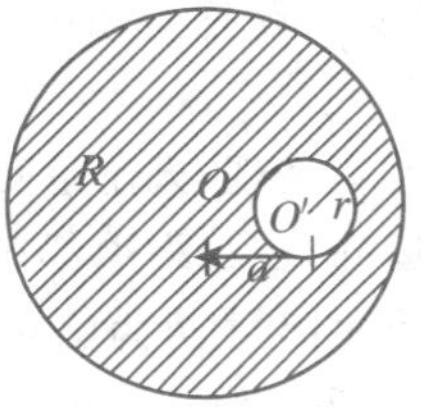

图 13-59 习题 13-22 用图

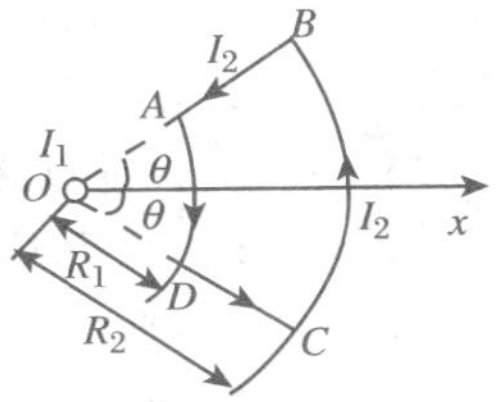

图 13-60 习题 13-23 用图

第 14 章　电磁感应

运动的电荷在其周围激发磁场，反过来，利用磁场能否产生电流呢？对于这一问题的研究，引出了电磁感应现象的发现。本章主要研究电磁感应现象的基本规律及其应用，两类感应电动势、自感和互感、磁场的能量等问题。

14.1　电磁感应的基本定律

从 1822 年起，英国物理学家法拉第经过 10 年坚持不懈的努力，终于在 1831 年从实验中发现了电磁感应现象，并从中总结出了电磁感应定律，1833 年，楞次从实验中发现了感应电流方向与产生感应电流磁场变化之间的关系，总结出楞次规律。本节即主要研究反映电磁感应现象的这两个基本规律。

14.1.1　电磁感应现象

电磁感应现象是在实验中发现的，在这些实验中，比较典型的两个实验如图 14-1 所示。两个实验的实验装置及现象如下。

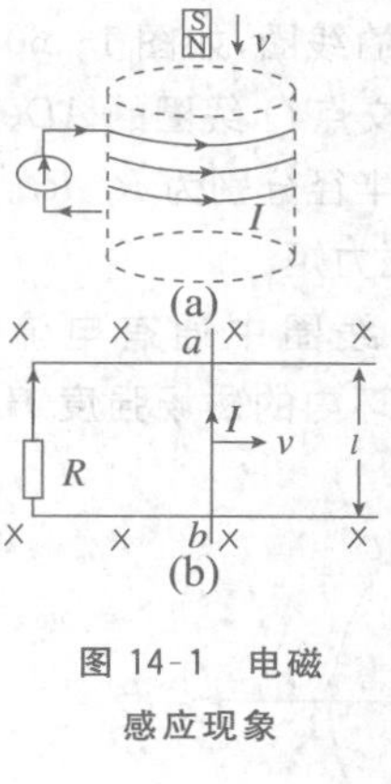

图 14-1　电磁感应现象

(1)在图 14-1(a)所示装置中，当磁棒移近并插入线圈时，与线圈串联的电流计指针发生偏转，表示线圈中有电流通过；当磁棒拔出线圈时，电流计指针发生反向偏转，线圈中电流方向相反；无论磁棒插入还是拔出线圈，磁棒相对于线圈的速度越快，电流计指针偏转越大，即线圈中电流越大。

(2)在图 14-1(b)所示装置中，当金属杆 ab 在金属框架上向右滑动时，回路中的电流计指针偏转，说明回路中有电流通过；当金属杆在金属框架上向左滑动时，电流计的指针发生反向偏转，即回路中有反向电流通过；无论金属棒是向右还是向左滑动，都有金属杆滑动的速度越大，电流计指针偏转越大，表明回路中电流越大。

通过这两个实验，我们可以发现，无论是回路静止，磁场变化，还是磁场不变化，回路(或其中的一部分)运动，在回路中都产生了电流，这种电流称为感应电流，相对应的，称形成感应电流的电动势为感应电动势，产生感应电流、感应电动势的这种现象称为电磁感应现象。对实验现象进一步分析，我们发现，无论是磁场变化，还是回路运动，其实质都是通过导体回路的磁通量发生了变化，因此，通过回路的磁通量发生变化是电磁感应现象产生的原因和条件。

14.1.2 楞次定律

楞次通过大量的实验，总结出感应电流方向与回路磁通量变化之间的关系，称为楞次定律。闭合回路中产生的感应电流具有确定的方向，它总是使感应电流所产生的通过回路面积的磁通量，去补偿或者反抗引起感应电流的磁通量的变化。此定律中，“补偿”和“反抗”两个词反映出同一个实质，即感应电流的效果总是反抗引起感应电流的原因，这是能量守恒定律在电磁感应现象中的体现。

在图 14-1(a) 中，磁棒以 N 极移近或者插入线圈时，线圈回路中磁场增强，磁通量增加，根据楞次定律，感应电流的磁场应反抗原磁场磁通量的变化，则感应电流的磁场方向应与原磁场的方向相反，即感应电流的磁场方向 N 极向上，因此，根据右手螺旋定则可知，感应电流方向应如图 14-1(a) 中方向所示；当磁棒拔出线圈时，线圈回路中磁场减弱，磁通量减小，根据楞次定律，感应电流的磁场应补偿原磁场磁通量的变化，则感应电流的磁场方向应与原磁场的方向相同，即感应电流的磁场方向 N 极向下，因此，根据右手螺旋定则可知，感应电流方向应与图 14-1(a) 中所示方向相反，这即解释了磁棒插入和拔出线圈时，回路中电流计指针偏转方向不同的现象。

在图 14-1(b) 中，金属杆 ab 向右侧滑动时，回路包围面积增加，磁通量增加，根据楞次定律，感应电流的磁场应反抗原磁场磁通量的变化，则感应电流的磁场方向应与原磁场的方向相反，即感应电流的磁场方向垂直纸面向外，因此，根据右手螺旋定则可知，感应电流方向应如图 14-1(b) 中方向所示；金属杆向左侧滑动时，回路所包围的面积减小，磁通量减小，根据楞次定律，感应电流的磁场应补偿原磁场磁通量的变化，则感应电流的磁场方向应与原磁场的方向相同，即感应电流的磁场方向垂直纸面向里，因此，根据右手螺旋定则可知，感应电流方向应与图 14-1(b) 中所示方向相反。

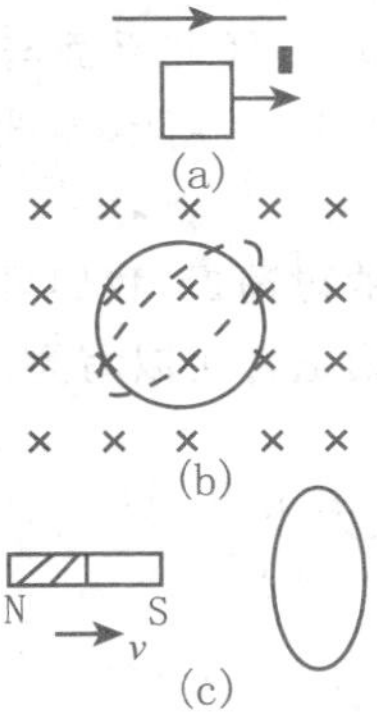

图 14-2 例 14-1 用图

例题 14-1 试判断下列情况下，线圈回路中能否产生感应电流，如果产生感应电流，其方向如何？(1) 线圈沿与载流导线平行的方向运动，如图 14-2(a) 所示；(2) 线圈处于匀强磁场中，线圈形状由圆形变为椭圆形，如图 14-2(b) 所示；(3) 磁棒以 S 极插入线圈，如图 14-2(c) 所示。

解 (1) 根据直电流磁场的特点可知，如果线圈沿平行直导线的方向运动，则线圈所在区域磁场情况相同，线圈回路中磁通量不变，根据电磁感应现象产生的条件可知，不会发生电磁感应现象，线圈中没有感应电流产生；

(2) 根据几何知识可知，当线圈形状由圆形变为椭圆形时，线圈包围面积减小，则通过回路的磁通量减小，会有感应电流产生。根据楞次定律，感应电流的磁场应补偿原磁场磁通量的减小，则感应电流的磁场应与原磁场方向相同，即感应电流的磁场方向垂直纸面向里，根据右手螺旋定则可知，感应电流方向应沿顺时针方向；

(3) 当磁棒以 S 极插入线圈时，线圈中磁场增强，磁通量增加，线圈回路中会有感应电流产生。根据楞次定律,感应电流的磁场应反抗原磁场磁通量的增加,则感应电流的磁场应与原磁场方向相反,即感应电流的磁场方向为左侧为S极,根据右手螺旋定则可知,感应电流方向在面向我们的一侧应自上而下。

楞次定律仅给出了感应电流方向与磁通量变化之间的关系。需要指出的是,发生电磁感应现象时,一定会有感应电动势产生,但不一定会有相应的感应电流,只有回路闭合时,才有感应电流,因此,对于电磁感应现象我们还需进一步深入研究。

14.1.3 法拉第电磁感应定律

感应电动势与磁通量变化之间的定量关系是由法拉第在实验的基础上总结出来的,称为法拉第电磁感应定律:不论任何原因使通过回路面积的磁通量发生变化时,回路中产生的感应电动势都与通过回路的磁通量对时间的变化率成正比。当所涉及的物理量都采用国际单位制(SI)中单位时,此定律的数学表达式可以写为

$$\varepsilon_i = -\frac{\mathrm{d}\Phi_m}{\mathrm{d}t} \tag{14-1}$$

式中:Φ_m 表示通过闭合回路的磁通量;负号用来表示感应电动势的方向,是楞次定律的数学表示(根据法拉第电磁感应定律判断感应电动势方向的步骤比较烦琐,在此不作深入讨论)。一般地,在求解实际问题时,可以先用法拉第电磁感应定律计算感应电动势的大小,然后再根据楞次定律确定感应电流的方向。

若回路是由 N 匝线圈串联而成的,每匝线圈的磁通量发生变化时都会产生感应电动势,若每匝线圈磁通量对时间的变化率相同,则每匝线圈中产生的感应电动势相同,因此,在 N 匝线圈串联组成的回路中,总的感应电动势为

$$\varepsilon_i = -N\frac{\mathrm{d}\Phi_m}{\mathrm{d}t} = -\frac{\mathrm{d}(N\Phi_m)}{\mathrm{d}t} = -\frac{\mathrm{d}\Psi_m}{\mathrm{d}t} \tag{14-2}$$

式中:$\Psi_m = N\Phi_m$,为线圈的磁通链数。

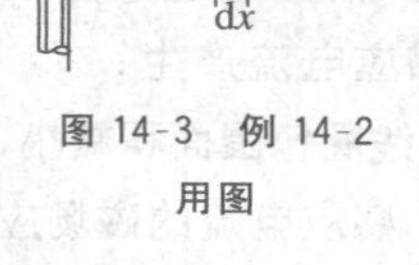

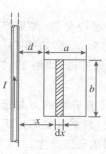

图 14-3 例 14-2 用图

例题 14-2 一无限长载流直导线通有正弦交流电 $I=10\sin(100\pi t)$ A,在直导线旁平行放置一矩形线圈,线圈长 $b=20$cm,宽 $a=10$cm,线圈平面与直导线在同一平面内,线圈左边距离直导线 $d=10$cm,如图 14-3 所示。试求:线圈中产生的感应电动势。

解 线圈所在位置不是匀强磁场,为计算线圈包围面积的磁通量,我们可以在线圈中取面积元 $\mathrm{d}S=b\mathrm{d}x$,如图所示,则通过此面积元的磁通量可以写为

$$\mathrm{d}\Phi_m = B\mathrm{d}S = Bb\mathrm{d}x$$

式中 B 为载流直导线在面积元 $\mathrm{d}S$ 处产生的磁感应强度大小

$$B = \frac{\mu_0 I}{2\pi x}$$

代入上式,有

$$\mathrm{d}\Phi_m = \frac{\mu_0 I b}{2\pi x}\mathrm{d}x$$

在 t 时刻，通过整个线圈包围面积的磁通量为

$$\Phi_m=\int_S d\Phi_m=\int_d^{d+a}\frac{\mu_0 Ib}{2\pi x}dx=\frac{\mu_0 Ib}{2\pi}\ln\left(\frac{d+a}{d}\right)$$

由于载流导线中电流 I 随时间变化，因此线圈中磁通量 Φ_m 也随时间变化，线圈中有感应电动势产生，根据法拉第电磁感应定律，可得此感应电动势为

$$\varepsilon_i=-\frac{d\Phi_m}{dt}=-\frac{\mu_0 b}{2\pi}\ln\left(\frac{d+a}{d}\right)\frac{dI}{dt}=-500\mu_0 b\ln\left(\frac{d+a}{d}\right)\cos(100\pi t)$$
$$=-8.71\times10^{-5}\cos(100\pi t)\text{V}$$

从上式可知，线圈中感应电动势随时间按余弦规律变化，其方向也随时间做周期性的顺时针或逆时针的变化。

14.1.4　感应电流和感应电量

如果闭合回路的电阻为 R，则在回路中的感应电流为

$$I_i=\frac{\varepsilon_i}{R}=-\frac{1}{R}\frac{d\Phi_m}{dt} \tag{14-3}$$

根据电流强度的定义：电流强度等于单位时间内通过导体横截面的电荷量，即 $I=\frac{dq}{dt}$，可计算出在 $t_1\sim t_2$ 时间段内，通过回路任意截面的感应电荷量为

$$q=\int_{t_1}^{t_2}I_i dt=-\frac{1}{R}\int_{t_1}^{t_2}\frac{d\Phi_m}{dt}dt=-\frac{1}{R}\int_{\Phi_{m1}}^{\Phi_{m2}}d\Phi_m$$
$$=\frac{1}{R}(\Phi_{m1}-\Phi_{m2}) \tag{14-4}$$

式中，Φ_{m1}、Φ_{m2} 分别是 t_1、t_2 时刻通过闭合回路中的磁通量。由式(14-4)可知：在一段时间内通过闭合回路某一截面的电荷量与这段时间内回路所包围面积的磁通量的变化量成正比，而与磁通量对时间的变化率无关，这一点与感应电动势和感应电流有所不同。

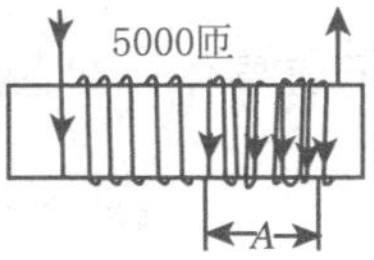

图 14-4　例 14-3 用图

例题 14-3　如图 14-4 所示，一长直螺线管，单位长度的匝数为 $n=5\ 000$，螺线管的截面积为 $S=2.0\times10^{-3}\text{m}^2$，其内导线中通有电流随时间的变化规律为 $I=I_0-0.2t\text{A}$。另有一线圈 A 绕在螺线管外，线圈共有 5 匝，总电阻为 $R=2.0\Omega$。试求：(1)线圈 A 中的感应电动势；(2)线圈 A 中的感应电流。

解　(1)线圈 A 中的磁通链数为

$$\Psi_m=N\Phi_m=NBS=5\mu_0 nIS$$

根据法拉第电磁感应定律，得线圈中感应电动势的大小为

$$\varepsilon_i=\left|-\frac{d\Psi_m}{dt}\right|=5\mu_0 nS\left|\frac{dI}{dt}\right|=\mu_0 nS=4\pi\times10^{-7}\times5\ 000\times2.0\times10^{-3}=1.26\times10^{-5}\text{V}$$

(2)根据感应电流 $I_i=\frac{\varepsilon_i}{R}$，得感应电流的大小为

$$I_i=\frac{\varepsilon_i}{R}=\frac{1.26\times10^{-5}}{2.0}=6.3\times10^{-6}\text{A}$$

根据楞次定律判断感应电流方向的步骤如下:首先,根据电流随时间变化的关系可知,随着时间的增加电流值减小,因而线圈 A 中的磁场减弱;然后,根据楞次定律可知,线圈 A 中感应电流的磁场应补偿其内磁通量的减小,因而感应电流的磁场应与直螺线管内电流的磁场方向一致,即水平向右;最后,根据右手螺旋关系可知,感应电流方向应为在面向我们一侧自上而下。

练习题

1. 试判断下列情况下,线圈回路中能否产生感应电流,如果产生感应电流,其方向如何?(1)若图 14-2(a)中,线圈沿与载流导线垂直且远离导线的方向运动;(2)若图 14-2(b)中,线圈保持原形状不变,但在垂直于磁场的平面内逆时针转动;(3)若图 14-2(c)中,磁棒以 N 极插入线圈。

2. 在例 14-3 中,若螺线管中电流随时间的变化关系为 $I=I_0+0.2tA$。试求:线圈 A 中感应电动势及感应电流。

14.2 感生电动势和动生电动势

通过前面的学习,我们知道回路包围面积的磁通量发生变化时,会有电磁感应现象发生,相应的会产生感应电动势。根据引起回路磁通量变化的原因,可以把感应电动势分为两种:感生电动势和动生电动势。本节主要介绍这两种感应电动势产生的原因及求解方法。

14.2.1 动生电动势

磁场不变,由于导体在磁场中运动而产生的感应电动势称为动生电动势。

1. 动生电动势的产生原因

如图 14-5(a)所示,导体 ab 向右侧滑动时,导体内的电子随导体一起向右侧以速度 $\boldsymbol{v}$ 运动,电子会受到磁场的洛伦兹力作用

$$\boldsymbol{F}=-e\boldsymbol{v}\times\boldsymbol{B}$$

洛伦兹力的方向沿 ab 导体由 b 指向 a,电子将向导体 a 端运动,放大此段导体如图 14-5(b)所示。如果导体 ab 与回路断开,则导体 a 端聚集大量电子而带负电,导体 b 端将因失去电子而带正电,

导体 b 端的电势高于 a 端电势,二者的电势差即为动生电动势。

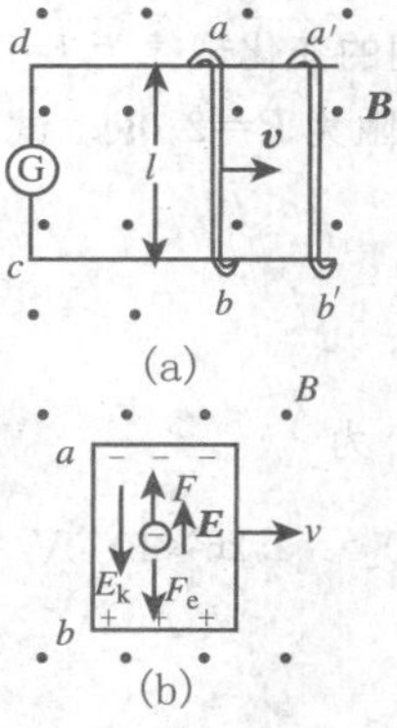

图 14-5 动生电动势的产生

2. 动生电动势的计算公式

电子在导体 a 端的聚集不会无休止地进行下去。在图 14-5 中,导体 a、b 两端存在电势差,在导体内相应地会形成了一个电场,电场场强 $\boldsymbol{E}$ 方向由 b 端指向 a 端,导体内的电子将再受电场力的作用,电场力 $\boldsymbol{F}_e$ 的方向由 a 端指向 b 端,与电子所受的洛伦兹力 $\boldsymbol{F}$ 的方向相反。当电场力 $\boldsymbol{F}_e$ 的大小与洛伦

兹力 $\boldsymbol{F}$ 的大小相等时，导体内电子将停止向 a 端的定向移动，这时导体 ab 的两端形成稳定的电势差，如果把导体 ab 视为电源，则这个稳定的电势差即为电源的电动势，也就是我们所说的动生电动势。

根据电路知识我们知道，在电路中，静电力使得正电荷从电源正极向负极运动，形成电流；而在电源内部，需要靠非静电力使正电荷从电源负极向正极运动，从而维持电源电动势的稳定。在导体 ab 中，这个非静电力即为洛伦兹力，是洛伦兹力在导体 ab 内建立了一个非静电场，非静电场场强方向为由 a 端指向 b 端，正是这个非静电场使电子从导体 b 端运动到 a 端。设非静电场场强为 $\boldsymbol{E}_k$，根据前面分析，有

$$-e\boldsymbol{E}_k = -e\boldsymbol{v}\times\boldsymbol{B}$$

非静电场场强为

$$\boldsymbol{E}_k = \boldsymbol{v}\times\boldsymbol{B} \tag{14-5}$$

根据场强与电势的积分关系，可得动生电动势为

$$\varepsilon_i = \int_a^b (\boldsymbol{v}\times\boldsymbol{B})\cdot \mathrm{d}\boldsymbol{l} \tag{14-6}$$

式(14-6)虽然是由特例推得，但可以证明，它适用于任何一般情况，式(14-6)即为动生电动势的计算公式。通过此式计算的动生电动势为代数值，如果结果为正，则积分上限所对应的位置为高电势端，动生电动势的方向为由积分下限所对应的位置指向积分上限所对应的位置，如果计算结果为负，则情况相反。另外，动生电动势的方向也可以根据 $\boldsymbol{v}\times\boldsymbol{B}$ 进行大致的判断。

根据式(14-6)计算动生电动势，基本步骤如下：

(1)在导体上选取线元 $\mathrm{d}\boldsymbol{l}$，$\mathrm{d}\boldsymbol{l}$ 方向可以任意选定；

(2)判定 $\boldsymbol{v}\times\boldsymbol{B}$ 的方向($\boldsymbol{v}\times\boldsymbol{B}$ 的方向即为动生电动势的方向)；

(3)计算线元 $\mathrm{d}\boldsymbol{l}$ 上 $(\boldsymbol{v}\times\boldsymbol{B})\cdot\mathrm{d}\boldsymbol{l}$ 的大小 $vB\sin\theta\cos\alpha\mathrm{d}l$。其中 θ 为 $\boldsymbol{v}$ 与 $\boldsymbol{B}$ 正向的夹角，α 为 $\boldsymbol{v}\times\boldsymbol{B}$ 方向与 $\mathrm{d}\boldsymbol{l}$ 方向的夹角；

(4)积分计算整个导体产生的动生电动势，并根据结果判断动生电动势的方向。

例题 14-4 试用动生电动势的公式计算图 14-5(a)情况中导体 ab 两端产生的动生电动势。

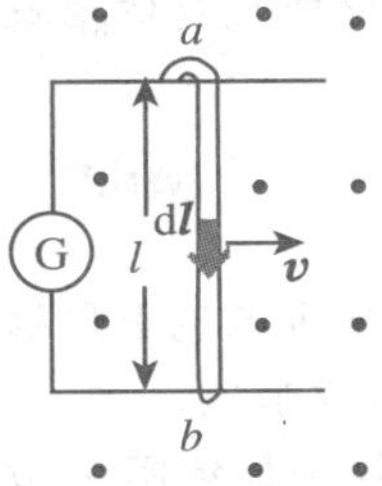

图 14-6 例 14-4 用图

解 在导体 ab 上选取线元 $\mathrm{d}\boldsymbol{l}$，如图 14-6 所示。$\boldsymbol{v}\times\boldsymbol{B}$ 方向为沿导体由 a 指向 b 端，则 $\alpha=0°$，根据 $\boldsymbol{v}\perp\boldsymbol{B}$ 可知 $\theta=90°$，则$(\boldsymbol{v}\times\boldsymbol{B})\cdot\mathrm{d}\boldsymbol{l}$ 的大小为

$$vB\sin\theta\cos\alpha\mathrm{d}l = vB\mathrm{d}l$$

整个导体产生的动生电动势为

$$\varepsilon_i = \int_a^b (\boldsymbol{v}\times\boldsymbol{B})\cdot\mathrm{d}\boldsymbol{l} = \int_0^l vB\mathrm{d}l = vBl$$

结果为正，说明 b 端为高电势端，动生电动势的方向为由 a 指向 b。此结果与根据 $\boldsymbol{v}\times\boldsymbol{B}$ 判断的结果、根据楞次定律判断的结果、根据中学的右手法则判断的结果都是一致的。

例题 14-5 如图 14-7 所示,长度为 L 的金属棒,在磁感应强度为 $\boldsymbol{B}$ 的匀强磁场中以角速度 ω 在与磁场方向垂直的平面内绕棒的一端 O 点匀速转动。试求:金属棒上产生的动生电动势。

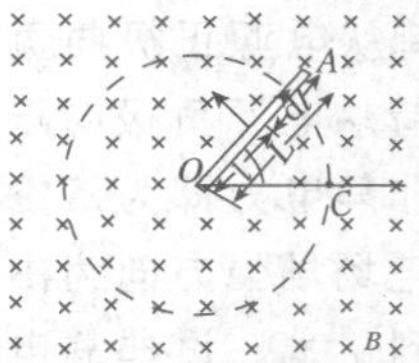

图 14-7 例 14-5 用图

解 此题有两种解法。

方法一:用动生电动势公式计算。

在金属棒上选取线元 $\mathrm{d}\boldsymbol{l}$,如图 14-7 所示。

$\mathrm{d}\boldsymbol{l}$ 上 $\boldsymbol{v}\times\boldsymbol{B}$ 方向为沿金属棒由 A 指向 O,则 $\alpha=180°$,根据 $\boldsymbol{v}\perp\boldsymbol{B}$ 可知 $\theta=90°$,则 $(\boldsymbol{v}\times\boldsymbol{B})\cdot\mathrm{d}\boldsymbol{l}$ 的大小为

$$vB\sin\theta\cos\alpha\mathrm{d}l=-vB\mathrm{d}l$$

式中 v 为 $\mathrm{d}\boldsymbol{l}$ 运动速度的大小,其值为

$$v=l\omega$$

代入上式,并积分得整个导体产生的动生电动势为

$$\varepsilon_i=\int_O^A(\boldsymbol{v}\times\boldsymbol{B})\cdot\mathrm{d}\boldsymbol{l}=\int_0^L-vB\mathrm{d}l=\int_0^L-\omega lB\mathrm{d}l=-\frac{1}{2}B\omega L^2$$

结果为负,说明 A 端为低电势端,动生电动势的方向为由 A 指向 O。此结果与根据 $\boldsymbol{v}\times\boldsymbol{B}$ 判断的结果相同。

方法二:根据法拉第电磁感应定律计算。

假设有一固定不动导体 OCA 与 OA 构成一闭合回路,CA 为圆弧形导轨,通过回路的磁通量为

$$\Phi_{\mathrm{m}}=BS=B\cdot\frac{1}{2}\theta L^2$$

OA 绕 O 点转动时,θ 随时间变化,关系为 $\theta=\omega t$,因而通过假想回路面积的磁通量随时间变化,根据法拉第电磁感应定律,得感应电动势的大小为

$$\varepsilon_i=\left|-\frac{\mathrm{d}\Phi_{\mathrm{m}}}{\mathrm{d}t}\right|=\left|-\frac{1}{2}BL^2\frac{\mathrm{d}\theta}{\mathrm{d}t}\right|=\frac{1}{2}B\omega L^2$$

OA 转动时,回路面积的磁通量增加,根据楞次定律,感应电流的磁场方向与原磁场方向相反,则在 OA 段感应电流应从 A 点流向 O 点,对于闭合回路而言,OA 段相当于电源,因此感应电动势方向应为由 A 指向 O,这与用动生电动势方法所得的结果是一致的。

一般地,导体运动时产生的动生电动势都可以用法拉第电磁感应定律和动生电动式两种方法计算,在计算时,使用哪种方法更为简便要视具体情况而定。

*3. 交流电的产生

(1)发电机原理

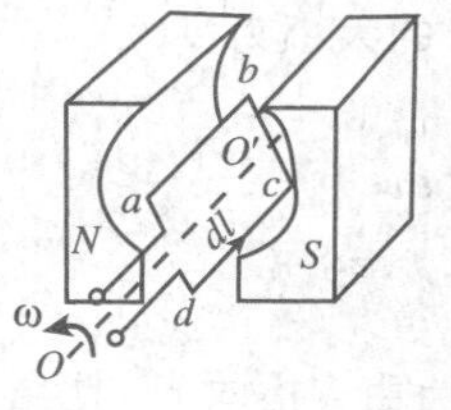

图 14-8 交流发电机

在匀强磁场中匀速转动的线圈内产生的动生电动势和感应电流都是随时间变化的正弦函数,我们称为正弦交流电(简称交流),俗称交流电。

图 14-8 为交流电发电机的装置示意图。一个 N 匝刚性金属线圈 $abcd$ 在磁感应强度为 $\boldsymbol{B}$ 的匀强磁场中绕中心轴 OO' 以角速度 ω 匀速转动,线圈 ab 边长为 l_1,bc 边长为 l_2,设某时刻线圈法向与磁感应强度方向的夹角为 θ。

线圈转动时，只有 ab、cd 两边切割磁感应线，而 bc、da 两边不切割磁感应线，因此，只有 ab、cd 两边产生动生电动势。先计算 cd 边产生的动生电动势，在 cd 边上取线元 $\mathrm{d}\boldsymbol{l}$，$\mathrm{d}\boldsymbol{l}$ 方向由 d 指向 c，$\mathrm{d}\boldsymbol{l}$ 上 $\boldsymbol{v}\times\boldsymbol{B}$ 方向为由 d 指向 c，则 $\alpha=0°$，$(\boldsymbol{v}\times\boldsymbol{B})\cdot\mathrm{d}\boldsymbol{l}$ 的大小为

$$vB\sin\theta\cos\alpha\mathrm{d}l=vB\sin\theta\mathrm{d}l$$

式中 v 为 $\mathrm{d}\boldsymbol{l}$ 运动速度的大小，其值为

$$v=\frac{1}{2}l_2\omega$$

代入上式，并积分得 cd 产生的动生电动势为

$$\varepsilon_i=\int_d^c(\boldsymbol{v}\times\boldsymbol{B})\cdot\mathrm{d}\boldsymbol{l}=\int_0^{l_1}\frac{1}{2}\omega l_2B\sin\theta\mathrm{d}l=\frac{1}{2}B\omega l_1l_2\sin\theta=\frac{1}{2}B\omega S\sin\theta$$

式中，S 为线圈平面的面积 $S=l_1l_2$。容易分析，线圈 ab 边产生的动生电动势的大小与 cd 边产生的动生电动势的大小相等，方向为由 b 指向 a。对于整个线圈，两边上产生的动生电动势串联连接，因此整个 N 匝线圈产生的动生电动势为

$$\varepsilon_i=N(\varepsilon_{\mathrm{iab}}+\varepsilon_{\mathrm{icd}})=N\times2\times\frac{1}{2}B\omega S\sin\theta=NBS\omega\sin\theta$$

式中，θ 为某时刻线圈法向与磁感应强度方向的夹角，设开始时二者夹角为零，则$\theta=\omega t$，代入上式，有

$$\varepsilon_i=NBS\omega\sin\omega t$$

式中 B、S、ω 都是常量，令 $\varepsilon_{\mathrm{m}}=NBS\omega$，称为电动势的峰值，则上式可写为

$$\varepsilon_i=\varepsilon_{\mathrm{m}}\sin\omega t \tag{14-7}$$

实际工作中，电源电动势常称为电源电压，用 u 表示，相应的电源电压的峰值表示为 U_{m}，则式(14-7)可表示为

$$u=U_{\mathrm{m}}\sin\omega t \tag{14-8}$$

如果回路内只含有电阻 R，根据欧姆定律，回路中的感应电流为

$$I_i=I_{\mathrm{m}}\sin\omega t=\frac{U_{\mathrm{m}}}{R}\sin\omega t \tag{14-9}$$

I_{m} 称为感应电流的峰值。

由式(14-7)和式(14-9)可以看出，发电机的动生电动势和感应电流随时间都是按正弦规律变化的，正弦交流电的命名正是由此而来。当线圈平面与磁场方向平行时，动生电动势有最大值 U_{m}；当线圈平面与磁场方向垂直时，动生电动势有最小值为零。根据这两式可以得到正弦交流电的周期 T(单位:秒)、频率 γ(单位:赫兹)分别为

$$T=\frac{2\pi}{\omega}\qquad\qquad\gamma=\frac{\omega}{2\pi} \tag{14-10}$$

我国工农业生产和生活用的交流电的周期是 0.02 秒(s)，频率是 50 赫兹(Hz)，国外有些国家交流电的频率采用 60 赫兹。

发电厂里交流发电机的结构基本相同，都是由产生动生电动势的线圈

(通常称为电枢)和产生磁场的磁极组成。实际发电时,有两种发电方式,一种是电枢转动,磁极不动,称为旋转电枢式发电机;另一种是磁极转动,电枢不动,称为旋转磁极式发电机。旋转电枢式发电机提供的电压一般不超过500伏,旋转磁极式发电机能够提供几千到几万伏的高压,输出功率可高达几十万千瓦,我国大多数的发电机都是旋转磁极式的。

(2)三相交流电

当磁场中只有一组线圈旋转时,电路中只产生一个交流电,如果磁场中同时有三组相同的线圈以相同的角速度旋转,则电路中会产生三个相同交流电,称为三相交流电,其中每组线圈产生的交流电称为一相,我国现在的发电厂一般提供的都是三相交流电。图 14-9 是三相交流发电机的示意图。铁芯上固定着三个相同的线圈 AX、BY、CZ,线圈的始端分别为 A、B、C,末端分别是 X、Y、Z,线圈平面间相互成 $120°$ 角。当磁场匀速旋转时,三组线圈就产生三个峰值和周期相同的交流电动势,因为这三组线圈平面间成 $120°$ 角,所以三个交流电动势并不同时达到最大值,而是以相差三分之一周期时间的规律先后达到最大值。采用三相发电的优点很多,如同时产生三相电可以提高发电效率,再如实际从发电厂向外输电时往往把三相电的低压线并成一根线使用,这样可以节省大量的金属材料。

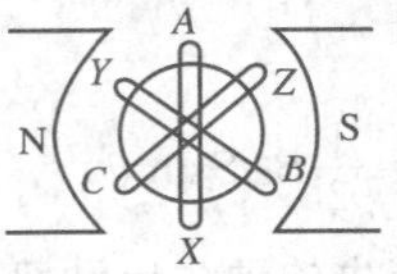

图 14-9　三相发电机

14.2.2　感生电动势

导体不动,由于磁场变化而产生的感应电动势称为感生电动势。

动生电动势的产生可以用洛伦兹力来解释,产生感生电动势的原因是什么?

1. 感生电动势的产生原因

试验表明,感生电动势的产生完全决定于回路内磁场的变化,而与导体的种类和性质无关。麦克斯韦分析了一些电磁感应现象之后,在 1861 年提出了感生电场的概念:变化的磁场在其周围空间激发了一种新的电场,这种电场称为感生电场,这种感生电场作用于放置在空间的导体回路时,在回路中产生感生电动势,并形成感应电流。感生电场与静电场的相同之处是它们都对位于其中的电荷有力的作用,作用力的大小都等于对应的场强与电荷电量的乘积,正电荷受力方向都与对应的场强方向一致,负电荷受力都与对应的场强方向相反。感生电场与静电场的不同之处在于:一是静电场是由静止的电荷激发,而感生电场是由变化的磁场激发;二是静电场是保守力场,电场线始于正电荷,止于负电荷,电场线不闭合。而感生电场是非保守力场,电场线无头无尾,是闭合的,像水的涡旋一样,因此这种电场又称为涡旋电场。正是由于磁场的变化产生感生电场,导体中的自由电子在感生电场的作用下发生定向运动,形成感应电流,相应地产生了感生电动势。如用 $\boldsymbol{E}_i$ 表示感生电场的场强,则沿任一闭合回路的感生电动势为

$$\varepsilon_i = \oint_L \boldsymbol{E}_i \cdot \mathrm{d}\boldsymbol{l} = -\frac{\mathrm{d}\Phi_\mathrm{m}}{\mathrm{d}t} \tag{14-11}$$

由式(14-11)可知，在感生电场中，场强 $\boldsymbol{E}_i$ 的环流并不为零，即

$$\oint_L \boldsymbol{E}_i \cdot \mathrm{d}\boldsymbol{l} \neq 0$$

通过第 12 章的学习我们知道，在静电场中场强 $\boldsymbol{E}$ 的环流等于零，即

$$\oint_L \boldsymbol{E} \cdot \mathrm{d}\boldsymbol{l} = 0$$

比较以上两式，可见，静电场与感生电场在本质上是不同的两种场。静电场是有源无旋场，而感生电场是无源有旋场。

感生电场的存在现在已被大量的实验事实所证实，并在实际中有着广泛的应用。

*2. 感生电场的应用

(1)电子感应加速器

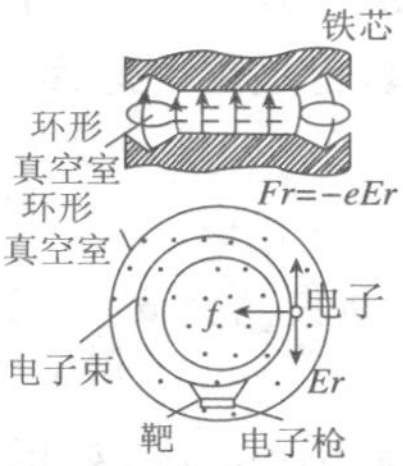

图 14-10 电子感应加速器

电子感应加速器是利用感生电场加速电子，以获得高能电子束的一种装置。图 14-10 为其构造示意图。在圆柱形电磁铁的两极间的空隙中安置一个环形的真空室，电磁铁通有频率为几十赫兹的强交变电流，使得在环形真空室内产生强的交变磁场，而交变磁场又在真空室内产生感生电场。

用电子枪向真空室内注入电子，电子在真空室内一方面受磁场的洛伦兹力的作用而作圆周运动，另一方面受感生电场的作用而在运动轨迹的切线方向得到加速。

由于电磁铁中通有的是交变电流，因而真空室内的磁场和感生电场都是周期性变化的。在电流变化的一个周期内，如果感生电场施加给电子的电场力方向与电子的绕行方向相同，电子能够得到加速，如果二者方向相反，则电子反而会被减速，因此，每次电子注入真空室得到加速后，必须在加速电场方向改变前引出真空室。虽然电子在真空室内的时间很短暂，但由于电子注入真空室之前的速度比较大，在电流的一个周期内电子已经绕行几十万圈并一直得到电场的加速，所以从真空室引出的电子的能量是相当高的，可达数百兆电子伏的能量。如果用这样的电子束轰击靶，可产生硬 X 射线及人工 γ 射线，这些射线可以用于医疗或工业探伤。

(2)涡旋电流

如果大块的导体处于随时间变化的磁场中，变化的磁场在导体中产生感生电场，相应的导体内有感生电动势，由于导体自成回路，因此导体中将出现感应电流，电流线呈涡旋状，称为涡旋电流(简称涡电流)。由于导体的电阻很小，因此涡电流很大，进而产生很大的焦耳热，这就是感应加热的原理。例如，在冶金工业中，在熔化容易氧化的或难熔的金属(如钛、铌、钼等)时，常将待冶炼的金属放在真空室中的坩埚中，用高频交流电激发高频交流磁场，使坩埚内的金属因感生电动势而产生很大的涡电流，进而产生巨大的焦耳热而熔化。利用涡电流进行冶炼，可以有效地防止其他冶炼方式中存在的灰尘等有害杂质混入金属，同时，由于坩埚是放置在真空室中，没有空气，因此可以有效地防止金属在冶炼过程中的氧化等问题的发生，提高冶炼的质量。又如，现代厨房电器之一——电磁炉也是根据涡电流能产生较大焦耳热的原理制成的，电磁

炉通有交变电流,交变电流在锅底形成交变的磁场,交变的磁场在铁锅底及食物中形成感生电场,产生涡电流,同样由于电阻小,因而涡电流大,产生的焦耳热大,能够很快加热食物,而且这种方法可以使食物均匀受热。

涡电流产生的焦耳热有时也会给我们带来不必要的麻烦。例如,在变压器中,为了增强耦合程度,我们常常在线圈中加入铁芯,但由于感生电场在铁芯中产生涡电流,涡电流的焦耳热消耗了部分电能,降低了变压器的效率,而且会因铁芯过热而使变压器不能正常工作。为了减小涡电流焦耳热的影响,一般变压器的铁芯都不采用整块的材料,而是用相互绝缘的金属薄片(如硅钢片)或细条叠合而成,这些薄片的电阻远大于整块导体的电阻,因而相应的涡电流减小,进而降低了能量耗损,也有效地降低了涡电流的热效应,保证了变压器正常工作。同样,电机的铁芯常做成薄片叠加在一起,也是这个原因。

练习题

1. 在例题 14-4 中,若导体的运动方向与磁感应强度方向夹角为 θ,如图 14-11 所示。试求动生电动势的大小和方向。

2. 均匀磁场方向垂直纸面向里,磁感应强度的大小为 $B=0.5\mathrm{T}$,如图 14-12 所示。导体由两段长度相同的直导线组成,$\overline{ab}=\overline{bc}=0.2\mathrm{m}$,导体的运动方向在纸面内且竖直向上,速度大小 $v=2\mathrm{m/s}$。试求:导体中产生动生电动势的大小和方向。

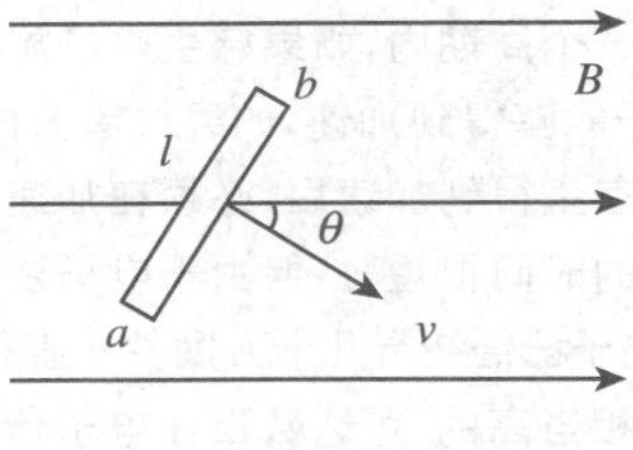

图 14-11 练习(1)用图

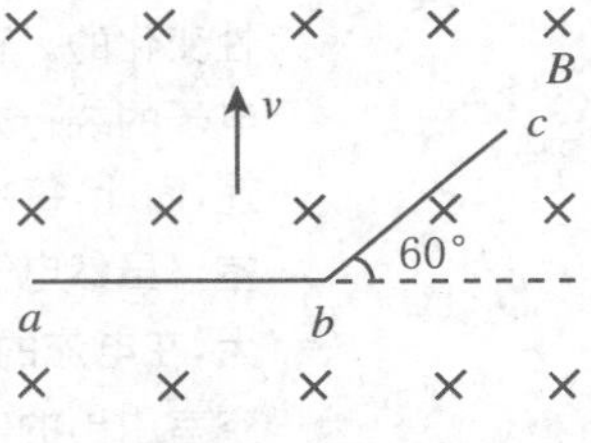

图 14-12 练习(2)用图

14.3 自感和互感

自感和互感现象是在电工和无线电技术中有着广泛应用的两种特殊电磁感应现象。本节主要研究自感、互感现象产生的原因,讨论自感电动势、自感系数、互感电动势、互感系数与哪些因素有关及自感和互感现象的应用等问题。

14.3.1 自感系数和自感电动势

1. 自感现象

当线圈中通有电流时,电流产生的磁场在线圈自身也会有磁通量产生,当线圈中电流变化时，线圈中磁通量也随之变化，进而发生电磁感应现象，这种由于回路自身电流变化而在自己回路中产生电磁感应现象的现象，称为自感现象。

2. 自感电动势

回路中由于自感现象而产生的感应电动势称为自感电动势，用 ε_L 表示。不同的线圈产生自感现象的能力是不同的，下面我们以没有铁芯的长直螺线管为例，研究自感电动势与哪些因素有关。设螺线管长度为 l，截面面积为 S，管上绕有 N 匝线圈，线圈中通有电流 I。根据安培环路定理，长直螺线管内部磁场是匀强磁场，磁感应强度 B 的大小为

$$B=\mu_0 nI=\frac{\mu_0 NI}{l}$$

N 匝线圈的磁通链数为

$$\Psi_{\mathrm{m}}=N\Phi_{\mathrm{m}}=NBS=\frac{\mu_0 N^2 SI}{l}$$

根据法拉第电磁感应定律，当线圈中电流 I 随时间变化时，长直螺线管中产生的自感电动势为

$$\varepsilon_L=-\frac{\mathrm{d}\Psi_{\mathrm{m}}}{\mathrm{d}t}=-\frac{\mu_0 N^2 S}{l}\frac{\mathrm{d}I}{\mathrm{d}t}$$

式中：μ_0、N、S、l 都为常量，令 $L=\frac{\mu_0 N^2 S}{l}$，则上式可以写为

$$\varepsilon_L=-L\frac{\mathrm{d}I}{\mathrm{d}t} \tag{14-12}$$

式(14-12)虽然是从长直螺线管情况得出的，但此结果可以推广到任意回路因自身电流变化而产生自感电动势的情况，此式表明：(1)自感电动势的大小与回路中电流对时间的变化率成正比，回路中电流变化得越快，电流对时间的变化率越大，自感电动势越大；(2)当电流随时间增加时，$\frac{\mathrm{d}I}{\mathrm{d}t}>0$，$\varepsilon_L<0$，即自感电动势与电路中原来电流的方向相反，当电流随时间减小时，$\frac{\mathrm{d}I}{\mathrm{d}t}<0$，$\varepsilon_L>0$，即自感电动势与电路中原来电流的方向相同；(3)自感电动势的大小与和电路结构有关的常量 L 成正比。

3. 自感系数

在式(14-12)中，当回路中电流随时间的变化率一定时，自感电动势的大小仅由 L 决定，而 $L=\frac{\mu_0 N^2 S}{l}$，是一个只与回路特点有关的常量，所以，L 能够反映回路产生自感电动势能力的大小，我们称常量 L 为回路的自感系数(简称自感)。自感系数和电阻、电容一样，也是电路的一个参数，L 的大小与回路的几何形状、匝数、介质情况等因数有关。

根据法拉第电磁感应定律及自感电动势的公式(14-12)，有

$$\varepsilon_L=-\frac{\mathrm{d}\Psi_{\mathrm{m}}}{\mathrm{d}t}=-L\frac{\mathrm{d}I}{\mathrm{d}t}$$

可得自感系数

$$L=\frac{\mathrm{d}\Psi_{\mathrm{m}}}{\mathrm{d}I} \tag{14-13}$$

式(14-13)称为自感系数的定义式,此式表明,自感系数在数值上等于回路的电流变化为一单位时,在回路本身所围面积内引起的磁通链数的改变值。如果在回路周围附近没有铁磁质,根据第13章知识可知,回路所在处磁感应强度大小与回路电流成正比,即 $B\propto I$,如果回路的几何形状不变,则回路所围面积的磁通链数与磁感应强度成正比,即 $\Psi_{\mathrm{m}}\propto B$,因此,回路的磁通链数正比于回路的电流,即 $\Psi_{\mathrm{m}}\propto I$,由于磁通链数与电流成线性关系,所以可得

$$\frac{\mathrm{d}\Psi_{\mathrm{m}}}{\mathrm{d}I}=\frac{\Psi_{\mathrm{m}}}{I}$$

代入式(14-13),可得一个常用的计算自感系数的公式

$$L=\frac{\Psi_{\mathrm{m}}}{I} \tag{14-14}$$

即回路的自感系数在数值上等于回路磁通链数与回路电流的比值。

在国际单位制中,自感系数的单位为亨利(简称亨),用 H 表示。

$$1\mathrm{H}=1\ \frac{\mathrm{Wb}}{\mathrm{A}}$$

由于亨利的单位比较大,实际工作中还常用毫亨($1\mathrm{mH}=1\times10^{-3}\ \mathrm{H}$)和微亨($1\mu\mathrm{H}=1\times10^{-6}\ \mathrm{H}$)作为自感系数的单位。

计算自感系数的基本步骤如下:

(1)假设回路中通有电流 I;

(2)计算通有电流 I 时,回路中的磁通链数 Ψ_{m};

(3)根据式 $L=\frac{\Psi_{\mathrm{m}}}{I}$ 计算自感系数。

例题 14-6 一长直螺线管,长为 l,共 N 匝,横截面半径为 R,管中介质的磁导率为 μ_0。试求:此螺线管的自感系数。

解 设长直螺线管通有电流 I,根据第13章安培环路定理可知,螺线管内是匀强磁场,磁感应强度的大小为

$$B=\mu_0 nI=\frac{\mu_0 NI}{l}$$

N 匝线圈的磁通链数为

$$\Psi_{\mathrm{m}}=N\Phi_{\mathrm{m}}=NBS=\frac{\mu_0 N^2\pi R^2 I}{l}$$

根据自感系数计算公式(14-14),可得长直螺线管的自感系数为

$$L=\frac{\Psi_{\mathrm{m}}}{I}=\frac{\mu_0 N^2\pi R^2}{l}$$

此结果与前面讨论自感电动势时所设的常数 $L=\frac{\mu_0 N^2\pi R^2}{l}$ 形式相同,这

也可以说明，在计算自感系数时，使用公式 $L=\frac{\Phi_m}{I}$ 与使用公式 $L=\frac{d\Phi_m}{dI}$ 都是可以的。由结果可知：自感系数与电流无关，仅与回路的几何形状、匝数、磁介质情况等因素有关。

例题 14-7 一长直螺线管，长为 $l=20$ cm，共 5 000 匝，横截面半径为 $R=4$cm，通有电流 $I=10$A，管中介质的磁导率为 μ_0，现断开电源。试求以下两种情况中螺线管的自感电动势的大小。(1)电流在 0.1s 内降低为零；(2)电流在 0.01s 内降低为零。

解 由例题 14-6 可知，此螺线管的自感系数为

$$L=\frac{\mu_0 N^2 \pi R^2}{l}=\frac{4\pi\times10^{-7}\times5000^2\times\pi\times0.04^2}{0.2}=8\pi^2\times10^{-2}\,\text{H}$$

(1)电流在 0.1s 内由 10A 降低为零，则电流随时间的变化率 $\frac{dI}{dt}=-100$，根据自感电动势 $\varepsilon_L=-L\frac{dI}{dt}$，得此时螺线管中的自感电动势为

$$\varepsilon_L=-L\frac{dI}{dt}=-8\pi^2\times10^{-2}\times(-100)=78.88\text{V}$$

(2)电流在 0.01s 内由 10A 降低为零，电流随时间的变化率 $\frac{dI}{dt}=-1\ 000$，根据自感电动势 $\varepsilon_L=-L\frac{dI}{dt}$，得此时螺线管中的自感电动势为

$$\varepsilon_L=-L\frac{dI}{dt}=-8\pi^2\times10^{-2}\times(-1\ 000)=788.8\text{V}$$

可见，在自感系数一定时，自感电动势的大小与电流对时间变化率成正比，电流变化得越快，自感电动势越大。

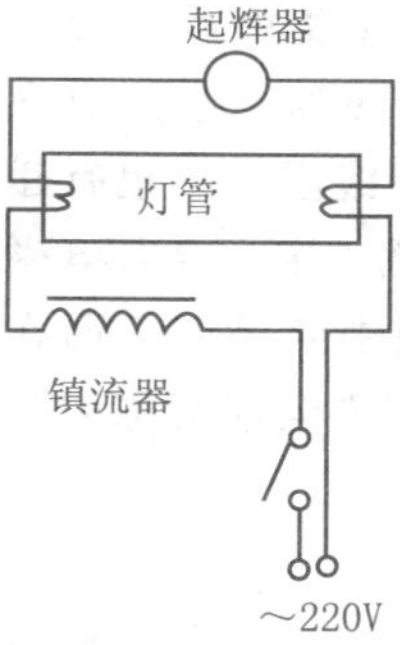

图 14-13 日光灯管的电路

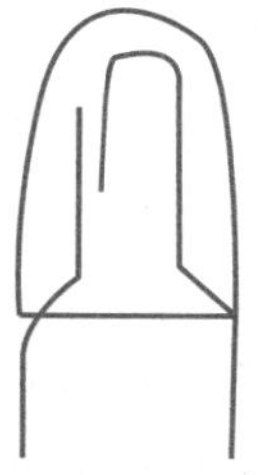
图 14-14 起辉器的结构

自感现象在各种电器设备和无线电技术中有着广泛的应用。日光灯管的镇流器就是利用线圈自感现象的例子。如图 14-13 所示，电路的主要组成部分是日光灯管、镇流器和起辉器。灯管内充有稀薄的水银蒸气，灯管内壁上涂有荧光粉，当水银蒸气导电时，就发出紫外线，使灯管壁上的荧光粉发出柔和的白光。起辉器的结构如图 14-14 所示，小玻璃泡内安置两个电极，其中固定不动的电极称为静触片，另一个电极是由膨胀系数不同的双金属制成的 U 形触片，玻璃泡的内部充满氖气。激发水银蒸气所需电压远大于电源电压 220V，而在日光灯管正常发光时，为了不使灯管中电流过大而烧毁灯管，灯管两端的电压又要远低于电源电压 220V，这一矛盾的解决依靠的就是镇流器的自感现象。镇流器是一个带铁芯的多匝线圈，当电源开关闭合后，由于水银蒸气高压才能导电，此时灯管相当于开路状态，因此电源电压加在起辉器的两个电极之间，两极间存在的强电场使起辉器中的氖气产生放电现象而发出辉光，辉光产生的热量使 U 形触片膨胀，由于双金属的膨胀系数不同，因而 U 形触片伸直并与静触片接触，电路连通。电路连通后，起辉器两极间电压降低，氖气停止放电，U 形触片冷却回缩，两触片分离，电路自动断

开。在电路突然断开的瞬间，镇流器中电流急剧下降，自感现象使镇流器两端产生一个瞬间的高电压，根据楞次定律，感应电动势阻碍原电场的变化，因而这个高电压的方向与电源电压方向相同，感应电压与电源电压一起加在灯管两端，使灯管内的水银蒸气开始导电，放出紫外线，进而使荧光粉发光，灯管被点亮。灯管正常工作后，由于市电是交变电流，所以镇流器中始终存在自感现象，产生的自感电动势总是阻碍电源电动势的变化，因而镇流器这时起到了降压限流的作用，从而保证灯管的正常工作。

14.3.2 互感系数和互感电动势

1. 互感现象

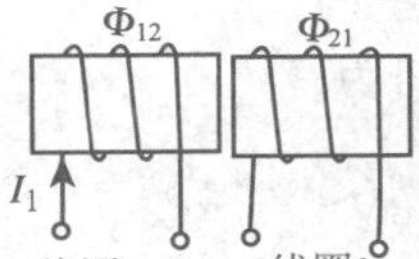

图 14-15 互感电动势

设有两个邻近的闭合线圈1和线圈2，线圈1中通有电流 I_1，线圈2中没有电流，如图14-15所示。线圈1中的电流在其附近产生磁场，则线圈2中将有磁感应线通过，相应的有磁通量产生，用 Φ_{21} 表示。当线圈1中的电流 I_1 发生变化时，线圈2中的磁通量 Φ_{21} 也将发生变化，根据法拉第电磁感应定律，线圈2中将有电磁感应现象发生，产生感应电动势；若线圈1中没有电流，而线圈2中通有电流 I_2，则线圈2中电流产生的磁场在线圈1中也有磁通量，用 Φ_{12} 表示，同样，当线圈2中的电流 I_2 变化时，在线圈1中也会有电磁感应现象发生，产生感应电动势。像上述这样，因载流线圈中电流变化而在对方回路中产生感应电动势的现象称为互感现象，相应的感应电动势称为互感电动势。

2. 互感电动势

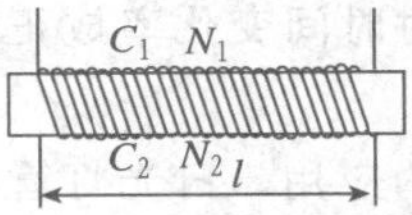

图 14-16 两个同轴直螺线管的互感

为简便起见，我们以同轴的密绕在一起的两个长度都为 l、截面积都为 S、管中磁介质的磁导率都为 μ_0 的直螺线管为例研究互感电动势与哪些因素有关。如图14-16所示，螺线管 C_1 的匝数为 N_1，螺线管 C_2 的匝数为 N_2，当螺线管 C_1 中通有电流 I_1 时，螺线管 C_2 中磁场的磁感应强度为

$$B_{21}=\mu_0\frac{N_1}{l}I_1$$

C_2 磁通链数为

$$\Psi_{21}=N_2\Phi_{21}=N_2B_{21}S=\mu_0\frac{N_1N_2}{l}SI_1$$

根据法拉第电磁感应定律，螺线管 C_1 中的电流 I_1 随时间变化时，在螺线管 C_2 中产生的互感电动势为

$$\varepsilon_{21}=-\frac{\mathrm{d}\Psi_{21}}{\mathrm{d}I_1}=-\mu_0\frac{N_1N_2}{l}S\frac{\mathrm{d}I_1}{\mathrm{d}t}$$

式中：μ_0、N_1、N_2、l、S 都是常数，令 $M_{21}=\mu_0\frac{N_1N_2}{l}S$，则上式可写为

$$\varepsilon_{21}=-M_{21}\frac{\mathrm{d}I_1}{\mathrm{d}t} \tag{14-15}$$

同理可得，当螺线管 C_2 中的电流 I_2 随时间变化时，在螺线管 C_1 中产生的互感电动势为

$$\varepsilon_{12}=-M_{12}\frac{\mathrm{d}I_2}{\mathrm{d}t} \tag{14-16}$$

式中：$M_{12}=\mu_0\dfrac{N_1N_2}{l}S$。

由式(14-15)和式(14-16)可知：互感电动势的大小与回路中电流随时间的变化率成正比，电流随时间变化的越快，产生的互感电动势的绝对值越大，这与自感电动势的特点是一致的；互感电动势的大小与回路的形状、大小等因素有关，与和回路相关的常量 M_{21}（或 M_{12}）成正比，M_{21}（或 M_{12}）的值越大，互感电动势的绝对值越大，这点与自感电动势的特点也是类似的。

3. 互感系数

前面分析中，常数 M_{21}（或 M_{12}）是一个比例系数，其值与回路的几何形状、相对位置及周围磁介质的磁导率有关，且 $M_{21}=M_{12}$（可以证明，对于任意形状的两个回路，此关系都是成立的，证明在此从略）。从式(14-15)和式(14-16)可看出，比例系数 M_{21}（或 M_{12}）反应了回路产生互感电动势能力的大小，称为两个回路的互感系数，简称互感，统一用 M 表述。互感系数的单位与自感系数相同。

如果两个回路的相对位置保持不变，而且在其周围没有铁磁性物质，则两个回路的互感系数在数值上等于其中一个回路中通有单位电流时另一个回路中的磁通链数，即

$$M=\frac{\Psi_{21}}{I_1}\quad 或 \quad M=\frac{\Psi_{12}}{I_2} \tag{14-17}$$

与自感系数一样，互感系数也不易计算，一般情况下都是通过实验来测定，我们只能计算特殊情况下的互感系数。计算互感系数的基本步骤及如下：

(1)假设其中一个回路中通有电流 I_1；

(2)计算通有电流 I_1 时，另一个回路中的磁通链数 Ψ_{21}；

(3)根据式 $M=\dfrac{\Psi_{21}}{I_1}$计算互感系数。

通过互感现象可以实现能量或信号从一个线圈向另一个线圈的传递，因而互感现象在工业和电子技术中的应用也很广泛，例如利用互感原理制成变压器、感应圈、互感器等。图 14-17 是互感器的原理图，互感器的主要组成部分是绕在同一个铁芯上的两个匝数不同的线圈。图 14-17(a)为电压互感器的使用原理图，电压互感器实际上是一个降压变压器，常在测量交流高压时与小量程电压表配合使用，使用时，互感器上的匝数多的线圈 N_1 与高压线路并联，互感器上的匝数少的线圈 N_2 与电压表并联，则待测高压 U_1 与电压表读数 U_2 之间的关系为

$$U_1=\frac{N_1}{N_2}U_2$$

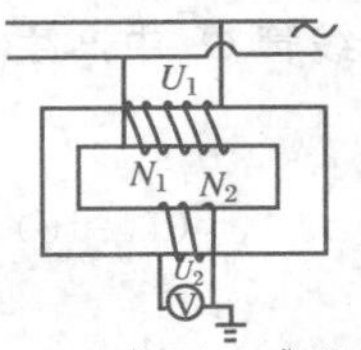

(a) 电压互感器

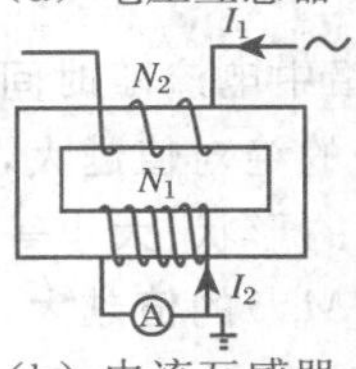

(b) 电流互感器

图 14-17 互感器

图 14-17(b)为电流互感器使用原理图,电流互感器实际上是一个升压变压器,常在测量大电流时与小量程电流表配合使用,使用时,互感器上匝数少的线圈 N_2 与被测电流串联,互感器上的匝数多的线圈 N_1 与电流表串联,则待测大电流 I_1 与电流表读数 I_2 之间的关系为

$$I_1=\frac{N_1}{N_2}I_2$$

在有些情况下,自感和互感现象也会给生活和工作带来不便,例如,自感较大的电路,当电键断开的瞬间,由于产生的自感电动势很大,在开路处形成一个较高的电压,此高压常常大到使空气被击穿而导电,产生火花或电弧,造成设备的损坏,甚至引起火灾;再如,在高频电路中,电路元件之间的互感会严重干扰电路的正常工作等。在这种情况下,我们必须尽量采取措施避免自感和互感现象的发生,比如为了不让电阻产生自感,电阻丝经常采用双股反向绕制;再如,在高频电路中对电子元件的性能及元件之间的摆放位置都有具体的规定,为了减小元件之间的互感,要使元件尽可能相互远离、互相垂直放置等。

14.3.3 自感系数和互感系数之间的关系

根据前面分析可知,长直螺线管的自感系数为 $L=\frac{\mu_0 N^2\pi R^2}{l}$,则长度都为 l、截面积都为 S、内部真空、线圈匝数分别为 N_1 和 N_2 的两个长直螺线管的自感系数分别为

$$L_1=\frac{\mu_0 {N_1}^2\pi R^2}{l}=\frac{\mu_0 {N_1}^2 S}{l}$$

$$L_2=\frac{\mu_0 {N_2}^2\pi R^2}{l}=\frac{\mu_0 {N_2}^2 S}{l}$$

而如果把这两个长直螺线管如图 14-18 一样绕制在一起,两螺线管之间的互感系数为

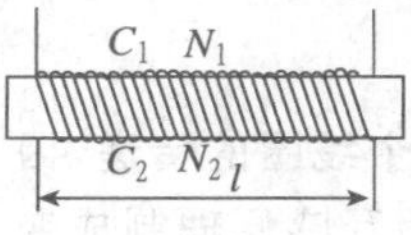

图 14-18 互感器

$$M=M_{21}=M_{12}=\mu_0\ \frac{N_1 N_2}{l}S$$

由以上三式,可得自感系数和互感系数之间有如下关系

$$M=\sqrt{L_1 L_2}$$

必须说明的是:上式是在两个线圈严格密绕(即一个回路中电流所产生的磁感应线全部穿过另一个回路)的情况下得出的,对于一般情况,上式应修改为

$$M=k\sqrt{L_1 L_2} \tag{14-18}$$

式中:k 称为电路的耦合系数,k 值视两个回路之间磁耦合的程度而定,$0\leqslant k\leqslant 1$。

练习题

1. 在一个长度为 0.4m，截面直径为 4cm 的纸筒上密绕线圈，制成一个自感系数为 9mH 的螺线管。试求：线圈绕制的匝数。

2. 一长直螺线管长 25cm，截面半径为 1cm，共有 400 匝线圈，通有电流强度为 10A 的电流。试求：(1)螺线管内部的磁感应强度的大小；(2)螺线管的磁通链数；(3)当线圈的电流以每秒 100 安培的速率变化时，螺线管内产生的自感电动势。

14.4 磁场的能量

带电导体周围存在电场，电场中储存有电场能量，电场的能量是电场建立过程中外力克服静电场力所作的功转化而来；同样，载流导体的周围存在磁场，磁场中也储存有磁场能量，磁场的能量是磁场建立过程中电源克服自感电动势所作的功转化而来。本节主要介绍磁场能量的计算公式及相关规律。

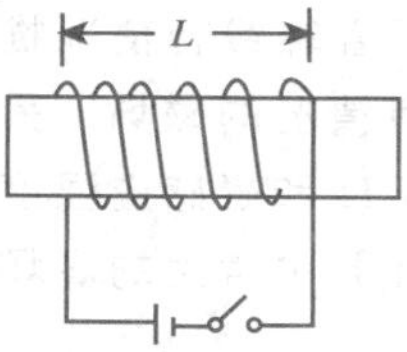

图 14-19 磁场能量

我们以长度为 l、截面积为 S、密绕 N 匝线圈的直螺线管为例，研究螺线管中磁场建立过程中电源克服自感电动势所作的功，从而得出磁场能量的关系式。

为便于讨论，我们设螺线管周围不存在铁磁质，如图 14-19 所示。当电键合上之后，线圈中电流将逐渐增加，最后达到稳定值 I_0。在此过程中，螺线管中的电流随时间变化，因而产生自感现象，根据楞次定律，自感电动势的方向应与电源电动势的方向相反，自感电动势阻碍螺线管中电流增加，如果欲使螺线管中电流继续增加，则电源必须克服自感电动势作功；另一方面，螺线管中的电流随时间增加，则螺线管中的磁场逐渐增强，相应的磁场能量也逐渐增加，增加的磁场能量即来自于电源克服自感电动势所作的功。设螺线管的自感系数为 L，则电流增加过程中螺线管中的自感电动势为

$$\varepsilon_L = -L\frac{\mathrm{d}I}{\mathrm{d}t}$$

式中 I 为螺线管中某一瞬时的电流值。根据焦耳定律，在 $\mathrm{d}t$ 时间内，电源克服自感电动势所作的功为

$$\mathrm{d}A = -\varepsilon_L I\,\mathrm{d}t = LI\,\mathrm{d}I$$

式中负号表示电源电动势与自感电动势方向相反。在整个电流增加过程中，或者说磁场建立过程中，电源所作的总功为

$$A = \int_0^{I_0}\mathrm{d}A = \int_0^{I_0} LI\,\mathrm{d}I = \frac{1}{2}LI_0^2$$

电源所作的功全部转化为螺线管中磁场的能量，则螺线管中磁场的能量为

$$W_m = \frac{1}{2}LI_0^2 \tag{14-19}$$

由式(14-19)可以看出,长直螺线管中的磁场能量与螺线管的自感系数、螺线管中通有的电流强度有关,自感系数越大,通有的电流强度越大,其内储存的能量越大。

考虑长直螺线管的自感系数 $L=\frac{\mu_0 N^2 S}{l}$,通有电流 I_0 时相应磁场的磁感应强度 $B=\mu_0 nI_0=\mu_0 \frac{N}{l}I_0$,代入式(14-19)可得

$$W_m=\frac{1}{2}LI_0^2=\frac{1}{2}\frac{\mu_0 N^2 S}{l}\left(\frac{Bl}{\mu_0 N}\right)^2=\frac{1}{2}\frac{B^2}{\mu_0}lS$$

式中:lS 为螺线管的体积,用 V 表示,则 $V=lS$,代入上式,得螺线管中单位体积的磁场能量为

$$w_m=\frac{W_m}{V}=\frac{1}{2}\frac{B^2}{\mu_0}$$

若螺线管内不是真空,而是充满磁导率为 μ 的磁介质,则此式可修改为

$$w_m=\frac{W_m}{V}=\frac{1}{2}\frac{B^2}{\mu} \tag{14-20}$$

式(14-20)称为磁场能量体密度公式,此式虽然是由长直螺线管情况推导得来,但可以证明(证明从略),此式广泛适用于其他任何情况的磁场。另外,考虑磁场中可能存在不同的磁介质,根据磁场强度大小 H 和磁感应强度大小 B 之间的关系,$B=\mu H$,代入式(14-20)中,可得实际计算中常用的磁场能量体密度公式

$$w_m=\frac{1}{2}BH \tag{14-21}$$

对于非均匀磁场,如果磁场分布已知,则可求得磁场中某处的磁场能量体密度,进而对磁场能量体密度体积分得整个磁场的能量为

$$W_m=\int_V w_m \mathrm{d}V=\int_V \frac{1}{2}BH\mathrm{d}V \tag{14-22}$$

***例题 14-8** 一无限长同轴电缆,内外半径分别为 R_1、R_2,电缆中通有电流强度为 I,两导体之间充满磁导率为 μ 的磁介质。试求:电缆单位长度内贮存的磁场能量。

解 根据安培环路定理可知,电缆中的磁场被限制在两个导体之间,且在 $R_1\leqslant r\leqslant R_2$ 的区域磁感应强度的大小为

$$B=\frac{\mu I}{2\pi r}$$

磁场强度大小为

$$H=\frac{B}{\mu}=\frac{I}{2\pi r}$$

则磁场能量体密度为

$$w_m=\frac{1}{2}BH=\frac{1}{2}\cdot\frac{\mu I}{2\pi r}\cdot\frac{I}{2\pi r}=\frac{1}{8}\frac{\mu I^2}{\pi^2 r^2}$$

由此式可知，到轴线等距离处磁场能量密度相同，因此在电缆中取底面内半径为 r，宽度为 dr，高为 1m 的同轴圆柱体为体积元，对应体积为 $dV=2\pi r dr$。对磁场能量体密度进行体积分，得单位长度内电缆中的磁场能量为

$$W_m=\int_V w_m dV=\int_{R_1}^{R_2}\frac{\mu I^2}{8\pi^2 r^2}\cdot 2\pi r dr=\frac{\mu I^2}{4\pi}\ln\frac{R_2}{R_1}$$

练习题

地磁场在北极地区和赤道地区的磁感应强度大小分别为 6×10^{-4} T 和 3×10^{-4} T。设地表附近的磁导率为 μ_0，地磁场近似认为是匀强磁场，试求：(1)北极地区 1 立方米内的磁场能量；(2)赤道地区 1 立方米内的磁场能量；(3)二者的比值如何。

14.5 麦克斯韦方程组

通过前面的学习，我们知道：静止的电荷能够在其周围激发静电场，运动电荷形成的电流能够在其周围激发磁场，变化的磁场能够在其周围激发电场。由此，人们很自然地思考问题的另一方面：变化的电场能够在其周围激发磁场吗？电场和磁场本质上到底有着怎样的联系呢？19 世纪末，经过大量的科学实践和探索，人们总结出了许多电磁现象的重要规律，麦克斯韦在前人研究的基础上，大胆提出“涡旋电场”和“位移电流”的概念，揭示了电场和磁场的本质内在联系，把电场和磁场统一为电磁场，并总结归纳出电磁场中普遍适用的四个基本方程——麦克斯韦方程组。本节主要介绍这四个方程的形式及方程所反映的物理意义。

14.5.1 电场中的高斯定理

存在电介质时，静电场中的高斯定理数学表达式为

$$\oint\!\!\!\oint_S \boldsymbol{D}\cdot \mathrm{d}\boldsymbol{S}=\sum q_i \tag{14-23}$$

即通过任意闭合曲面的电位移通量等于该曲面所包围的自由电荷的代数和。这是麦克斯韦方程组中的第一个方程，此方程不仅在静电场中成立，即使在电荷和电场都随时间变化时仍然成立。此定理反映了电场是有源场这一性质。

14.5.2 磁场中的高斯定理

磁场中高斯定理是麦克斯韦方程组中的第二个方程，其数学表达式为

$$\oint\!\!\!\oint_S \boldsymbol{B}\cdot \mathrm{d}\boldsymbol{S}=0 \tag{14-24}$$

即磁场中,通过任意闭合曲面的磁通量等于零。同样,此定理不仅在不随时间变化的恒定磁场中成立,即使在随时间变化的非恒定磁场中仍然成立。此定理反映了磁场是无源场的性质。

14.5.3 电场中的环路定理

电场分两类,一类是自由电荷激发的静电场,另一类是变化磁场激发的感生电场。通过前面的学习我们知道:由静止电荷激发的静电场中场强线是不闭合的,场强沿闭合回路的积分为零,即静电场的环路定理为$\oint_l \boldsymbol{E} \cdot \mathrm{d}\boldsymbol{l}=0$;由变化磁场产生的感应电场中场强线则是闭合的,因而在这个涡旋电场中场强沿闭合回路的积分不为零,即$\oint_l \boldsymbol{E} \cdot \mathrm{d}l \neq 0$。如何把这两种电场的环路定理形式统一,进而得出麦克斯韦方程组中的第三个方程呢?我们从涡旋电场的环路定理着手研究。

根据场强与电势的关系我们知道,场强沿路经积分应等于对应的电势差,即电动势,在涡旋电场中,此电动势是磁场变化产生的,因而是感应电动势;根据法拉第电磁感应定律,此感应电动势应等于回路中磁通量随时间的变化率的负值,因而有

$$\oint_l \boldsymbol{E} \cdot \mathrm{d}\boldsymbol{l}=-\frac{\mathrm{d}\Phi_{\mathrm{m}}}{\mathrm{d}t}$$

根据磁通量$\Phi_{\mathrm{m}}=\iint_S \boldsymbol{B} \cdot \mathrm{d}\boldsymbol{S}$,代入上式,并整理有

$$\oint_l \boldsymbol{E} \cdot \mathrm{d}\boldsymbol{l}=-\iint_S \frac{\partial \boldsymbol{B}}{\partial t} \cdot \mathrm{d}\boldsymbol{S} \tag{14-25}$$

如果式(14-25)中$\frac{\partial \boldsymbol{B}}{\partial t}=0$,即磁场为恒定磁场,则有$\oint_l \boldsymbol{E} \cdot \mathrm{d}\boldsymbol{l}=0$,此结论与静电场中的环路定理形式一致,此时可以把电场理解为完全是由自由电荷激发的。可见,式(14-25)可以概括静电场和涡旋电场两种情况,因而式(14-25)即为麦克斯韦方程组中的第三个方程,此式表明:在任何电场中,电场强度沿任意闭合曲线的线积分等于通过此曲线包围面积的磁通量对时间变化率的负值。电场中的环路定理反映了静电场是无旋场、而涡旋电场是有旋场这一性质。

14.5.4 磁场中的环路定理

1. 恒定磁场中的环路定理

存在磁介质时,恒定磁场中磁场强度沿任意闭合曲线的积分等于通过该曲线所包围任意曲面的电流的代数和,这称为恒定磁场的环路定理,其数学表达式为

$$\oint_l \boldsymbol{H} \cdot \mathrm{d}\boldsymbol{l} = \sum I_i$$

式中，等式右侧的电流为电荷定向运动形成的，称为传导电流，为了与后面要讨论的电流（位移电流）加以区分，我们用 I_c 表示传导电流。传导电流等于传导电流面密度（通过曲面单位面积的电流）$\boldsymbol{j}_c$（其方向与电流的流向相同）在面 S 上的积分，即 $I_c = \iint_S \boldsymbol{j}_c \cdot \mathrm{d}\boldsymbol{S}$，代入上式，恒定磁场中的环路定理可以写成

$$\oint_l \boldsymbol{H} \cdot \mathrm{d}\boldsymbol{l} = \iint_S \boldsymbol{j}_c \cdot \mathrm{d}\boldsymbol{S}$$

2. 位移电流

除了恒定电流能够在其周围激发磁场之外，事实证明，自然界中还存在另外一种磁场，即变化的电场激发的磁场，为了描述变化电场所激发磁场中的环路定理，麦克斯韦提出了位移电流的假设。

图 14-20 所示为电容器充放电电路，在电容器充放电过程中，电路中电流是随时间变化的，而且电容器之间是没有传导电流通过的。在回路中任取一个环绕电流的回路 $\boldsymbol{L}$，对于此闭合回路，在其左侧和右侧能够分别取以此回路为边界的曲面 S_1 和 S_2，而对于曲面 S_1 应用环路定理，有

$$\oint_l \boldsymbol{H} \cdot \mathrm{d}\boldsymbol{l} = \iint_{S_1} \boldsymbol{j}_c \cdot \mathrm{d}\boldsymbol{S} = \boldsymbol{I}_c$$

对于曲面 S_2 应用环路定理，及电容器内没有传导电流存在，即 $I_c=0$，有

$$\oint_l \boldsymbol{H} \cdot \mathrm{d}\boldsymbol{l} = \iint_{S_2} \boldsymbol{j}_c \cdot \mathrm{d}\boldsymbol{S} = 0$$

可见，虽然是同一回路，但对于回路对应的不同曲面，环路定理有不同的结果，这与安培环路定理的内容是矛盾的，因而可知，在电容器这样电流随时间变化的非恒定磁场中，安培环路定理是不适用的，必须进行适当的修正。

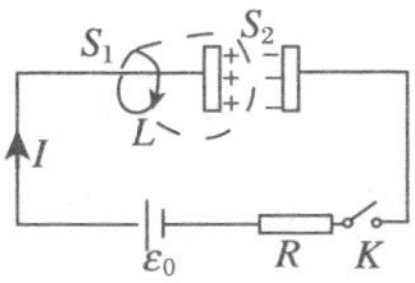

图 14-20 电容器的充放电电路

由前面分析可知，图 14-20 中环路定理不适用的原因是在电容器区域电流是不连续的，因而对安培环路定理进行修正时，应从电容器的特点入手。根据电流的定义，可知电容器极板上电荷随时间的变化率应等于电路中电流强度值，即

$$I_c = \frac{\mathrm{d}q}{\mathrm{d}t}$$

电容器极板间电场的电位移矢量的大小与电荷之间的关系为

$$D = \varepsilon E = \sigma = \frac{q}{S}$$

式中，σ 为电容器极板上电荷的面密度。由此二式可得

$$I_c = \frac{\mathrm{d}q}{\mathrm{d}t} = S\frac{\mathrm{d}D}{\mathrm{d}t}$$

对此式我们可以这样理解：在电容器的两极板间，虽然没有传导电流通过，但其间变化的电场却可以等效为一个电流。这个等效的电流与电位移对时间的变化率有关，因而麦克斯韦称此电流为位移电流，并令位移电流面密度

$\boldsymbol{j}_d=\frac{\mathrm{d}D}{\mathrm{d}t}$。当电容器充电时，极板间电场增强，位移电流面密度的方向与场的方向一致，也与电路中电流的方向一致；当电容器放电时，极板间电场减弱，位移电流面密度的方向与场的方向相反，也与电路中电流的方向一致。位移电流用 I_d 表示，在电容器这样的匀强电场中，位移电流的大小 $I_d=j_dS=S\cdot\frac{\mathrm{d}D}{\mathrm{d}t}$，其值与电路中传导电流值相等。对于任意的由变化电场产生的位移电流，位移电流应等于位移电流面密度在面 $\boldsymbol{S}$ 上的积分，即

$$I_d=\iint_S j_d\cdot\mathrm{d}\boldsymbol{S}=\iint_S\frac{\partial\boldsymbol{D}}{\partial t}\cdot\mathrm{d}\boldsymbol{S}$$

3. 磁场中的环路定理

总结以上可知：(1)在非恒定磁场中，虽然对应的传导电流不一定连续，但若考虑传导电流和位移电流的和 $I=I_c+I_d$，则电流是连续的；(2)位移电流与传导电流一样，也会在其周围激发磁场，根据位移电流与变化电场的关系可知，磁场实际上是变化电场激发的。麦克斯韦运用这种思想把恒定磁场中的安培环路定理中的电流重新定义为传导电流与位移电流的和，进而把恒定磁场中的安培环路定理推广到任意磁场中，得出麦克斯韦方程组中的第四个方程，即

$$\oint_l\boldsymbol{H}\cdot\mathrm{d}\boldsymbol{l}=I_c+I_d=\int_S\boldsymbol{j}_c\cdot\mathrm{d}\boldsymbol{S}+\int_S\frac{\partial\boldsymbol{D}}{\partial t}\cdot\mathrm{d}\boldsymbol{S}\tag{14-26}$$

位移电流的概念虽然是作为一种假设提出的，但其正确性已经被大量的实验事实所证实。位移电流的引入深刻地揭示了电场和磁场间的密切联系，即不仅变化的磁场可以激发电场，变化的电场也同样在其周围激发磁场，这反映了自然现象的对称性，反映了电场和磁场的统一性。

以上四个方程合称为麦克斯韦方程组的积分形式，整理如下：

$$\oiint_S\boldsymbol{D}\cdot\mathrm{d}\boldsymbol{S}=\sum q_i$$

$$\oiint_S\boldsymbol{B}\cdot\mathrm{d}\boldsymbol{S}=0$$

$$\oint_l\boldsymbol{E}\cdot\mathrm{d}\boldsymbol{l}=-\iint_S\frac{\partial\boldsymbol{B}}{\partial t}\cdot\mathrm{d}\boldsymbol{S}$$

$$\oint_l\boldsymbol{H}\cdot\mathrm{d}\boldsymbol{l}=\boldsymbol{I}_c+I_d=\iint_S j_c\cdot\mathrm{d}\boldsymbol{S}+\iint_S\frac{\partial\boldsymbol{D}}{\partial t}\cdot\mathrm{d}\boldsymbol{S}$$

有介质存在时，磁感应强度 $\boldsymbol{B}$ 与电场强度 $\boldsymbol{E}$ 都与介质的情况有关，所以只有以上几个方程是不完备的，还需要补充几个方程，即

$$\boldsymbol{D}=\varepsilon_0\varepsilon_r\boldsymbol{E}=\varepsilon\boldsymbol{E}$$

$$\boldsymbol{B}=\mu_0\mu_r\boldsymbol{H}=\mu\boldsymbol{H}$$

$$\boldsymbol{j}_c=\sigma\boldsymbol{E}$$

式中，ε、μ、σ 分别是介质的介电常数、磁导率和电导率。

通过数学变化，可以根据麦克斯韦方程组的积分形式得出其微分形式如下：

$$\nabla \cdot \boldsymbol{D}=\rho$$

$$\nabla \cdot \boldsymbol{B}=0$$

$$\nabla \times \boldsymbol{E}=-\frac{\partial \boldsymbol{B}}{\partial t}$$

$$\nabla \times \boldsymbol{H}=\boldsymbol{j}_c+\frac{\partial \boldsymbol{D}}{\partial t}$$

式中：$\nabla \cdot \boldsymbol{D}$ 称为电位移的散度；$\nabla \cdot \boldsymbol{B}$ 称为磁感应强度的散度；$\nabla \times \boldsymbol{E}$ 成为电场强度的旋度；$\nabla \times \boldsymbol{H}$ 称为磁场强度的旋度。

麦克斯韦方程组是电磁场中的基本方程组，当电荷、电流给定时，根据麦克斯韦方程组结合电磁场的初始条件及边界条件即可以确定电磁场的具体分布及变化情况。

* 14.5.5 电磁波

根据麦克斯韦方程组我们知道，变化的电场和磁场彼此并不孤立，变化的电场可以在其周围空间激发磁场，而变化的磁场同样可以在其周围空间激发电场，变化的电场和磁场在空间传播开去便会形成电磁波。1864 年，麦克斯韦根据他的电磁场理论预言了电磁波的存在，这个预言在他去世九年后的 1887 年被赫兹通过实验给以证实，而且，现在电磁波技术已广泛地应用于科学技术和社会生产的各个领域。

1. 电磁波的特点

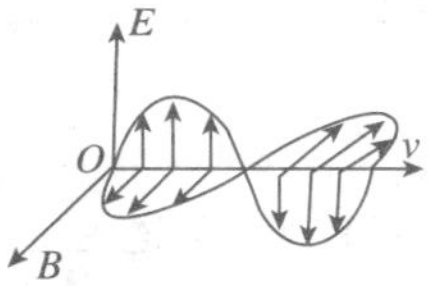

图 14-21 电磁波的横波特点

(1)电磁波与机械波不同，电磁波的传播是变化的电场和变化的磁场互相激发，使电磁场在空间由近及远地传播开来，因此电磁波的传播不需要介质；

(2)电磁波一旦产生，就能独立地向前传播，即使切断波源，已经产生的电磁波仍然继续向前传播；

(3)电磁波是横波，组成电磁波的电场和磁场矢量方向都与波的传播方向垂直，且电场和磁场矢量随时间变化是同相位的，其传播情况可以通过图 14-21 给于说明；

(4)电磁波的传播速度大小为

$$v=\frac{1}{\sqrt{\mu\varepsilon}} \tag{14-27}$$

在真空中，$\varepsilon=\varepsilon_0=8.85\times10^{-12}\,\mathrm{C^2\cdot N^{-1}\cdot m^{-2}}$，$\mu=\mu_0=4\pi\times10^{-7}\,\mathrm{T\cdot m\cdot A^{-1}}$，代入上式，得真空中电磁波速度的大小为

$$v=\frac{1}{\sqrt{\mu\varepsilon}}=c=3.0\times10^8\,\mathrm{m\cdot s^{-1}}$$

2. 电磁波谱

电磁波的频率范围很大，相应地，波长范围也很大，把电磁波按照其频率或波长的顺序进行排列，便形成电磁波谱。各类电磁波虽然本质相同，但由于波长的不同，它们的传播以及与物质间的相互作用也会表现出不同的特

点。一般地,按照波长由大至小的顺序电磁波可分为以下几个波段。

(1)无线电波

波长范围$10^4\sim10^{-3}$ m。无线电波是电磁波谱中波长最大的一个波段,其间又可细分为长波、中波、短波、超短波和微波等波段。无线电波因其波长大,绕射本领偏强,因而常用于通信、广播、电视、导航和雷达等方面,具体划分及使用方法见表 14-1。

表 14-1 无线电波波段的划分

波段	波长范围	频率范围	特点及用途
长波	100m～1km	3～300kHz	绕射能力强,地面衰减小,穿透海水能力强,信号稳定可靠。主要用于导航及岸对远洋舰艇、潜艇的通信
中波	1～0.1km	300～3000kHz	衰减较大,传播距离较短,信号稳定。主要用于国内广播、导航
短波	100～10m	3～30MHz	衰减明显,用天波传播时传播距离较大,但受电离层影响,信号不稳定。主要用于广播、通信等方面
超短波	10～1m	30～300MHz	绕射能力差,采用直射传播,距离一般为视线距离,受外界干扰小,信号稳定可靠。常用于通信、雷达、电视信号传输等方面
微波	100～0.1cm	0.3～300GHz	绕射能力更差,采用直射传播,信号稳定。常用于接力通信、卫星通信、雷达通信等方面。热效应好,可用于加热

(2)红外线

波长范围$10^{-3}\sim7.6\times10^{-7}$ m。红外光是不可见光,频率较大,穿透性不好,因而常用于军事侦察、预警防盗等方面。

(3)可见光

波长范围 $7.6\times10^{-7}\sim4.0\times10^{-7}$ m,波长范围较小。这些电磁波能够引起人的视觉,不同的波长对应于不同的颜色,人眼对其中的黄绿光(波长 5.5×10^{-7} m)最为敏感。

(4)紫外线

波长范围 $4.0\times10^{-7}\sim4.0\times10^{-8}$ m。波长小,频率高,相应的能量大,因而有明显的杀菌消毒等作用,常用于医疗、农业等方面。

(5)X 射线

波长范围$10^{-8}\sim10^{-12}$ m,又称伦琴射线。具有很强的穿透能力,因而在医疗上广泛地应用于透视和病理检查等方面,另外,工业上也常用 X 射线进行金属探伤和晶体分析。

(6)γ 射线

波长比 X 射线更小,穿透能力更强,常用于研究原子核的结构。原子武器爆炸时会产生大量的 γ 射线，它是原子武器的主要杀伤因素之一。

小　结

本章主要研究电磁感应现象的基本规律及其应用，两类感应电动势、自感和互感、磁场的能量等问题。

一、电磁感应的基本定律

1. 楞次定律：闭合回路中产生的感应电流具有确定的方向，它总是使感应电流所产生的通过回路面积的磁通量，去补偿或者反抗引起感应电流的磁通量的变化。

2. 法拉第电磁感应定律：采用国际单位制时，回路中产生的感应电动势等于通过回路的磁通量对时间的一阶导数，即

$$\varepsilon_i = -\frac{\mathrm{d}\Phi_{\mathrm{m}}}{\mathrm{d}t}$$

3. 感应电流：$I_i = \frac{\varepsilon_i}{R} = -\frac{1}{R}\frac{\mathrm{d}\Phi_{\mathrm{m}}}{\mathrm{d}t}$

4. 感应电荷量：$q = \frac{1}{R}(\Phi_{\mathrm{m1}} - \Phi_{\mathrm{m2}})$

二、动生电动势与感生电动势

1. 动生电动势：磁场不变，由于导体在磁场中运动而产生的感应电动势。动生电动势求解公式为

$$\varepsilon_i = \int_a^b (\boldsymbol{v} \times \boldsymbol{B}) \cdot \mathrm{d}\boldsymbol{l}$$

2. 感生电动势：导体不动，由于磁场变化而产生的感应电动势。感生电动势的求解公式即为法拉第电磁感应定律。

三、自感和互感

1. 自感

由于回路自身电流变化而在自己回路中产生电磁感应现象的现象，称为自感现象，由于自感现象而产生的感应电动势称为自感电动势，用 ε_L 表示，计算式为

$$\varepsilon_L = -L\frac{\mathrm{d}I}{\mathrm{d}t}$$

式中，L 称为自感系数，是描述回路产生自感能力的物理量，其求解公式为

$$L = \frac{\mathrm{d}\Psi_{\mathrm{m}}}{\mathrm{d}I} \text{或者} L = \frac{\Psi_{\mathrm{m}}}{I}$$

2. 互感

因载流线圈中电流变化而在对方回路中产生感应电动势的现象称为互感现象，相应的感应电动势称为互感电动势，计算式为

$$\varepsilon_{21}=-M_{21}\frac{\mathrm{d}I_1}{\mathrm{d}t}$$

式中,M_{21}(统一表示为 M)称为互感系数,是描述回路间产生互感能力的物理量,其求解公式为

$$M=\frac{\Psi_{21}}{I_1}\quad 或\quad M=\frac{\Psi_{12}}{I_2}$$

3. 自感系数和互感系数之间的关系

$$M=k\sqrt{L_1L_2}$$

4. 磁场能量体密度及磁场能量公式

$$w_{\mathrm{m}}=\frac{1}{2}BH\ 及\ W_{\mathrm{m}}=\int_V w_{\mathrm{m}}\mathrm{d}V=\int_V\frac{1}{2}BH\mathrm{d}V$$

四、电磁场中的麦克斯韦方程组

1. 积分形式

$$\oiint_S \boldsymbol{D}\cdot\mathrm{d}\boldsymbol{S}=\sum q_i$$

$$\oiint_S \boldsymbol{B}\cdot\mathrm{d}\boldsymbol{S}=0$$

$$\oint_l \boldsymbol{E}\cdot\mathrm{d}\boldsymbol{l}=-\iint_S\frac{\partial\boldsymbol{B}}{\partial t}\cdot\mathrm{d}\boldsymbol{S}$$

$$\oint_l \boldsymbol{H}\cdot\mathrm{d}\boldsymbol{l}=\boldsymbol{I}_c+I_d=\iint_S\boldsymbol{j}_c\cdot\mathrm{d}\boldsymbol{S}+\iint_S\frac{\partial\boldsymbol{D}}{\partial t}\cdot\mathrm{d}\boldsymbol{S}$$

2. 微分形式

$$\nabla\cdot\boldsymbol{D}=\rho$$

$$\nabla\cdot\boldsymbol{B}=0$$

$$\nabla\times\boldsymbol{E}=-\frac{\partial\boldsymbol{B}}{\partial t}$$

$$\nabla\times\boldsymbol{H}=\boldsymbol{j}_c+\frac{\partial\boldsymbol{D}}{\partial t}$$

阅读材料九:自学成才的物理学家——法拉第

迈克尔·法拉第(1791—1867 年):英国实验物理学家、化学家。

主要成就:物理方面,发现、解释电磁感应现象,提出电磁感应定律;提出了场的概念,并引入电力线(即电场线)、磁力线(即磁感线)的概念;发现了抗磁性;预见了电、磁作用传播的波动性和它们传播的非瞬时性。化学方面,从实验中得出电解定律;制出六氯乙烷、四氯乙烯等碳化合物;发现苯。著有《电学试验研究》、《化学操作》等书。

1791 年 9 月 22 日法拉第生于伦敦附近的纽因格顿,父亲是铁匠,家里人

都没什么文化，而且家境贫寒。他只读过两年小学，12 岁开始当报童，13 岁在一家书店当了装订书的学徒。他喜欢读书，因而利用在书店的条件，读了许多科学书籍，并动手做了一些简单的化学实验。他的努力得到了书店老板的支持，还有一位顾客送给他一些听伦敦皇家学院讲演的听讲证。那一段时间属于他的科学启蒙时期。

1812 年秋，法拉第有机会听了四次著名化学家戴维的讲演，这几次演讲激起了他对科学研究的极大兴趣。这一年的冬天，他把戴维的讲演精心整理并附上插图后寄给戴维，同时寄去一封他的自荐信，希望戴维帮助他实现科学研究的愿望。这本精美的笔记给戴维留下了很好的印象，当时戴维也正缺少一位助手，于是 1813 年 3 月，戴维推荐法拉第到皇家研究院实验室作了自己的助理实验员，不久后，法拉第成为皇家学院一员。1813 年 10 月，法拉第作为秘书跟随戴维到欧洲大陆游历。这次旅行进行了 18 个月，法拉第的收获很大，他有机会参观了各国科学家的实验室，结交了安培、盖・吕萨克等著名科学家，了解了他们的科学研究方法，有几位学者都发现了戴维这个朴实青年的才华。游历回国后，法拉第就开始了独立的研究工作，几年内他都致力于化学分析。1816 年，他发表了第一篇论文，论文论述的是托斯卡纳生石灰的性质。以后又接连发表了几篇论文。1830 年以前，法拉第的主要研究都集中在化学方面，这是他的第一个科学活动期，他成为很有成就的专业分析化学和实践顾问，赢得了国际声誉。这时期的主要成就有：铁合金的研究、氯和碳的化合物、气体液化、光学玻璃、苯的发明、电化学分解等。1827 年他出版了六百多页的巨著《化学操作》，该书总结了他多年来丰富的实践经验，就是在今天仔细阅读它，也会给人一种直接和新颖的非凡印象。

法拉第成就最大的时期是 1830—1839 年，这段时间内他是对现代电学发现作出贡献的第一流的科学家。法拉第对电学发现的兴趣最早开始于 1821 年，即在奥斯特发现电流的磁效应之后的第二年，英国《哲学年鉴》的主编约请戴维撰写一篇文章，评述奥斯特发现以来电磁学实验的理论发展概况，戴维把这一工作交给了法拉第。法拉第在收集资料的过程中，对电磁现象的研究产生了极大的热情，并开始转向电磁学的研究。他仔细地分析了电流的磁效应等现象，作出了一项重大发现：磁作用的方向是与产生磁作用的电流的方向垂直的。法拉第坚信，电与磁的关系必须被推广，如果电流能产生磁场，磁场也一定能产生电流。法拉第为此冥思苦想了十年。起初，他试图用强磁铁靠近闭合导线或用强电流使另一闭合导线中产生电流，做了大量的实验，都失败了。经过历时十年的失败、再试验，直到 1831 年 8 月 29 日才取得成功。他接连又做了几十个这类实验。在 1831 年 11 月 24 日的论文中，他把产生感应电流的情况概括成五类：变化着的电流；变化着的磁场；运动的恒定电流；运动的磁场；在磁场中运动的导体。他指出：感应电流与原电流的变化有关，而不是与原电流本身有关。他将这一现象与导体上的静电感应类比，把它取名为“电磁感应”。为了解释电磁感应现象，法拉第曾提出过“电张力”的概念，后来在考虑了电磁感应的各种情况后,认为可以把感应电流的产生归因于导体"切割磁力线"。从电磁感应现象发现到1851年得出电磁感应定律,法拉第花费了近二十年的时间。在发现电磁感应现象的同时,法拉第还他发明了一种电磁电流发生器(这就是最原始的发电机),为未来电力工业的发展奠定了基础。曾有一个政治家问法拉第,他的发明有什么用处。他回答说:"我现在还不知道,但有一天你将从它们身上去抽税。"这一时期,法拉第的另一个贡献是从实验得出了电解定律,这是电荷不连续性的最早的有力证据,这一实验定律的得出也花费了他1833年到1834年的好几个月的时间。

19世纪50年代,法拉第的记忆力有所下降,科学活动能力也有所减弱,他为此而苦恼,但仍坚持进行科学实验。这时期他提出了场的概念,他设想带电体、磁体周围空间存在一种物质,起到传递电、磁力的作用,他把这种物质称为电场、磁场,他的观点可以概括为近距作用。1852年,他引入了电力线(即电场线)、磁力线(即磁感线)的概念,并用铁粉显示了磁棒周围的磁力线形状。场的概念和力线的模型,对当时的传统观念是一个重大的突破,也是现在我们仍然使用的一个重要的描述和分析电场、磁场的方法。

法拉第是靠自学成才的科学家,在科学的征途上辛勤奋斗半个多世纪,不求名利,把全身心献给了科学研究事业。1825年,他参与冶炼不锈钢材和折光性能良好的玻璃的工作,不少公司和厂家出重金聘请法拉第为他们的技术顾问,面对15万镑的财富和没有报酬的学问,法拉第选择了后者。1851年,法拉第被一致推选为英国皇家学会会长,他也坚决推辞掉了这个职务。他在任实验室主任期间创办了一个定期的"星期五晚讲座",至今仍延续下来。除了星期五晚讲座外,法拉第还为儿童设立了专门的通俗讲演,在圣诞节期间举行。他的圣诞节讲座的主题之一是《蜡烛的化学史》,一个多世纪以来,曾经鼓舞了无数青年人,使他们从中获得快乐。

1855年他从皇家学院退休,1860年发表了最后一次圣诞讲演,1867年8月25日在伦敦去世,终年76岁。遵照他"一辈子当一个平凡的迈克尔·法拉第"的遗愿,遗体被安葬在海格特公墓,他的墓碑上只有他的姓名和生日。为了纪念他,用他的名字命名电容的单位——法拉。法拉第被公认为最伟大的"自然哲学家"之一。

他太伟大了,电磁感应和电动机是当今和未来都不可或缺的。开尔文在他纪念法拉第的文章中说:"他的敏捷和活跃的品质,难以用言语形容。他的天才光辉四射,使他的出现呈现出智慧之光,他的神态有一种独特之美。这是有幸在他家里——皇家学院见过他的任何人——从思想最深刻的哲学家到最质朴的儿童,都会感觉到的。"

习题14

A类题目:

14-1　将一条形磁铁插入一个与电流计串联的金属环中时,测得电流计中有$q=2.0\times10^{-5}$C的电荷通过。若连接电流计的电路总电阻为$R=25\Omega$,

试求：通过圆环的磁通量的变化。

14-2 桌子上水平放置一个半径为 $r=10\text{cm}$ 的金属圆环，其电阻为 $R=1\Omega$。若此处地球磁场的磁感应强度的竖直分量为 $5.0\times10^{-5}\text{T}$，试求：将金属环面翻转一次，流过圆环横截面的电量。

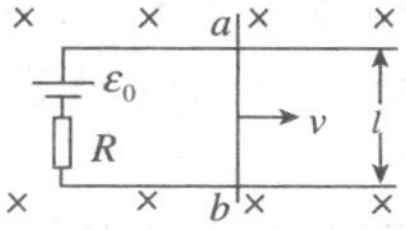

图 14-22 习题 14-5 用图

14-3 用导线制成一个半径为 $r=10\text{cm}$ 的闭合圆环，其电阻为 $R=10\Omega$，均匀磁场方向垂直于圆环平面。试求：欲使电路中有一恒定的感应电流 $I=0.01\text{A}$，则磁感应强度随时间的变化率应为多大？

14-4 一长度为 $L=40\text{cm}$ 的直导线以速率 $v=5\text{m}\cdot\text{s}^{-1}$ 在匀强磁场中运动，导线运动方向与磁场方向垂直时，导线两端产生的电动势为 0.3V。试求：磁场磁感应强度的大小。

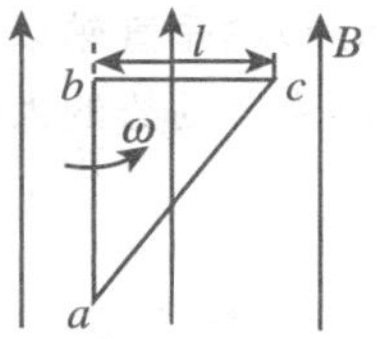

图 14-23 习题 14-6 用图

14-5 如图 14-22 所示，水平面内有两条相距为 l 的平行导轨，导轨分别连接电动势为 ε_0 的电源两端。直导线 ab 与导轨保持良好的接触并可以在导轨上自由滑动。匀强磁场磁感应强度为 B，方向垂直导轨平面。试求：(1)电源接通后 ab 达到的最大速率；(2)ab 达最大速率时通过电源的电流。

14-6 如图 14-23 所示，直角三角形金属框架 abc 放在磁感应强度为 B 匀强磁场中，磁场方向平行于 ab 边。若 $\overline{bc}=l$，试求：金属框以匀角速度 ω 绕 ab 边转动时，三角形回路中的感应电动势及 a、c 两点间的电势差。

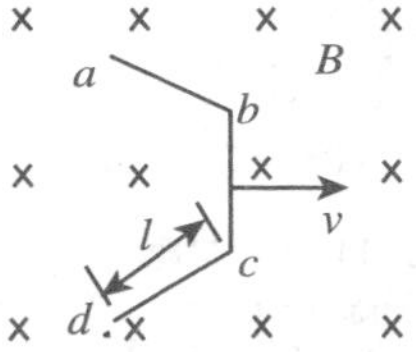

图 14-24 习题 14-7 用图

14-7 如图 14-24 所示，折成半六边形(边长为 l)的导线 $abcd$ 位于磁感应强度大小为 B 的匀强磁场中，磁场方向垂直导线所在平面。若导线以速率 v 沿水平向右方向移动，试求：导线各边的动生电动势。

14-8 如图 14-25 所示，一根长为 L 的金属细杆 ab 绕竖直轴 OO' 以匀角速度 ω 在水平面内转动，转轴到 a 端的距离为 $L/5$。若地磁场的竖直分量大小为 B，试求：a、b 两端的电势差。

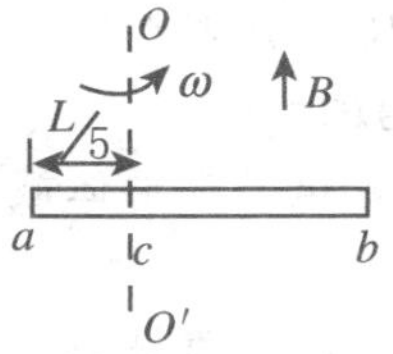

图 14-25 习题 14-8 用图

14-9 如图 14-26 所示，通有电流 I 的长直导线旁边有一个与它共面的矩形线圈，线圈与导线平行的边长度为 l，开始时线圈左右两边到导线距离分别为 a、b。若线圈在图示位置开始以速率 v 在纸面内水平向右移动，试求：任意时刻线圈中的感应电动势。

14-10 如图 14-27 所示，通有电流 I 的长直导线旁边垂直摆放一个金属杆 AB，金属杆与直导线共面，长度为 b，其左端到导线的距离为 a。金属杆以速度 v 沿平行导线方向运动。试求：杆中的感应电动势。

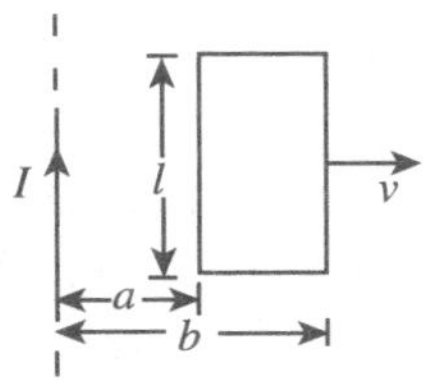

图 14-26 习题 14-9 用图

14-11 如图 14-28 所示，一个矩形线框长为 a，宽为 b，可绕过中心的轴 OO' 以匀角速度 ω 转动。线框置于方向水平向右、磁感应强度大小为 B 的均匀磁场中。线框平面与磁场方向平行时作为计时零点，试求：任意时刻线框中的感应电动势的大小。

14-12 如图 14-29 所示，无限长直导线通有电流 $I=I_0\text{e}^{-3t}$(I_0 为常量)。与导线同一平面内且与导线平行方向放置一矩形线圈。试求：(1)线圈中感应电动势的大小和方向；(2)导线与线圈的互感系数。

14-13 在自感系数为 $L=0.05\text{mH}$ 的线圈中，通有电流 $I=0.8\text{A}$。切断

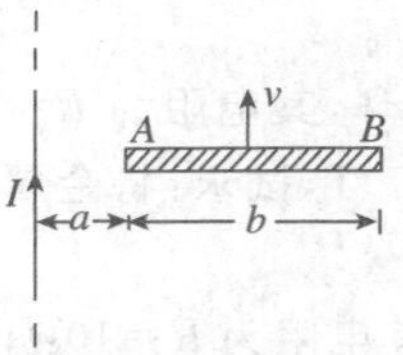

图 14-27　习题 14-10 用图

电源后经过 $100\mu s$ 的时间电流变为零。试求:回路中产生的平均自感电动势。

14-14　一自感线圈中,电流强度在 0.002s 内均匀地由 10A 增加到 12A,此过程中线圈中产生的自感电动势为 400V。试求:线圈的自感系数。

14-15　真空中,一个半径为 $R=1\text{cm}$、长度为 $l=1\text{m}$、匝数为 $N=1\,000$ 的螺线管的中间内部有一个同轴的半径为 $r=0.5\text{cm}$、长度为 $l'=1\text{cm}$、匝数为 $N'=10$ 的小线圈。试求:两个线圈的互感系数。

14-16　真空中,两个长直螺线管的长度相等,匝数相同,直径之比为 $d_1:d_2=1:4$。试求:通有相同电流时,螺线管内部贮存的磁场能量之比。

B 类题目:

14-17　如图 14-30 所示,半径为 R 的金属圆盘绕通过中心 O 的垂直轴以均匀的角速度 ω 旋转,盘面与匀强磁场 B 垂直。试求:圆盘中动生电动势的大小和方向。

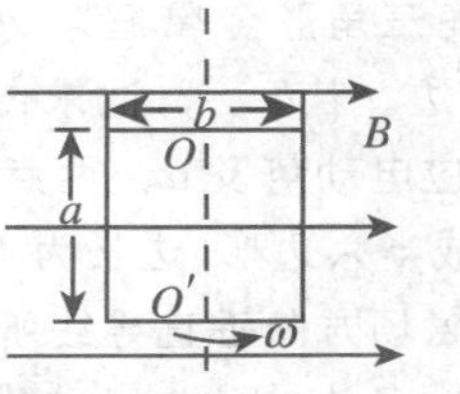

图 14-28　习题 14-11 用图

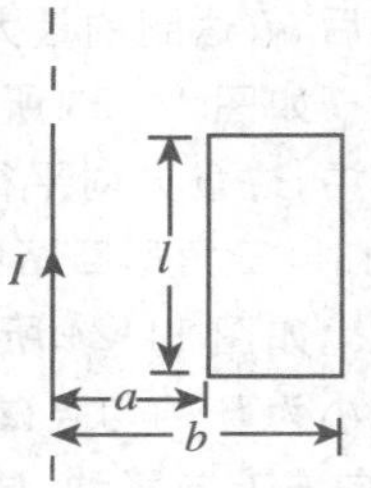

图 14-29　习题 14-12 用图

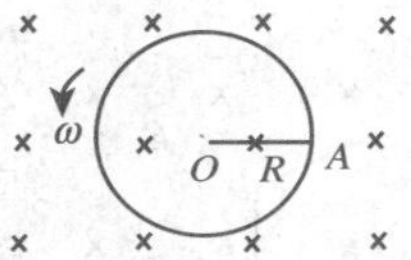

图 14-30　习题 14-17 用图

14-18　如图 14-31 所示,一矩形回路长为 a、宽为 b,在 xOy 平面内以匀速 v 沿 x 轴正向运动。磁场方向垂直于 xOy 平面,磁感应强度大小随时间 t 和空间坐标 x 变化的函数关系为 $B=B_0\sin\omega t\sin kx$,式中 B_0、ω、k 都为已知常数。设 $t=0$ 时,回路在 $x=0$ 处。试求:回路中感应电动势的大小。

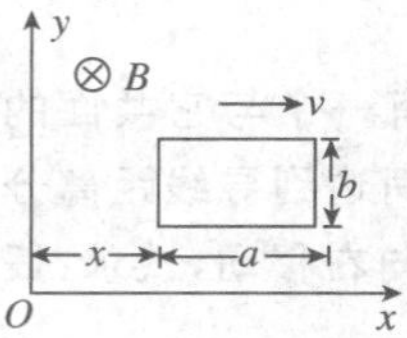

图 14-31　习题 14-18 用图

14-19 一无限长直导体,截面半径为 R,内部通有电流 I,电流在导体截面均匀分布。试求:单位长度导体内所贮存的磁场能量。

14-20　有两个线圈,自感系数分别为 $L_1=3\text{mH}$、$L_2=5\text{mH}$。串联成一个线圈后测得自感系数为 $L=11\text{mH}$。试求:两线圈的互感系数。

第六篇 量子物理初步

19 世纪末，经典物理已经建立起完备的理论体系，主要包括如下三个方面：以牛顿力学为基础的经典力学、研究热现象的气体动力论和热力学、由麦克斯韦方程组统一的经典电磁学。许多物理学家为此欢欣鼓舞，正如著名的英国物理学家开尔文于 1900 年发表的关于 20 世纪物理学展望的一篇文章中所说："物理学的大厦已经基本建成，后辈物理学家只需做一些零散的修补工作就可以了。"不过，他在这篇文章中同时提到："在物理学晴朗天空的远处，漂浮着两朵令人不安的乌云。"他所说的这两朵"乌云"即是指当时物理学家无法解释的两个实验现象：一个是迈克尔孙—莫雷实验结果，另一个是热辐射实验中的"紫外灾难"。这两个实验结果引发了物理学发展史中的一场革命风暴：对于前者的解释促动爱因斯坦于 1905 年创立了狭义相对论（具体内容见上册第 4 章），而后者则促动了量子力学的诞生。

第 15 章 量子物理初步

量子物理的知识很丰富，而且目前也正显示着蓬勃的发展前景。作为一种初步介绍，本章主要介绍热辐射现象及普朗克量子概念的引入，光电效应现象及爱因斯坦的解释，以及实物粒子的波粒二象性等量子物理的初步知识，同时对于量子物理知识的应用也作以简单介绍。

15.1 热辐射 普朗克量子假说

热辐射是自然界中普遍存在的一种现象，本节主要介绍热辐射现象的基本规律及应用，然后介绍普朗克量子假说提出的历史背景及物理意义。

15.1.1 热辐射

实验测得，任何物体在任何温度下都会向外界辐射电磁波，而且所辐射电磁波的能量按波长分布与物体的温度有关，称为热辐射。例如，室温情况下的一块铁是时时刻刻向外辐射电磁波的，只是由于辐射强度小而不被我们所感知；如果把它加热到 600K，我们就可以感觉到它的热辐射了，因为我们能感觉到它辐射出来的热量；如果把它加热到更高的温度，我们不仅可以感觉到它的热辐射，而且能够看到它的热辐射，因为这时我们能看到它发出的红光；进一步加热它，使它温度升高到 1800K，我们将看到它发出的白光。可见，热辐射的确与物体的温度息息相关。

为了定量描述物体热辐射的强弱及进一步探讨热辐射的规律，我们引入以下几个物理量。

1. 总辐出度

物体单位时间内向外辐射的能量总和称为总辐出度，也可称为物体的辐射功率，用 $M_{\Sigma}(T)$ 表示。国际单位制中，总辐出度的单位为瓦(W)。

2. 辐出度

单位时间内从物体单位面积上向外辐射的能量称为辐出度，用 $M(T)$ 表示。国际单位制中，辐出度的单位为瓦每平方米($\mathrm{W \cdot m^{-2}}$)。

3. 单色辐出度

单位时间内从物体单位面积上向外辐射的波长在 λ 附近单位波长间隔内的能量称为单色辐出度，用 $M_{\lambda}(T)$ 表示。国际单位制中，单色辐出度的单位为瓦每立方米（$W \cdot m^{-3}$）。

15.1.2 热辐射的规律

1. 绝对黑体

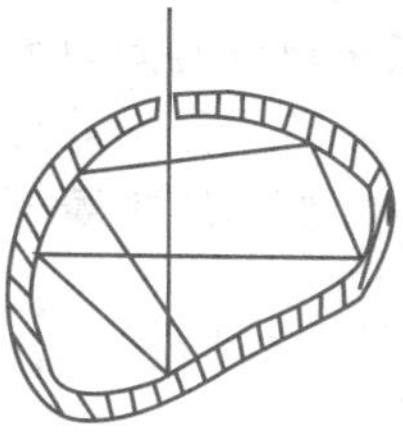

图 15-1 绝对黑体模型

为研究热辐射的规律，我们需要建立一个绝对黑体的模型。如果一个物体可以在任何温度下，对入射的任何波长的电磁波都能完全吸收，我们即可称其为绝对黑体。绝对黑体是一种理想模型，自然界中并不真正存在，即使是最黑的煤烟也只能吸收 99%的入射光。但我们可以模拟出此模型，如图 15-1 所示，在一个密闭的空腔上开一个小孔，当有一束电磁波由小孔射入空腔时，电磁波经空腔内壁的多次反射吸收，几乎没有剩余的电磁波可以从小孔逸出。可见，从吸收辐射的角度来看，此空腔的确可以视为一个绝对的黑体。加热空腔，则内壁辐射的电磁波也会经过多次反射后由小孔射出，所以小孔的辐射可以视为绝对黑体的辐射，我们可以通过分析小孔辐射的特点来总结热辐射的规律。

2. 维恩位移定律

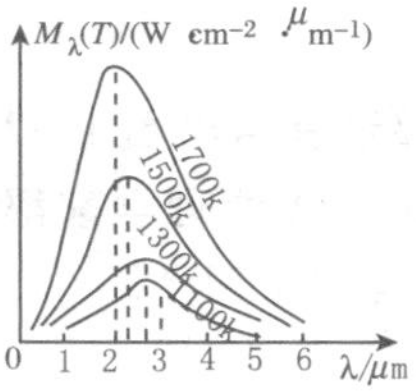

图 15-2 黑体辐射实验曲线

实验发现，在任何温度下黑体向外辐射的电磁波都包含各种波长，但辐射的能量并非在所有波长上均匀分布，不同波长的单色辐出度不同，如图 15-2 所示。单色辐出度最大的电磁波的波长称为峰值波长，用 λ_m 表示。由图 15-2 可以看出，峰值波长随黑体的温度的升高而向短波方向移动。1893 年，德国物理学家维恩根据实验确定了峰值波长与黑体温度成反比的关系，即

$$T\lambda_m = b \tag{15-1}$$

式(15-1)所反应的规律即称为维恩位移定律。式中，$b = 2.897 \times 10^{-3}\,m \cdot K$，是与温度无关的常量。

维恩位移定律在现代冶金和天文测量中都有重要的应用。在冶金中可以通过探测炉火辐射电磁波的峰值波长来估算炉火的温度，在天文测量中可以通过探测遥远星体辐射电磁波的峰值波长来估算星体表面的温度。

例题 15-1 通过探测可知，太阳辐射的峰值波长为 $\lambda_m = 510nm$。太阳可视为黑体，试估算太阳表面的温度。

解 根据维恩位移定律 $T\lambda_m = b$，可知

$$T = \frac{b}{\lambda_m} = \frac{2.897 \times 10^{-3}}{510 \times 10^{-9}} = 5\,680K$$

3. 斯特藩-玻尔兹曼定律

根据单色辐出度和辐出度的定义可知，在某一温度下黑体单色辐出度的总和应为黑体在该温度下的辐出度，即

$$M(T) = \int_0^{\infty} M_{\lambda}(T)\,d\lambda \tag{15-2}$$

在图 15-2 中,某一温度下黑体的辐出度对应于该条曲线下的面积。由图可知,黑体温度越高,对应曲线下面积越大,即辐出度越大。1879 年,奥地利物理学家斯特藩根据实验得出黑体辐出度与温度的关系为

$$M(T)=\sigma T^4 \tag{15-3}$$

式中,$\sigma=5.67\times10^{-8}\ \mathrm{W\cdot m^{-2}\cdot K^{-4}}$,是与温度无关的常量,称为斯特藩常量。1884 年,奥地利物理学家波尔兹曼根据热力学理论对式(15-3)做了理论性的证明。因而,式(15-3)称为斯特藩-玻尔兹曼定律。

例题 15-2 已知如例题 15-1。(1)试估算单位时间内太阳表面单位面积向外辐射的能量;(2)已知太阳半径为 $R=6.96\times10^8\ \mathrm{m}$,试求单位时间内太阳向外辐射的总能量。

解 (1)单位时间单位面积向外辐射的能量即为辐出度,根据斯特藩—玻尔兹曼定律 $M(T)=\sigma T^4$,可知

$$M(T)=\sigma T^4=5.67\times10^{-8}\times(5680)^4=5.9\times10^6\ \mathrm{W\cdot m^{-2}}$$

(2)单位时间内辐射的总能量即为总辐出度,则有

$$M_\Sigma(T)=M(T)S_{太}=4\pi R^2M(T)=3.59\times10^{25}\ \mathrm{J}$$

15.1.3 普朗克量子假说

前面介绍的两个定律给出了黑体辐射的实验规律,但都没有给出图 15-2 中实验曲线所对应的函数具体表达式。19 世纪末 20 世纪初,许多物理学家都试图找出这条实验曲线对应的函数关系,其中最具代表性的有如下两个。

1. 维恩公式

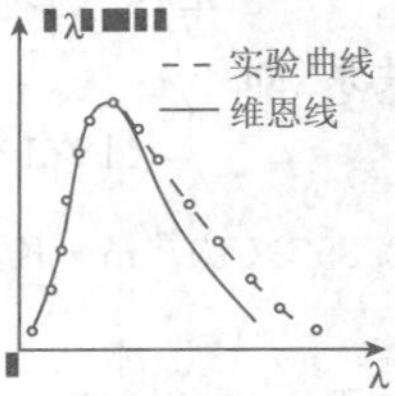

图 15-3 维恩公式与实验曲线的吻合情况

1896 年,维恩根据辐射按波长的分布与麦克斯韦分子速率分布相类似,由理论推导得出实验曲线对应的函数表达式为

$$M_\lambda(T)=C_1\lambda^{-5}\mathrm{e}^{-\frac{C_2}{\lambda T}}$$

式中,C_1、C_2 为常数。根据此表达式所作的函数曲线在短波区域与实验曲线比较接近,但在长波区域与实验曲线偏差较大,如图 15-3 所示。所以这不是一个理想的表达式。

2. 瑞利-金斯公式

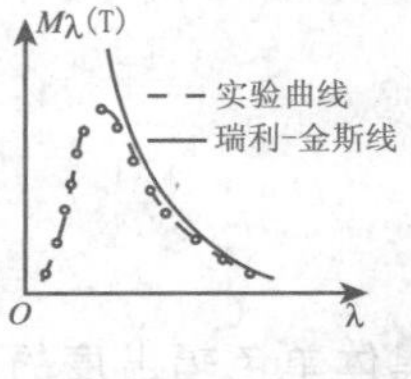

图 15-4 瑞利-金斯公式与实验曲线的吻合情况

1900 年,瑞利和金斯根据经典电磁学理论和线性谐振子能量按自由度均分的思想,由理论推导得出曲线对应的函数表达式为

$$M_\lambda(T)=C_3\lambda^{-4}T$$

式中,C_3 为常数。根据此表达式所作的函数曲线在长波区域与实验曲线比较接近,但在短波区域与实验曲线偏差较大,如图 15-4 所示。尤其是在紫外区域,根据此表达式可知,单色辐出度与波长的四次方成反比,这意味着,当 $\lambda\to0$ 时,$M_\lambda(T)\to\infty$,显然是令人无法理解的,因而物理学史上称这一现象为"紫外灾难"。

3. 普朗克公式及普朗克量子假说

1900 年,德国物理学家普朗克结合前两者的公式,运用数学的糅合方案得出了与实验曲线吻合很好的普朗克公式

$$M_\lambda(T)=2\pi hc^2\lambda^{-5}\frac{1}{e^{\frac{hc}{\lambda kT}}-1} \tag{15-4}$$

式中,c 为真空中的光速,k 为波尔兹曼常数,h 为普朗克常量,其值为

$$h=(6.6256\pm0.0005)\times10^{-34}\mathrm{J\cdot s}$$

为了推导此式,普朗克作了一个与经典物理完全相反的假设,即能量不是连续变化的,而是只能取一些分立值,这些分立值的最小值为 ε(称为能量子),其他能量都是这个最小值的整数倍,即能量只能取如下数值

$$\varepsilon,2\varepsilon,3\varepsilon,\cdots,n\varepsilon,\cdots$$

其中,$\varepsilon=h\gamma$(γ 为谐振子的频率),n 为正整数。

普朗克能量子假说打破了经典物理认为能量是连续的观念,这是一个革命性的发现,人类随着普朗克量子假说的问世而进入了一个全新的量子时代。普朗克常量 h 是一个重要的常数,它是量子物理和经典物理的分水岭,具有划时代的意义。1918 年,普朗克因其对量子理论所做出的卓越贡献而获得诺贝尔物理学奖。

练习题

实验测得北极星辐射的峰值波长为 350nm。试求:(1)北极星表面的温度;(2)单位时间内北极星单位面积上向外辐射的能量。

15.2 光电效应

光电效应现象是 1886—1887 年间,德国物理学家赫兹在作电磁波实验时偶然发现的。光电效应现象的研究对光的本性的认识以及量子理论的发展都起到了非常重要的作用。本节主要介绍光电效应现象的基本规律,爱因斯坦对光电效应的解释,以及光的波粒二象性。

15.2.1 光电效应现象及其规律

1. 光电效应实验装置及现象

研究光电效应现象规律的试验装置如图 15-5 所示,图中 S 是一个真空的玻璃容器,K 为金属平板做成的阴极,A 为阳极。A、K 分别与电池组的两极相连。当光通过石英窗口 m(石英对紫外光的吸收很小)照射到金属阴极 K 表面时,阴极 K 则会有光电子逸出,光电子经加速电场加速由阴极 K 飞向阳极 A,从而在电路中形成电流,这种现象称为光电效应现象。相应地,这种电流称为光电流,光电流的强弱可以通过回路中电流计进行测量。

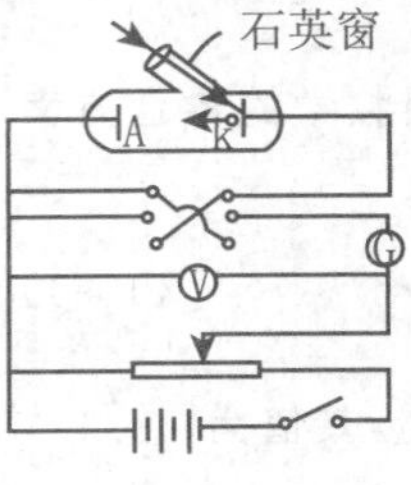

图 15-5 光电效应实验装置

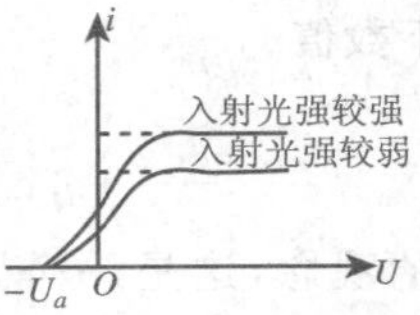

图 15-6 光电效应伏安特性曲线

2. 实验规律

通过此实验,可以总结光电效应现象的基本规律如下:

(1)当阴极材料给定时,只有入射光的频率大于某一固定值 γ_0 时,才会有光电子产生。如果入射光频率不满足要求,则无论入射光强度多大,照射时间有多长,都不会有光电子产生。因而,γ_0 称为截止频率,或红限频率。不同的金属材料对应的红限频率不同。

(2)当入射光的频率大于红限频率时,回路中的光电流即刻便会产生,时间滞后不超过10^{-9}s。

(3)入射光频率大于红限频率时,回路中的光电流强度 i 与入射光的强度及回路中加速电压 U 之间的关系可以通过图 15-6 加以反映。由图 15-6 可以看出,光电流随加速电压的增大而增大。但当加速电压增大到某一量值后,光电流达到一个最大值就不再增加了,这个光电流的最大值称为饱和电流,饱和电流的大小与入射光强度成正比。

(4)由图 15-6 还可以看出,降低加速电压,光电流也随之降低。但当加速电压为零时,光电流并不为零,这表明从阴极 K 逸出的光电子具有初动能。实验表明,光电子的初动能与入射光的频率正比;当回路中加速电压为负值,并达到一定值时,回路中彻底没有光电流,此时的电压称为遏止电势差,用 U_a 表示。

上述的几条实验规律与经典理论存在着尖锐的矛盾。依据经典波动理论,当光入射到金属表面时,构成光波的电磁场使金属中的电子作受迫振动,这些受迫振动的电子从光波中吸收能量,电子吸收的能量足够大时,才可以脱离金属而成为光电子。因而,从光入射至有光电子从金属表面逸出应需要时间,这与光电效应实验中光电子瞬时产生的事实相矛盾;另外,根据波动理论,无论入射光频率如何,只要光入射的时间足够长,电子吸收能量的时间足够长,一定能够使其积攒足够的能量而脱离金属的束缚,形成光电子。这与光电效应现象中红限频率的存在相矛盾。总之,依据经典理论是无法解释光电效应现象的。

1905 年,德国物理学家爱因斯坦在普朗克能量子假说的基础上提出了光子假说,给出光电效应方程,对光电效应现象给予了合理的解释。

15.2.2 爱因斯坦光电效应方程

1. 光子假说

爱因斯坦提出:光是一粒一粒以光速运动的粒子流,这些光粒子称为光量子,简称光子。每一个光子的能量是一份能量的最小值,即 $\varepsilon=h\gamma$。

2. 光电效应方程

按照光子假说,光电效应现象可以做如下解释:当光子入射到金属阴极表面时,一个光子的能量瞬间被金属中的一个电子一次性地全部吸收,电子吸收的能量一部分用来克服金属原子核束缚力做功,其余部分则转换成为光电子的初动能。根据能量守恒可得：

$$h\gamma=A+\frac{1}{2}mv^2 \tag{15-5}$$

此式即为爱因斯坦的光电效应方程。式中，A 为光电子从金属表面逸出过程中克服金属原子核束缚力所做的功，称为逸出功。逸出功由金属材料的性质决定。

由式(15-5)可以看出，只有入射光光子的能量大于金属的逸出功时，光电子才可能从金属的表面逸出。根据爱因斯坦光子假说，光子的能量由其频率决定，因而入射光的频率必须大于某一固定值时，才可能发生光电效应现象。这某一固定的频率值即是前面介绍的红限频率。根据以上分析可知，逸出功与红限频率的关系为

$$\gamma_0=\frac{A}{h} \tag{15-6}$$

与红限频率对应的光的波长称为红限波长，用 λ_0 表示。不同金属的逸出功不同，因而红限频率和红限波长也不同，表 15-1 中给出了几种常见金属材料的逸出功、红限频率和红限波长值。

表 15-1 金属的逸出功和红限频率、红限波长

金属	铯	铷	钾	钠	钙	钨
逸出功 A/eV	1.94	2.13	2.25	2.29	3.20	4.54
红限频率 $\gamma_0/\times10^{14}$ Hz	4.69	5.15	5.43	5.53	7.73	10.95
红限波长 λ_0/nm	640	583	551	542	388	274

根据光电效应方程可以看出，若入射光强度大，则意味着入射光子的个数多，而光子的能量是被金属中的电子一次性吸收的，因而光子个数多意味着从金属表面逸出的光电子的个数也多，因而电路中的光电流也应该大；另外电子对光子能量的一次性吸收也可以解释光电效应现象的瞬时性问题。

根据光电效应方程还可以看出，入射光强度一定时，光子的个数是固定的，从金属表面逸出的光电子的个数也是固定的。此时若加大回路中的加速电压，则开始阶段回路中光电流会因为从阴极逸出光电子到达阳极比例的增大而增大，但加速电压大到一定值时，从阴极逸出的光电子全部到达了阳极，那么，无论再怎样增大加速电压，回路中的光电流都不会再增大了，这即解释了饱和电流存在的原因。

根据光电效应方程还可以看出，如果入射光频率大于红限频率，则必然会发生光电效应现象。此时即使回路中的加速电压 $U=0$，但由于光电子具有初动能，它也很可能运动至阳极 A 而形成光电流。只有当回路中加反向电压，且电压值达到一定程度，光电子的初动能完全用于克服反向加速电场做功，从而使光电子不能到达阳极时，回路中才不会有光电流。这个反向电压即是前面所说的遏止电势差，根据以上分析可知

$$eU_a=\frac{1}{2}mv^2=h\gamma-A \tag{15-7}$$

例题 15-3 钾的逸出功是 2.25eV,试求:(1)钾的红限频率;(2)当用波长为$\lambda=300\text{nm}$ 的紫外光照射时,回路中的遏止电势差。

解 (1)根据逸出功和红限频率的关系,有

$$\gamma_0=\frac{A}{h}=\frac{2.25\times1.60\times10^{-19}}{6.63\times10^{-34}}=5.43\times10^{14}\text{ Hz}$$

(2)根据光电效应方程 $h\gamma=A+\frac{1}{2}mv^2$,可得光电子的初动能为

$$\frac{1}{2}mv^2=h\gamma-A=6.63\times10^{-34}\times\frac{3\times10^8}{300\times10^{-9}}-2.25\times1.6\times10^{-19}$$
$$=3.03\times10^{-19}\text{ J}$$

根据遏止电势差与光电子初动能之间的关系 $eU_a=\frac{1}{2}mv^2$,可得遏止电势差为

$$U_a=\frac{1}{2}mv^2/e=\frac{3.03\times10^{-19}}{1.6\times10^{-19}}=1.89\text{V}$$

光电效应的应用极为广泛。例如,利用光电效应制作光电管、光电倍增管、电视摄像管等光电器件。这些光电器件在电子信息领域是不可缺少的。

15.2.3 光的波粒二象性

爱因斯坦的光量子假说表明光具有粒子性,那么,当光照射在物体上时,对物体应有压力作用。1901 年,俄国物理学家列别捷夫用精密的实验测出了光对物体的压力作用(尽管这个压力的数量级很小)。1922—1923 年间,美国物理学家康普顿及我国的科学家吴有训研究了金属、石墨等物质散射后的 X 射线光谱,发现了康普顿效应(在同一散射角下,波长变化与散射物质无关),再次证明了光具有粒子性这一假说的正确性。日常生活中光的干涉、衍射等现象又证明了光具有波动性。因此 1905 年,人们对于光本性的认识统一为:光具有波粒二象性。在某些情况下,光的波动性显得相对突出,而在另外一些情况下,光的粒子性显得相对突出。

既然光既具有波动性,又具有粒子性,那么我们很自然地会想到这样一个问题:这两种性质之间是否具有一定的联系呢?根据狭义相对论物质质量和能量之间的关系 $E=mc^2$,光子具有能量 $E=h\gamma$,则必然对应一定的质量,结合二式,可得光子的质量为

$$m=\frac{h\gamma}{c^2} \tag{15-8}$$

进而可得光子的动量为

$$p=mc=\frac{h\gamma}{c}=\frac{h}{\lambda} \tag{15-9}$$

式(15-8)和式(15-9)巧妙地把描述波的特征物理量(频率、波长)与描述粒子的特征物理量(质量、动量)巧妙地结合在一起,深刻地揭示了光具有波

粒二象性的本质。

练习题

钨的光电效应红限波长为274nm。试求:(1)钨电子的逸出功;(2)当用$\lambda=200\text{nm}$的紫外光照射时,回路中的遏止电势差。

15.3 实物粒子的波粒二象性

1924年,法国物理学家德布罗意受到光的波粒二象性的启发,大胆地提出:不仅光具有波粒二象性,一切实物粒子如电子、原子、分子等也都具有波粒二象性。本节主要介绍实物粒子的波粒二象性,以及微观粒子的不确定关系。

15.3.1 德布罗意公式

实物粒子对应的波称为德布罗意波,或者称为物质波。德布罗意按照对称的观点,用类比的方法,把反映光波粒二象性的表达式(15-8)和(15-9)推广到实物粒子,给出质量为m、速率为v实物粒子对应的物质波的波长和频率分别为

$$\lambda=\frac{h}{p}=\frac{h}{mv} \tag{15-10}$$

$$\gamma=\frac{mc^2}{h}=\frac{E}{h} \tag{15-11}$$

式(15-10)和式(15-11)统称为德布罗意公式。

例题15-4 有一动能为100eV的电子束。试求:此电子对应物质波的波长。

解 由于电子速率远小于光的速度,因而可以按照经典力学的动能公式$E_k=\frac{1}{2}mv^2$,计算电子的速率为

$$v=\sqrt{\frac{2E_k}{m}}=\sqrt{\frac{2\times100\times1.60\times10^{-19}}{9.1\times10^{-31}}}=5.9\times10^6\,\text{m}\cdot\text{s}^{-1}$$

根据实物粒子的波长公式,有

$$\lambda=\frac{h}{mv}=\frac{6.63\times10^{-34}}{9.1\times10^{-31}\times5.9\times10^6}=0.12\text{nm}$$

可见,电子波的波长很小。不过,此值虽然小,电子的波动性也是可以通过实验加以证明的。

15.3.2 电子衍射实验

根据第10章波的衍射知识可知,只有当波长与狭缝的尺寸相比拟时才能观察到明显的波的衍射现象。电子波的波长比较小,选用什么样的狭缝合适呢?比较电子波的波长和原子的大小或固体中相邻原子间的距离可知,它

们具有相同的数量级。于是人们思考:能否用金属表面上规则排列的原子作为衍射光栅来观察电子波的衍射现象呢?

1927 年,美国物理学家戴维孙和革末合作,把低能电子束打在镍单晶表面时,观察到了电子的衍射现象,证实了电子具有波动性。同年,英国物理学家汤姆孙做了高能电子经铝箔的衍射实验,观察到电子波的衍射图样与 X 射线的衍射图样极其相似,而且根据波的衍射知识,利用电子波的衍射图样计算出电子波的波长与德布罗意公式计算值也相符合,这充分证实了物质波的存在。

实物粒子的波动性在科学技术中的应用很广泛。例如,电子显微镜就是根据电子的波动性制成的,由于电子波的波长远小于普通光波的波长,因而电子显微镜的分辨率远大于普通光学显微镜的分辨率。物质波的应用正在显示其广阔的发展前景。

从根本上讲,波动是所有物质的一种客观属性。对于宏观物体而言,物质波的波长与物体的尺度相比较,显得微乎其微,它的波动性不显著,因而我们可以忽略它的这方面属性。

例题 15-5 试求:质量为 $m=1\text{g}$,运动速率为 $v=300\text{m}\cdot\text{s}^{-1}$ 物体的物质波波长。

解 根据实物粒子的波长公式,有

$$\lambda=\frac{h}{mv}=\frac{6.63\times10^{-34}}{1\times10^{-3}\times300}=2.21\times10^{-24}\text{ nm}$$

由此结果可以看出,宏观物体的物质波长与物体的尺度相比,相差悬殊。而且这么短的波长也很难通过实验给予测量,因而宏观物体只能表现出粒子性。只有在原子的尺度里,实物粒子的波动性才能表现出来。

15.3.3 实物粒子的波粒二象性

人们对于电子单缝衍射实验进行深入分析发现,不但一束电子通过单缝可以在照相底片上形成单缝衍射图样。而且,如果减弱电子束的强度,甚至是使电子几乎一个一个地射向单缝,经过足够长的时间后,也同样会在照相底片上形成单缝衍射图样。这表明,电子波并不一定需要大量电子集体加以体现,即使单个电子同样具有波动性。而在前面我们学习波动一章内容时得出:波是大量质元有一定相位联系的集体振动。可见,实物粒子的波与经典物理中的波有所区别。

1929 年,德国物理学家玻恩用统计的观点分析了电子衍射实验,提出物质波是概率波的观点。他提出:电子等微观粒子呈现出来的波动性,反映了粒子运动的一种统计规律,或者说,电子波是大量电子的统计行为。在电子衍射实验中,无论是让电子大量地射向单缝,还是让电子一个一个地射向单缝,只要电子的数量足够,他们都要遵从统计规律,都会呈现衍射图样。衍射条纹是电子撞击照相底片的足迹，衍射极大处，电子到达的最多，或者说，电子到达此处的概率最大；衍射极小处，电子到达的最少，或者说，电子到达此处的概率最小。即底片上某处波的强度与该点附近体积中电子到达的概率成正比，因而，玻恩把物质波称为概率波。

综上所述，实物粒子不是经典意义下的波，也不是经典意义下的粒子。但它又同时具有波动性和粒子性。它的波动性和粒子性在统计的意义下得到了统一。这正是波粒二象性的真正含义。

15.3.4 不确定关系

在经典力学中，一个质点在任何时刻都具有完全确定的位置、动量、能量等，把这一结论推广到微观粒子，似乎也是正确的。但根据前面的分析我们知道，微观粒子的波动性表现不可以忽略，而且根据玻恩的观点，微观粒子的波是一种概率波，那么意味着某时刻微观粒子的位置、动量、能量等具有一定程度的不确定性。1927 年，德国物理学家海森堡分析了大量的电子单缝衍射实验后，提出了以他名字命名的不确定关系(也称测不准关系)：

$$\Delta x\Delta p_x \geqslant \frac{\eta}{2},\Delta y\Delta p_y \geqslant \frac{\eta}{2},\Delta z\Delta p_z \geqslant \frac{\eta}{2} \tag{15-12}$$

式中，Δx、Δy、Δz 分别为粒子坐标在 x、y、z 轴的不确定量；Δp_x、Δp_y、Δp_z 分别为粒子动量在 x、y、z 轴的不确定量；$\eta=\frac{h}{2\pi}$称为折合普朗克常量。

$$\Delta E\Delta t \geqslant \frac{\eta}{2} \tag{15-13}$$

式中，ΔE 为粒子能量的不确定量，将其应用于原子系统即为该态原子的能级宽度；Δt 为时间的不确定量，将其应用于原子系统即为原子在该能级的平均寿命。

式(15-12)和式(15-13)表达的不确定关系反映了微观粒子运动的基本规律。在微观领域中，粒子的状态不可能同时用确定的坐标和动量来描述，也不可能同时用确定的能量和时间来描述。我们在追求一个量值的精确的同时，必然意味着另一个量值的不精确。不确定关系是微观领域的客观规律，它可以通过量子力学知识给予严格的证明(证明在此从略)，也是现在我们处理微观领域问题(无论是定性分析还是定量粗略计算)都不可缺少的关系。这种不确定关系在宏观领域仍然适用，只是在宏观领域这种不确定量相对很小。因而在宏观领域我们可以忽略这一不确定关系。

例题 15-6 氢原子中基态电子的位置不确定量可按原子的大小估计，即 $\Delta x=1.0\times10^{-10}$ m。试求：电子速率的不确定量 Δv。

解 根据不确定关系的第一个表达式 $\Delta x\Delta p_x \geqslant \frac{\eta}{2}$，及 $\eta=\frac{h}{2\pi}$，可知电子动量的不确定量为

$$\Delta p_x \geqslant \frac{\eta}{2\Delta x} = \frac{6.63\times10^{-34}}{4\times3.14\times10^{-10}} = 5.28\times10^{-25}$$

根据动量与速度的关系 $p=mv$,可知电子速率的不确定量为

$$\Delta v = \frac{\Delta p_x}{m} \geqslant \frac{5.28\times10^{-25}}{9.1\times10^{-31}} = 5.8\times10^{5}\,\mathrm{m\cdot s^{-1}}$$

氢原子中基态电子的速率约为$10^6\,\mathrm{m\cdot s^{-1}}$,比较速率的不确定量与速率值可知,电子速率的不确定性较大。

练习题

1. 试求:由静止经过电势差$U=150\mathrm{V}$加速的电子的德布罗意波长。(不考虑相对论效应)

2. 设子弹的质量为10g,枪口的直径为5mm。试求:子弹从枪口射出时,在枪口直径方向速率的不确定量。

小　结

本章主要介绍热辐射现象及普朗克量子的概念,介绍光电效应现象及爱因斯坦的解释,以及实物粒子的波粒二象性等量子物理的初步知识。

一、热辐射及其规律

任何物体在任何温度下都会向外界辐射电磁波,而且所辐射电磁波的能量按波长分布与物体的温度有关,称为热辐射。

1. 维恩位移定律:热辐射峰值波长与黑体温度成反比的关系为

$$T\lambda_m = b\text{(式中,}b=2.897\times10^{-3}\,\mathrm{m\cdot K}\text{)}$$

2. 斯特藩-玻尔兹曼定律:黑体辐出度与温度的关系为

$$M(T)=\sigma T^4\text{(式中,}\sigma=5.67\times10^{-8}\,\mathrm{W\cdot m^{-2}\cdot K^{-4}}\text{)}$$

3. 普朗克黑体辐射公式及量子假说

1900 年,德国物理学家普朗克得出了黑体辐射实验曲线对应的公式

$$M_\lambda(T)=2\pi hc^2\lambda^{-5}\frac{1}{e^{\frac{hc}{\lambda kT}}-1}$$

为了推导此式,普朗克假设能量不是连续变化的,而是只能取一些分立值,这些分立值的最小值为ε(称为能量子),其值为

$$\varepsilon=h\gamma\text{(}h\text{ 称为普朗克常量,}\gamma\text{ 为谐振子的频率)}$$

二、光电效应现象及其规律

1. 光电效应现象规律

(1)只有入射光的频率大于红限频率(或截止频率)γ_0 时,才会有光电子产生。不同的金属材料对应的红限频率不同。

(2)当入射光的频率大于红限频率时，回路中的光电流即刻便会产生。

(3)光电流随加速电压的增大而增大。但当光电流达到饱和电流时，光电流不再增加，饱和电流的大小与入射光强度成正比。

(4)从阴极K逸出的光电子具有初动能，当回路中加速电压为负值，并达到遏止电势差(U_a)时，回路中彻底没有光电流。

2. 爱因斯坦的光电效应方程：当光子入射到金属阴极表面时，一个光子的能量瞬间被金属中的一个电子一次性地全部吸收，电子吸收的能量一部分用来克服金属原子核束缚力做功，其余部分则转换成为光电子的初动能。即

$$h\gamma=A+\frac{1}{2}mv^2$$

3. 光电效应现象的意义：证明光具有粒子性，光具有波粒二象性。

三、实物粒子的波粒二象性以及微观粒子的不确定关系

1. 实物粒子的波粒二象性：实物粒子与光子一样具有波粒二象性，实物粒子的波称为德布罗意波(或物质波)，反映其二象性的表达式为

$$\lambda=\frac{h}{p}=\frac{h}{mv}$$

$$\gamma=\frac{mc^2}{h}=\frac{E}{h}$$

2. 不确定关系(也称测不准关系)：在微观领域中，粒子的状态不可能同时用确定的坐标和动量来描述，也不可能同时用确定的能量和时间来描述。我们在追求一个量值的精确的同时，必然意味着另一个量值的不精确。具体关系为

$$\Delta x\Delta p_x\geqslant\frac{\eta}{2},\Delta y\Delta p_y\geqslant\frac{\eta}{2},\Delta z\Delta p_z\geqslant\frac{\eta}{2},\Delta E\Delta t\geqslant\frac{\eta}{2}$$

习题 15

A 类题目

15-1　实验测得天狼星辐射的峰值波长为 290nm。试求：(1)天狼星表面的温度；(2)单位时间内天狼星单位面积上向外辐射的能量。

15-2　在加热黑体的过程中，测得峰值波长由 690nm 变为 500nm。试求：黑体表面辐出度变化为原来的几倍？

15-3　热核爆炸过程中，火球的温度可高达10^7K。试求：(1)火球辐射的峰值波长；(2)这种辐射的能量子的能量。

15-4　由铝的表面逸出一个电子需要 4.2eV 的能量，现用一波长为 200nm 的紫外光照射。试求：(1)光电子的获得的最大初动能；(2)铝的红限频率；(3)回路中的遏止电势差。

15-5　若地球上每秒单位面积接收到的太阳光能量为 8J，太阳光的平均

波长为500nm,人瞳孔的直径为3mm。试求:(1)每秒地面上每平方米接收到太阳光子的数量;(2)每秒进入人眼中的光子数量。

15-6　钠的红限波长为540nm,实验测得一单色光照射在金属钠表面上时,产生的光电子的最大初动能是1.2eV。试求:此入射光的波长。

15-7　以波长为410nm的单色光照射某种金属表面,产生的光电子的最大初动能为1.0eV。试求:能使此金属产生光电效应的单色光的最大波长。

15-8　实验测得红光、X射线的波长分别为700nm和0.025nm。试求:(1)红光和X射线的光子的能量;(2)两种光子的动量;(3)两种光子的质量。

15-9　试求:由静止经过电势差$U=1.0\times10^4$V加速的电子的德布罗意波长。(不大于1.0×10^4V加速电场加速的电子都可以不考虑相对论效应)

15-10 一束带电粒子经20V的电势差加速后,测得其德布罗意波波长为2.0×10^{-12}m。若粒子带电量与电子电量相同,试求:粒子的质量。

15-11　假定原子中的电子在激发态的平均寿命为10^{-8}s。试求:该激发态的能级宽度。

B类题目:

15-12 用频率为γ的单色光照射某种金属时,光电子获得的最大初动能为E_k。试求:若改用2γ的单色光照射此种金属时,光电子获得的最大初动能。

15-13　一颗子弹的速率为500m·s^{-1},速率的相对不确定量为0.01%,设子弹的质量为10g。试求:子弹坐标的不确定量。

习题参考答案

习题 9

9-1　0.36mm

9-2　600nm;3mm

9-3　7.2×10^{-4}m

9-4　6.64×10^{-6}m

9-5　400nm

9-6　1cm、10 级

9-7　6.73×10^{-7}m

9-8　585nm;无光

9-9　1×10^{-7}m

9-10　428.6nm、600nm

9-11　凹、$\frac{\lambda}{2}$

9-12　2.75mm、15 条

9-13　723.7nm、221.5nm

9-14　182 条、273 条

9-15　1.72×10^{-5}m

9-16　4.5×10^{-5}m

9-17　1.24×10^{-5}m

9-18　$n_2>n$;1.5×10^{-6}m;向棱边处移动;22 级

9-19　3.88×10^{-3}rad

9-20　1.85×10^{-2}m、409nm

9-21　1.22

9-22　2.3×10^{-5}m

习题 10

10-1　$k=2k'$;$k=3k'$;$k=4k'$;($k'=\pm1,\pm2\cdots$)

10-2　428.6nm

10-3　5×10^{-3}m;5×10^{-3}rad;3.76×10^{-3}rad

10-4　525nm

10-5　600nm

10-6　$5.89k\times10^{-2}$ rad, $k=0,\pm1,\pm2\cdots$

10-7　3 级

10-8　6×10^{-6} m、1.5×10^{-6} m、15 条

10-9　7 条

10-10　1.525mm

10-11　13.9cm

10-12　0.96×10^{-4} rad、2.2×10^{-7} m

10-13　1.06×10^{4} m

10-14　400nm、666.7nm；2 级、1 级；3 个、5 个

10-15　1 级、2 级的 6 000nm

10-16　0.8×10^{-6} m、1.6×10^{-6} m

10-17　625nm、看不到

10-18　3.2×10^{6}、1.95m

习题 11

11-1　$\frac{1}{4}$；$\frac{1}{8}$

11-2　$\arccos\frac{\sqrt{3}}{3}$；$\arccos\frac{\sqrt{6}}{3}$

11-3　1∶2

11-4　略

11-5　$\frac{3}{8}$；0.304

11-6　2 个；45°；0.25

11-7　45°

11-8　1∶3

11-9　$\arctan 1.4$；$\frac{\pi}{2}-\arctan 1.4$

11-10　60°；$\sqrt{3}$

11-11　11.87°

11-12　60°；1

习题 12

12-1　-7.07×10^{-9} C

12-2　1∶$\sqrt{5}$

12-3　$F/8$

12-4　$2l\theta\sqrt{4\pi\varepsilon_0 mg\theta}$

12-5　(1)$\frac{\sqrt{2}q}{\pi a^2\varepsilon_0}$，水平相右；(2)0

12-6　$1\,000\boldsymbol{i}\text{V}\cdot\text{m}^{-1}$；0V

12-7　$1.8\times10^4\boldsymbol{i}\text{V}\cdot\text{m}^{-1}$

12-8　(1)$(\frac{Q}{4\pi\varepsilon_0 R^2}-\frac{Q}{2\pi^2\varepsilon_0 R^2})\boldsymbol{i}-\frac{Q}{2\pi^2\varepsilon_0 R^2}\boldsymbol{j}$；(2)$\frac{Q}{2\pi\varepsilon_0 R}$

12-9　(1)$-\sigma S/\varepsilon_0$；(2)$\sigma S/\varepsilon_0$

12-10　$-8.85\times10^{-12}\text{C}$

12-11　$\rho r/3\varepsilon_0$；$\rho R^3/3\varepsilon_0 r^2$，方向沿径向

12-12　0；$\frac{Q(r^3-R_1^3)}{4\pi\varepsilon_0 r^2(R_2^3-R_1^3)}$；$\frac{Q}{4\pi\varepsilon_0 r^2}$，方向沿径向

12-13　0；$\frac{\lambda}{2\pi\varepsilon_0 r}$，方向垂直圆柱面轴线

12-14　$\frac{Qq}{4\pi\varepsilon_0 d}$

12-15　$\sqrt{v_B^2-\frac{2q}{m}(V_A-V_B)}$

12-16　$\frac{q}{6\pi\varepsilon_0 R}$

12-17　10cm

12-18　$2.14\times10^{-9}\text{C}$

12-19　1483.1V

12-20　(1)330V，270V；(2)60V；(3)60V，0，60V

12-21　$3.6\times10^4\text{V}\cdot\text{m}^{-1}$，270V；0，90V；$1.44\times10^3\text{V}\cdot\text{m}^{-1}$，72V

12-22　(1)$q_B=-1.0\times10^{-7}\text{C}$，$q_C=-2.0\times10^{-7}\text{C}$；(2)$2.3\times10^3\text{V}$

12-23　0；$2\text{N}\cdot\text{m}^2\cdot\text{C}^{-1}$；$-2\text{N}\cdot\text{m}^2\cdot\text{C}^{-1}$；$3\text{N}\cdot\text{m}^2\cdot\text{C}^{-1}$；$-3\text{N}\cdot\text{m}^2\cdot\text{C}^{-1}$

12-24　(1)$\frac{\rho d}{3\varepsilon_0}$，方向向右；(2)$\frac{\rho}{3\varepsilon_0}(d-\frac{r^3}{4d^2})$，方向向左

12-25　0，0；$\frac{\lambda}{2\pi\varepsilon_0 r}$，$\frac{\lambda}{2\pi\varepsilon_0}\ln\frac{R_1}{r}$；0，$\frac{\lambda}{2\pi\varepsilon_0}\ln\frac{R_1}{R_2}$

12-26　(1)$1:\varepsilon_r$；(2)$1:\varepsilon_r$；(3)$1:\varepsilon_r$

12-27　(1)120pF；(2)击穿

习题 13

13-1　$8\mu_0$；$-8\mu_0$；0

13-2　0

13-3　$8.0\times10^{-5}\boldsymbol{j}\text{T}$

13-4 $\dfrac{\mu_0 I}{2\pi a}\ln\dfrac{a+b}{b}$,方向垂直纸面向里

13-5 $\dfrac{\mu_0 I}{24R}$,方向垂直纸面向外

13-6 (1)-0.32Wb;(2)0;(3)0.32Wb

13-7 1∶1

13-8 10^{-6}Wb

13-9 0;$\dfrac{\mu_0 I(r^2-R_1^2)}{2\pi r(R_2^2-R_1^2)}$;$\dfrac{\mu_0 I}{2\pi r}$

13-10 $\dfrac{\mu_0 Ir}{2\pi R^2}$;$\dfrac{\mu_0 I}{2\pi r}$;$\dfrac{\mu_0 I(R_2^2-r^2)}{2\pi r(R_2^2-R_1^2)}$;0

13-11 $\dfrac{\mu_0 I}{2}$,方向平行于铜片

13-12 $\left(0,\dfrac{2mv}{qB}\right)$

13-13 (1)$3.7\times10^7\text{m}\cdot\text{s}^{-1}$;(2)$4.14\times10^{-14}\text{N}$,方向水平向左

13-14 2∶1;1∶1

13-15 (1)3.48cm;(2)38cm;(3)$2.28\times10^7\text{Hz}$

13-16 $2BIR$,方向竖直向上

13-17 $9.54\times10^{-4}\text{T}$

13-18 (1)0.866N,0,0.866N;(2)$4.33\times10^{-2}\text{N}\cdot\text{m}$;(3)$4.33\times10^{-2}\text{J}$

13-19 (1)$\boldsymbol{F}_{BC}=-\boldsymbol{F}_{OA}=1.6\times10^{-2}\text{kN}$,$\boldsymbol{F}_{AB}=-\boldsymbol{F}_{CO}=0.6\times10^{-2}\boldsymbol{j}\text{N}$;(2)$-8.3\times10^{-4}\boldsymbol{j}\text{N}\cdot\text{m}$;(3)$4.8\times10^{-4}\text{J}$

13-20 (1)$\dfrac{\mu_0 Ia}{\pi(a^2+x^2)}\boldsymbol{i}$;(2)$x=0$

13-21 $6.37\times10^{-5}\text{T}$,方向水平向右

13-22 (1)$\dfrac{\mu_0 Ia}{2\pi(R^2-r^2)}$;(2)$\dfrac{\mu_0 Ir^2}{2\pi a(R^2-r^2)}$

13-23 (1)$F_{AD}=F_{BC}=0$,$F_{AB}=\dfrac{\mu_0 I_1 I_2}{2\pi}\ln\dfrac{R_2}{R_1}$(方向垂直纸面向里),$F_{CD}=\dfrac{\mu_0 I_1 I_2}{2\pi}\ln\dfrac{R_2}{R_1}$(方向垂直纸面向外);(2)$\dfrac{\mu_0}{\pi}I_1 I_2\sin\theta(R_2-R_1)$,方向沿 x 轴负向

13-24 $200\text{A}\cdot\text{m}^{-1}$,1.05T

习题 14

14-1 $5.0\times10^{-4}\text{Wb}$

14-2 $3.14\times10^{-6}\text{C}$

14-3 $3.18\text{T}\cdot\text{s}^{-1}$

14-4 0.15T

14-5 (1)$\varepsilon_0/(Bl)$;(2)0

14-6 0;$\frac{1}{2}B\omega l^2$(c 端高)

14-7 $\varepsilon_{ab}=\frac{1}{2}Blv$($a$ 端高);$\varepsilon_{bc}=Blv$(b 端高);$\varepsilon_{cd}=\frac{1}{2}Blv$($c$ 端高)

14-8 $\frac{3}{10}B\omega L^2$(b 端高)

14-9 $\frac{\mu_0 Il}{2\pi}(\frac{v}{a+vt}-\frac{v}{b+vt})$,方向为顺时针

14-10 $\frac{\mu_0 Iv}{2\pi}\ln\frac{a+b}{a}$,$A$ 端高

14-11 $abB\omega|\cos\omega t|$

14-12 (1)$\frac{3\mu_0 I_0 l}{2\pi}e^{-3t}\ln\frac{b}{a}$,顺时针方向;(2)$\frac{\mu_0 l}{2\pi}\ln\frac{b}{a}$

14-13 0.4V

14-14 0.4H

14-15 9.87×10^{-7} H

14-16 1∶16

14-17 $\frac{1}{2}B\omega L^2$,O 点电势高

14-18 $bB_0\left\{v\sin\omega t[\sin kt-\sin k(x+a)]+\frac{1}{k}\omega\cos\omega t[\cos k(x+a)-\cos kx]\right\}$

14-19 $\frac{\mu_0 I^2}{16\pi}$

14-20 1.5mH

习题 15

15-1 (1)10 000K;(2)5.67×10^8 W·m^{-2}

15-2 3.63

15-3 (1)28.9nm;(2)4.29×10^3 eV

15-4 (1)2.0eV;(2)296nm;(3)2.0V

15-5 (1)2.01×10^{19};(2)1.42×10^{14}

15-6 355nm

15-7 515nm

15-8 (1)2.84×10^{-19} J,7.96×10^{-15} J;(2)9.47×10^{-28} kg·m·s^{-1},2.65×10^{-23} kg·m·s^{-1};(3)3.16×10^{-36} kg,8.84×10^{-32} kg

15-9 0.012nm

15-10 1.67×10^{-27} kg

15-11　5.25×10^{-27} J

15-12　$h\gamma+E_k$

15-13　$\geqslant1.05\times10^{-31}$ m